LA SCIENCE

DU

MAÎTRE D'HÔTEL,

CONFISEUR.

LA SCIENCE

DU

MAÎTRE D'HÔTEL,

CONFISEUR,

A L'USAGE DES OFFICIERS,

AVEC

DES OBSERVATIONS

Sur la connoiſſance & les proprietés des Fruits. Enrichie de Deſſeins en Décorations & Parterres pour leſ Deſſerts.

Suite du Maître d'Hôtel Cuiſinier.

A PARIS, AU PALAIS,

hez PAULUS-DU-MESNIL, Imprimeur-Libraire, Grand'Salle au Pilier des Conſultations, au Lion d'or.

M. DCC. L.

Avec Approbation & Privilege du Roi.

PRÉFACE.

LA Science du Maître d'Hôtel comprend une connoissance générale de tout ce qui se sert sur les tables. Ce n'est pas assez pour lui de connoître la nature & les qualités des mets, si l'art de les préparer lui est totalement inconnu ; mais comme l'apprêt des alimens fait en partie l'objet de la Cuisine, & en partie celui de l'Office ; après avoir instruit dans le volume précedent le Maître d'Hôtel des connoissances qui concernent le premier, il me restoit à lui communiquer dans celui-ci les lumieres qui ont rapport au second.

a

Mais quoique ce travail entrât dans le plan que je m'étois prefcrit, j'avoue que je me ferois moins preffé de publier l'Ouvrage préfent fur l'Office, fi d'un côté, l'accueil favorable que le Public a fait au précedent volume fur la Cuifine, de l'autre, les inftances réïterées de plufieurs perfonnes, ne m'avoient engagé à recueillir toutes mes forces, & à redoubler tous mes foins pour les fatisfaire promptement.

Il y a long-tems qu'il n'a paru d'Ouvrage fur l'Office, & depuis l'année 1691, que fut publié pour la premiere fois le dernier Traité fur cette matiere, quels changemens n'a-t-on pas vû? L'art de l'Office, de même que les autres, s'eft perfectionné par les variations comme par autant de dégrés; de maniere que l'Ouvrage publié alors eft prefque inutile pour l'Office d'aujourd'hui. Sans remonter même jufqu'à la fin du dernier fiécle ; depuis vingt ans, quelle nouvelle face l'art de l'Office n'a-t-il pas pris ? Et pour ne pas entrer dans le détail de toute la manœuvre d'aujourd'hui, quelle difference de nos defferts à ceux d'autrefois ? Que font devenues ces pyramides érigées avec plus de travail & d'induftrie que de goût & d'élegance qu'on voyoit fur nos tables ? Qu'eft devenu cet amas confus de fruits où il éclatoit plus de profufion que d'intelligence & de délicateffe ? En un mot, il y a prefque entre l'Office moderne & celui d'autrefois la même difference, qu'entre l'Architecture moderne & l'Architecture gotique. Au lieu de ces efpeces d'édifices chargés d'ornemens compaffés avec une pénible fymétrie, une élegante fimplicité fait toute la beauté & le principal mérite de nos defferts. Mais quoi,

que plus fimples , quelle char-
mante variété inconnue à nos
Peres , n'y remarque-t'on pas ?
Quel agréable coup d'œil n'offre
pas les décorations diverfifiées
qu'enfante chaque jour l'imagination féconde de nos Officiers in-
telligens ? Voyez ce Parterre orné
de figures en fucre, de figures de
Saxe, décorées de fable en fucre
de differentes couleurs , d'arbres,
de fruits fecs , de pots à fleurs ,
de berceaux , de guirlandes, avec
des compartimens en chenille de
diverfes couleurs. Quelle intelligence! Quel goût! Quelle aimable
fymetrie !

Que feroit-ce, fi pouffant le pa-
rallele plus loin , on vouloit fe
donner la peine de comparer le
travail de l'Office moderne avec
celui de l'ancien ? Il fuffit de dire
que ceux qui en voudront faire
l'examen , reconnoîtront fans
peine, que le travail de nos Offi-

ciers, quoique plus fimple, moins
compliqué & moins couteux
qu'autrefois , s'eft étendu bien
au-de-là des bornes anciennes. Je
me flate que l'Ouvrage que je
donne préfentement en fera une
preuve convaincante pour ceux
qui daigneront le comparer avec
ce qui a paru jufqu'ici fur cette
matiere.

Je ne m'y fuis point écarté du
plan que j'ai fuivi dans le premier
volume. On y trouvera des obfer-
vations fur la connoiffance & les
qualités des fruits , avec les emplois differens qu'on en peut faire.
Pour donner aux Officiers une
ébauche des décorations dont ils
peuvent diverfifier l'appareil des
defferts, l'on a fait graver des planches d'un deffein moderne , qui
font inferées dans quelques Chapi-
tres de ce Livre. Il ne faut pas
qu'ils s'imaginent que j'ai voulu
les affujettir au deffein que je leur

préfente, rien ne feroit plus éloigné de mes vûes. Mon but n'a été que de leur donner une idée du fervice préfent & du goût moderne. Je laiffe à chacun la liberté de fuivre fon genie, & de donner à fon gré l'effor à fon imagination, pour jetter dans fes deffeins l'ordre & la varieté qu'il jugera à propos.

Quant à la diftribution de cet Ouvrage, celle qui m'a parue la plus naturelle, a été de le divifer en cinq parties. L'emploi des fruits qui paroiffent dans les quatre Saifons de l'année, fait l'objet des quatre premieres; & la cinquiéme, eft deftinée aux Ouvrages qui font de toutes les Saifons. On trouvera à la fuite une addition fur la Diftillation que j'ai crû pouvoir être de quelqu'utilité.

Comme le tems de la maturité des fruits varie felon la nature & la pofition des climats, il y a des

Provinces, où la Saison des fruits est presque passée, lorsqu'elle ne fait que commencer en d'autres. Je dois donc avertir que dans l'ordre que je ferai des fruits que chaque Saison nous fournit, je n'aurai égard qu'à la nature du climat de Paris, où les fruits parviennent à leur maturité bien plus tard que dans les Provinces méridionales de la France. Je n'aspire même pas sur cet article à une exactitude parfaite. On ne doit pas s'attendre en ce genre à une régularité qui soit toujours la même, & qui ne se démente jamais ; car outre que les années ne se ressemblent pas toujours, la nature du terroir dans une Province n'est pas partout la même. Ajoutez à cela que le travail & l'industrie d'un bon Jardinier hâtent souvent la maturité des fruits dans un même lieu.

F I N.

TABLE
DES OBSERVATIONS
Par ordre Alphabétique.

Fin de la Table des Observations,

CATALOGUE

Des livres imprimés chez PAULUS-DU-MESNIL , *Imprimeur - Libraire , Grand'Salle du Palais , au Pilier des Confultations , au Lion d'or.*

Oeuvres de M. Liger.

LE nouveau Théâtre d'Agriculture & le Ménage des Champs , contenant la maniere de cultiver & faire valoir toutes fortes de biens à la Campagne , avec une inftruction générale fur les Jardins Fruitiers, Potagers , Botaniques , Jardins d'ornemens , &c. enrichi d'un grand nombre de Figures en Taille douce , *in 4.*

La Culture parfaite des Jardins Fruitiers & Potagers , avec des Differtations fur de fauffes maximes que plufieurs Auteurs ont établies jufques ici fur la taille des Arbres , avec un Traité de Figuiers , enrichie de Figures , *in 12.*

Le Jardinier Fleurifte , ou la Culture univerfelle des Fleurs , Arbres , Arbustes, Arbrisseaux, servant à l'embellissement des Jardins, avec la maniere de faire toutes sortes de Compartimens, comme Desseins de Parterres, Portiques, Berceaux, Boulingrins, &c, 2 vol. *in* 12 *avec Figures.*

Le Dictionnaire des termes propres à l'Agriculture, avec leurs explications & leurs étymologies ; pour servir d'instruction à ceux qui veulent se rendre habiles en cet Art, *in* 12.

Le Ménage des Champs & de la Ville, & le Jardinier François divisé en deux parties : La premiere, contenant tout ce qu'un parfait Cuisinier doit sçavoir pour servir toutes sortes de tables, depuis celles des plus grands Seigneurs, jusqu'à celles des bons Bourgeois, avec une instruction nouvelle pour faire toutes sortes de Pâtisseries, de Confitures séches & liquides, & toutes les différentes liqueurs qui sont aujourd'hui en usage, *in* 12.

La seconde, tout ce qu'un bon Jardinier doit mettre en pratique pour cultiver parfaitement les Jardins Fruitiers, Potagers & Fleuristes, avec un Traité des Orangers, &c. 2 vol. *in* 12.

Le nouveau Traité de la Cuisine, ou la maniere de traiter, tant en gras qu'en maigre, 3 vol. *in* 12. par le Sr. Menon.

La Science du Maître d'Hôtel Cuisinier, &c. par le même, 1 vol. *in* 12.

La Science du Maître d'Hôtel Confiseur, par le même, 1 vol. *in* 12.

Journal des principales Audiences du Parlement de Paris, 5 volumes *in fol.*

Le sixiéme *sous Presse.*

Journal du Palais, ou Recueil des principales décisions de tous les Parlemens & Cours Souveraines, 2 vol. *in fol.*

Traité des Successions, par le Brun, *in folio.*

—De la Communauté, par le même *in fol.*

Traité de la Subrogation, par de Renusson, *in* 4.

—Du Douaire, par le même, *in* 4.

—Des Propres, par le même, *in* 4.

—De la Communauté, par le même, *in* 4.

Recueil de Jurisprudence Canonique & Bénéficiale, sur les Mémoires de feu M. Fuet, par M. Guy du Rousseaud de la la Combe, Av. au Parlement, *in fol.*

Recueil de Jurisprudence Civile, par M. de la Combe, *in 4.*

Recueil d'Arrêts du Parlement de Paris, & autres Jurisdictions du Royaume, depuis 1737 jusqu'en 1741, par M. de la Combe, *in 4.*

Traité des Droits Honorifiques, par Maréchal, 2 vol. *in 12.*

Traité des Scellés & Inventaires, *in 4.*

Traité des Institutions & Substitutions, par de Lauriere, 2 vol. *in 12.*

Traité des Maréchaussées de France, *in 4.*

Traité de l'Usage & Pratique de la Cour de Rome pour l'Expedition des signatures des Benefices, 2 vol. *in 12.*

Traité des Elections, *in 8.*

Conférence des Ordonnances de Louis XIV. par Bornier ; nouvelle édition, augmentée des Edits, Déclarations & Ordonnances de Louis XV. 2 vol. *in 4.*

Conference des Eaux & Forêts, 2 vol. *in 4, sous Presse.*

Ordonnances sur les Eaux & Forêts, augmentées des Edits, Arrêts & Déclarations rendus en conséquence jusqu'à présent, *in 24, sous Presse.*

b.

Ordonnances de Louis XV. *in* 24.

Ordonnances des Aydes & Gabelles, *in* 24.

Abregé alphabetique des Eaux & Forêts, *in* 12.

Stiles Civil & Criminel par M. Gauret, 2 vol. *in* 4.

Les mêmes, 2 vol. *in* 12.

Procès verbal de l'Ordonnance de 1667 & de celle de 1670, avec des instructions sur la Procédure civile & criminelle, *in* 4.

Coutume de Paris, par M. de Ferriere, 2 vol. *in* 12.

Texte de la Coutume de Paris, par le même, *in* 18.

Coutume de Bourbonnois, *in fol.*

Supplément à la Coutume de Bourbonnois, *in fol.*

Les Loix Civiles dans leur ordre naturel, avec le *Legum Delectus*, par M. Domat, nouvelle édition augmentée, *in fol.*

Histoire de la Jurisprudence Romaine, pour servir d'introduction aux Loix Civiles de Domat. Par M. Terrasson, Avocat au Parlement, *in fol.* *sous Presse.*

Arrêts de Louet, 2 vol. *in fol.*

La Science parfaite des Notaires, ou

moyen de faire un parfait Notaire, par M. de Ferriere ; nouvelle édition, augmentée, 2 vol. *in* 4.
Le Notaire Apostolique, 2 vol. *in* 4.
Le Mémorial alphabetique des Tailles ; nouvelle édition, augmentée, *in* 4.
— Des Gabelles, *in* 8.

On trouve chez PAULUS-DU-MESNIL, toutes sortes de Livres tant anciens que nouveaux. Il demeure à Paris, rue de la Vieille Draperie, vis-à-vis Ste. Croix en la Cité.

APPROBATION.

J'AY lû par l'ordre de Monseigneur le Chancelier un manuscrit qui a pour titre, la Science du Maître d'Hôtel Confiseur, à l'usage des Officiers, avec des Observations sur la connoissance & les propriétés des Fruits, enrichie d'Estampes en Décorations & Parterres pour les Desserts. Fait à Paris ce 29 Janvier 1750. JOLLY.

PRIVILEGE DU ROY.

LOUIS, par la grace de Dieu, Roi de France & de Navarre : A nos amez & feaux Conseillers, les Gens tenans nos Cours de Parlement, Maîtres des Requêtes ordinaires de notre Hôtel, Grand Conseil, Prevôt de Paris, Baillifs, Senéchaux, leurs Lieutenans Civils & autres nos Justiciers qu'il appartiendra, SALUT. Notre amé le Sr. MENON Nous a fait exposer qu'il désireroit faire imprimer & donner au Public un ouvrage qui a pour titre: *La Science du Maître d'Hôtel Cuisinier & Confiseur, &c.* s'il nous plaisoit lui accorder nos Lettres de Privilege pour ce necessaires: A CES CAUSES, voulant favorablement traiter l'Exposant, Nous lui avons permis & permettons par ces Présentes de faire imprimer ledit Ouvrage en un ou plusieurs volumes, & autant de fois que bon lui semblera, & de le faire vendre & débiter partout notre Royaume pendant le tems de six années consécutives, à compter du jour de la date desdites Présentes: Faisons défenses à tous Imprimeurs, Libraires & autres personnes, de quelque qualité & condition qu'elles soient, d'en introduire d'impression étrangere dans aucun lieu de notre obéïssance; comme aussi d'imprimer, ou faire imprimer, vendre, faire vendre, débiter, ni contrefaire ledit Ouvrage, ni d'en faire aucun extrait, sous quelque prétexte que ce soit, d'augmentation, correction, changement ou autres, sans la permission expresse & par écrit dudit Exposant, ou de ceux qui auront droit de lui; à peine de confiscation des Exemplaires contrefaits, de trois mille livres d'amende contre chacun des contrevenans, dont un tiers à Nous, un tiers à l'Hôtel-Dieu de Paris, & l'autre tiers audit Exposant, ou à celui qui aura droit de lui, & de tous dépens, dommages & interêts: A la charge que ces Préfentes feront enregiftrées tout au long fur le Regiftre de la Communauté des Imprimeurs & Libraires de Paris dans trois mois de la datte d'icelles ; que l'impreffion dudit Ouvrage fera faite dans notre Royaume & non ailleurs, en bon papier & beaux caractéres, conformément à la feuille imprimée attachée pour modele fous le contre-fcel des Préfentes, que l'impétrant fe conformera en tout aux Réglemens de la Librairie, & notamment à celui du 10 Avril 1725 ; qu'avant de l'expofer en vente, le manufcrit qui aura fervi de copie à l'impreffion dudit Ouvrage fera remis dans le même état où l'approbation y aura été donnée, ès mains de notre très-cher & feal Chevalier le fieur D'AGUESSEAU, Chancelier de France, Commandeur de nos Ordres, & qu'il en fera enfuite remis deux exemplaires dans notre Bibliotheque publique, un dans celle de notre Château du Louvre, & un dans celle de notred. très-cher & féal Chevalier le fieur D'AGUESSEAU, Chancelier de France, le tout à peine de nullité defd. Préfentes : Du contenu defquelles vous mandons & enjoignons de faire jouir ledit Expofant & fes ayans caufe, pleinement & paifiblement, fans fouffrir qu'il leur foit fait aucun trouble ou empêchement. VOULONS que la copie des Préfentes, qui fera imprimée tout au long au commencement ou à la fin dudit Ouvrage foit tenuë pour duëment fignifiée, & qu'aux copies collationnées par l'un de nos amez & feaux Confeillers & Secretaires, foi foit ajoutée comme à l'original : Commandons au premier notre Huiffier ou Sergent fur ce requis, de faire pour l'exécution d'icelles, tous actes requis & néceffaires,

fans demander autre permiffion, & nonob-
ftant clameur de Haro, Charte Normande,
& Lettres à ce contraires. CAR tel eft notre
plaifir. DONNE' à Verfailles le vingt-huitié-
me jour du mois de Mars, l'an de grace mil
fept cent quarante-neuf, & de notre Regne
le trente-quatriéme. Par le Roi en fon Confeil. SAINSON.

*Regiftré fur le Regiftre XII. de la Chambre Royale
& Syndicale des Imprimeurs & Libraires de Paris,
N. 136. fol. 128. conformément au Reglement de 1723,
qui fait défenfe, art. 4, à toutes perfonnes, de quelque
qualité qu'elles foient, autres que les Imprimeurs &
Libraires de vendre, debiter & faire afficher aucuns Livres pour les vendre en leur nom, foit qu'ils s'en difent
les Auteurs ou autrement, & à la charge de fournir à la
fufdite Chambre huit exemplaires prefcrits par l'art. 108
du même Reglement. A Paris le 18 Avril 1749.*

G. CAVELIER, Syndic.

J'ai cedé & tranfporté mon droit au prefent Privilege au Sieur Paulus-du-Mefnil, Imprimeur-Libraire,
pour en jouir pour toujours, en mon lieu & place,
fuivant l'accord fait entre nous. A Paris ce 13 Février 1750. MENON.

*Regiftré fur le Regiftre XII. de la Chambre Royale
& Syndicale des Imprimeurs & Libraires de Paris,
fol. 267, conformément aux Reglemens, & notamment à l'Arrêt du Confeil du 10 Juillet 1745. A Paris
ce 17 Février 1750.*

LE GRAS, Syndic.

PREMIER PLAN.

POUR dreſſer les Parterres, il faut couper des cartons de la figure des deſſeins que vous voulez faire; garniſſez tous les bords des cartons avec de la chenille qui doit être de la même couleur que le ſable que vous mettez en dedans; pour appliquer la chenille ſur les cartons, il faut prendre de la cire verte, vous en faites de petites boulettes, groſſes comme la tête de deux épingles, que vous mettez ſur les cartons d'un pouce de diſtance, enſuite vous appliquez les cartons ſur les cryſtaux que vous faites tenir avec de la même cire; il faut que les contours de toutes les bordures ſoient garnis de chenille, afin de cacher le vuide qu'il y a de la glace à ſon cadre; à l'égard des compotes & aſſiettes, l'on en met ce que l'on juge à propos.

Table de douze à quinze couverts servie à trois plateaux.

CELUI du milieu repréſente une baluſtrade hauſſée de deux dégrés, dont le milieu eſt un Parterre, le carré du milieu pour poſer une figure, les côtés repréſentent deux Parterres avec une figure dans le milieu.

N°. 1. Qui eſt le plateau du milieu formé en dez, eſt la place où ſe doit poſer la baluſtrade.

N°. 2. Qui eſt le milieu du plateau, eſt pour poſer la figure qui repréſente Anchiſe, l'on mettra à la place celle que l'on voudra.

N°. 3. Sont les places des Parterres que l'on garnit de ſable ou de jais de differentes couleurs.

N°. 4. Sont des places pour mettre à chacune une figure.

L. Le Grand Sc.

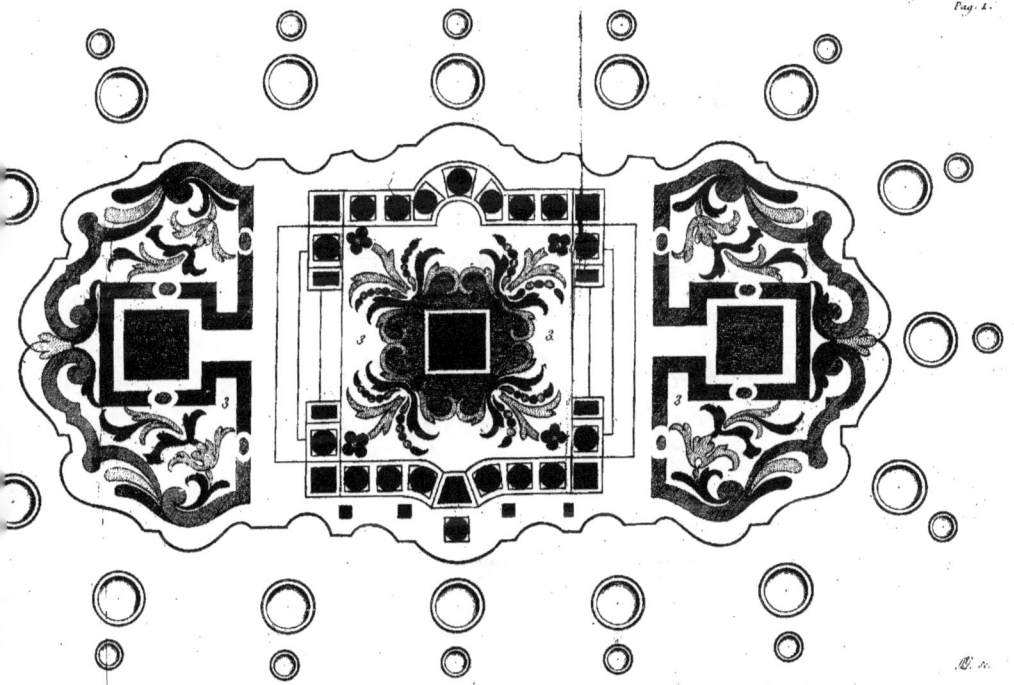

LA SCIENCE

DU

MAÎTRE D'HÔTEL,

CONFISEUR,

A L'USAGE DES OFFICIERS,

AVEC DES OBSERVATIONS Sur la connoiſſance & les proprietés des Fruits.

DU PRINTEMS.

E Printems qui comprend les mois de Mars, Avril & Mai, nous fournit pour nouveauté la fleur de violette, les fraiſes, les framboiſes, les amandes vertes, les abricots verds, les groſeilles vertes, les ceriſes précoces.

A

Comme chaque Saison fournit au travail de l'Officier à mesure que les fruits avancent en maturité, je vais exposer ici en général l'emploi que l'on peut faire des fleurs & des fruits que le Printems nous offre.   Par ce moyen on verra d'un coup d'œil , & comme en gros , tout ce qui dans la suite sera traité séparement & en détail.

Dans cette Saison, l'on fait des pâtes de violette, le sirop violat , dont le marc après l'avoir mis en marmelade pour le conserver , sert à faire des pâtes au sec dans d'autres Saisons ; la groseille verte se confit au liquide pour être conservée, on s'en sert pour faire des compotes , ou des tourtes dans le courant de l'année ; les amandes vertes sont employées pour confire au liquide ou au sec, pour faire des pâtes, des marmelades & des compotes ; les abricots verds sont employés au même usage que les amandes ; les fraises se servent au naturel, & quelquefois en compotes ; on en fait aussi de l'eau de fraises au naturel & de distilées ; les framboises se confisent au liquide & au sec, on en fait des compotes, des marmelades, des gelées, des pâtes , des conserves & des eaux ; les cerises précoces se mettent en compote,

en conferve, & glacées de fucre en
poudre.

Les fleurs que nous avons au Printems, outre la Violette dont nous avons
parlé, & qui en fait l'ornement, font
les Giroflées de toutes efpéces, la Hyacinte, l'Iris d'Angleterre & d'Alger,
les Narciffes, le Muguet, l'Anemone,
l'Helebore, les Renoncules, les Tu-
lipes, les Rofes de Gueldres, les Pieds
d'Alouettes, les Oeillets d'Efpagne &
la petite feuille de Vigne en falade; des
Mâches, de la petite Laitue, des Laitues nouvelles; toutes fortes de fournitures, comme l'Eftragon, Corne-de-
cerf, Pimprenelle, Creffon alenois, Baû-
me, Civette. Sur la fin du Printems les
Laitues pommées & les Laitues Romaines.

DU SUCRE.

COMME j'ai parlé dans mon précédent volume, page 337, des proprietés du fucre & de fa compofition,
où l'on peut avoir recours, il ne me refte
à parler ici que des differentes cuiffons
qui font à l'ufage de l'Officier, fuivant
l'emploi qu'il en veut faire.

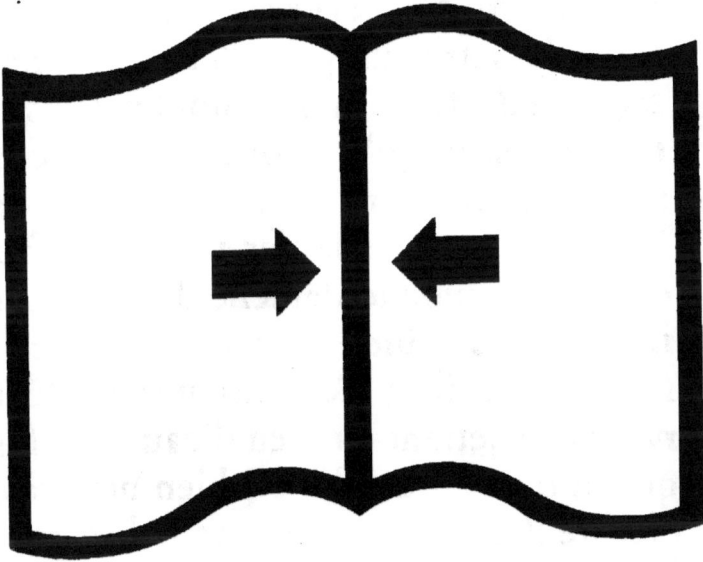

Reliure trop serrée

Sucre clarifié.

Pour cet effet, vous prenez le blanc d'un œuf que vous mettrez dans deux pintes d'eau; après que vous aurez fait mouffer votre eau en la fouettant avec un fouet, mettez-y un pain de fucre de fix à fept livres, mettez le fucre fur le feu, & vous obferverez quand il montera d'y jetter un peu d'eau; la bonne façon eft de le laiffer monter trois ou quatre fois jufqu'à ce que l'écume commence à noircir; vous l'ôtez de deffus le feu pour le laiffer repofer jufqu'à ce que l'écume fe détache d'elle-même; il faut alors le bien écumer, remettez le fucre fur le feu, & continuez de l'écumer en y jettant un peu d'eau à mefure qu'il monte; quand il eft bien netoyé & clarifié il ne monte plus, pour lors vous l'ôtez de deffus le feu pour le paffer dans une ferviette mouillée, ou une étamine; je dis mouillée, parce que cela dégraiffe le fucre.

A l'égard des cuiffons, la premiere eft:

Le petit Liffé.

Après l'avoir clarifié comme ci-deffus, remettez-le fur le feu pour le faire

bouillir, jufqu'à ce qu'en trempant le
doigt dedans, que vous appuyez après
contre le pouce, il fe forme un petit filet
qui fe rompt, & forme une goute fur le
doigt.

Le grand Liſſé.

Il fe connoît de la même façon, à
cette difference qu'il a un bouillon de
plus, & qu'il s'étend davantage dans
les doigts, & ne fe rompt pas fi facilement.

Si vous voulez le mettre :

Au petit ou au grand Perlé.

Vous continuez à le faire bouillir, &
recommencez le même eſſai avec les
doigts ; & s'il file en ouvrant les doigts
fans fe rompre, c'eſt le *petit perlé* ; &
quand vous ouvrez les doigts de toute
leur étendue fans que le filet fe caſſe,
ou qu'il forme un bouillon comme des
perles élevées & rondes, c'eſt le *grand*
perlé.

Entre le grand perlé & le fouflé, il y a :

La petite & la grande queue de Cochon.

Que vous connoiſſez en levant l'écu-
oire, fi le fucre retombe en petite bou-
eille qui forme une efpece de queuë de

A iij

cochon. Ensuite le sucre vient au souflé.
Pour le mettre :

Au souflé.

Vous continuez à lui faire prendre quelques bouillons , & connoîtrez qu'il est à son point en retirant l'écumoire de la poële que vous secouez sur le sucre , & souflez après d'un côté & d'autre au travers des trous , il en doit sortir des especes de petites bouteilles ou étincelles de sucre.

Si vous voulez le mettre :

A la petite Plume.

Continuez-lui quelques bouillons , & vous ferez le même essai qu'à la cuisson précedente , il doit en sortir de plus grosses bouteilles ou étincelles.

Si vous lui continuez quelques bouillons, il deviendra :

A la grande Plume.

Ce que vous connoîtrez en secouant l'écumoire d'un revers de main , s'il s'éleve en l'air de grosses boulles & de longues étincelles qui se tiennent ensemble.

Entre la grande plume & le cassé, vous avez :

Le petit & le gros boulet.

Que vous connoiſſez de l'intervale de l'un à l'autre quand il ſe forme en trempant deux doigts dans de l'eau fraîche , & les mettez dans le ſucre , vous les retirez promptement pour les remettre dans de l'eau fraiche de crainte que le ſucre ne s'attache après les doigts , & ne vous brûle; vous roulez le ſucre entre le doigt & le pouce pour en faire une petite boule , vous voyez quand le ſucre ſe ramaſſe aiſément & ſe roule comme une pâte, il eſt au boulet; la difference du petit au gros boulet, la petite boulette ſe tient molle , & le gros ſe tient ferme quand le ſucre eſt refroidi.

Pour le mettre :

Au caſſé.

Continuez de le faire réduire ; vous faites le même eſſai pour le caſſé que pour le boulet, excepté qu'après que vous aurez rafraichi le ſucre, il faut qu'il caſſe entre vos doigts.

L'on ne fait point de difference de la cuiſſon du ſucre au caſſé à celle :

Au caramel.

Cependant ſi vous voulez faire du

A iiij

caramel, l'on y met un peu de jus de citron pour l'éclaircir. Voilà les principaux dégrés de cuisson du sucre à mesure qu'il continue de bouillir, qui ont chacun leurs usages differens suivant les emplois que l'on en veut faire. Il est encore d'autres cuissons de sucre qui n'ont pas besoin d'être clarifiées, comme il sera marqué chacun à son article.

DU MIEL.

OBSERVATION.

LES Anciens qui ne connoissoient point encore l'usage du sucre, avoient tant d'estime pour le miel, que Pline le nomme un *Nectar divin*, ils l'employoient presque partout où nous employons à présent le sucre. Au rapport de Laërce, le Philosophe Pithagore se contentoit de miel & de pain pour sa nourriture ordinaire, & a vêcu jusqu'à l'âge de quatre-vingt-dix ans. On lit plusieurs exemples de personnes fortes & robustes, qui en ne se servant presque d'autres alimens que de miel, sont parvenus à une grande vieillesse; ce qui nous fait connoître l'estime que les An-

ciens en faifoient, & l'avantage qu'ils
en retiroient. Il y en a de deux fortes,
l'un jaune, & l'autre blanc qui eft le plus
eftimé & le plus employé parmi les alimens, principalement celui qui a été fait
au Printems, parce que les fleurs tendres
& nouvelles que les Abeilles fucent,
fourniffent un bon fuc; celui qui eft fait
en Hyver eft le moins eftimé, parce
qu'il a un goût de cire; le meilleur que
nous ayons eft celui de Narbonne, parce
que dans le Languedoc les fleurs de Ro-
marin font abondantes, & ont plus de
force à caufe de la chaleur du climat.

Il faut le choifir nouveau, épais, gre-
nu, clair & tranfparent, d'un goût doux
& piquant, d'une odeur douce & un peu
aromatique. Ses qualités varient beaucoup felon la nature des lieux où il eft
formé, & des fleurs que les Abeilles
fucent pour le travailler. On attribue
l'amertume du miel de Sardaigne à l'ab-
fynthe qui y croît en abondance. Les
Anciens parlent de differentes fortes de
miel, qui produifoient de funeftes effets,
dont ils cherchoient la caufe dans les fucs
des plantes; celui que l'on recueille dans
les Pays où l'on refpire un air pur, & où
il croît beaucoup de plantes aromatiques, ne peut avoir que de bonnes qua-

lités, & ne produire que de salutaires effets. Il fortifie l'estomac en lui communiquant une chaleur moderée ; il lâche le ventre, en amolissant & humectant les excremens endurcis dans les intestins; il facilite la respiration en adoucissant les âcretés de la poitrine, & divisant par ses sels la pituite il excite la salive. Les sucs aromatiques qu'il tire des plantes le rend propre à resister à la malignité du venin, & lui donne les qualités d'un aliment sain, lorsqu'il est employé avec moderation. On remarque seulement que les Bilieux doivent s'en abstenir, parce qu'il se convertit aisément en bile. On peut faire des Confitures avec le miel, en observant la même chose que pour le sucre ; mais elles ne sont point si belles & ne se conservent pas si long-tems. Avant de s'en servir il faut le bien clarifier ; vous le mettez dans une poële sur un fourneau, faites-le bouillir à petit feu, en le remuant souvent au fond avec une espatule, parce qu'il est sujet à brûler ; il faut l'écumer jusqu'à ce qu'il soit bien clair, vous connoissez sa cuisson en mettant dessus un œuf de poule ; s'il reste sans aller au fonds, c'est une marque qu'il est bon pour être employé.

On fait avec le miel dans les Pays où

il est commun une boisson que l'on nomme Hydromel vineux. Vous prenez de l'eau, & vous y faites dissoudre autant de miel qu'il en faut pour qu'un œuf puisse être suspendu dans la liqueur; mettez-le ensuite bouillir sur le feu en l'écumant de tems en tems jusqu'à ce que l'œuf surnâge sur la liqueur, vous le versez ensuite dans un tonneau que vous n'emplissez qu'aux deux tiers, bouché avec du linge ou du papier; exposez le tonneau pendant un mois dans une étuve ou au Soleil, la liqueur fermente, & devient vineuse; après vous le bouchez bien, & le mettez à la cave pour vous en servir.

DE LA VIOLETTE.

OBSERVATION.

LE Printems nous offre pour prémice de ses productions, la fleur de violette, elle doit être cueillie avant le Soleil levé, par un tems sec, si l'on veut qu'elle conserve sa vertu & sa bonne odeur; on prétend que celle de Mars appliquée sur le front appaise la douleur de tête qui provient de la boisson, &

excite le sommeil ; que la fleur pilée &
mise en boisson, & prise pendant plusieurs jours, empêche les mauvaises
suites des coups reçus à la tête. L'on fait
du sirop & conserve de violette qui est
bonne pour l'inflammation des poul-
mons, la pleuresie, la toux & fiévre.

Conserve de Violettes.

Epluchez de la belle violette, il en
faut un quarteron pour deux livres de
sucre, vous vous reglerez sur cette dose
pour la quantité que vous voulez faire ;
mettez-là dans un petit mortier pour la
piler très-fin, prenez deux livres de
sucre que vous clarifiez & faites cuire à
la grande plume. Voyez *Sucre à la grande
plume*, page 6. Lorsque vous l'aurez
ôté du feu, & qu'il sera à moitié froid ;
mettez-y la fleur de violette pilée, pour
la bien mêler, & prendre garde de la
trop blanchir ; quand elle sera bien mêlée, vous la verserez dans un moule de
papier que vous aurez tenu prêt ; lorsqu'elle sera froide vous la couperez par
tablettes à votre usage.

Candi de Violettes.

Ayez de la belle violette épluchée,
faites cuire du sucre à la plume, versez-

le dans les moules à candi ; lorſqu'il ſera
à moitié froid, mettez-y la violette que
vous enfoncez légerement & également
avec une fourchette; mettez par-deſſus une
grille à candi faite pour le moule, vous
l'appuyez en mettant un poids de deux livres & propre ; mettez-le moule à l'étuve, que vous ouvrirez le moins que vous
pourrez, entretenez l'étuve de feu le
plus également qu'il vous ſera poſſible,
ce doit être un candi de vingt-quatre
heures ; pour connoître ſi votre candi
eſt bien, il faut mettre quatre petits bâtons blancs, ſecs, aux quatre coins du
moule, que vous enfoncez juſqu'au fond
pour eſſai, vous les retirez doucement
lorſque vous croyez que le candi eſt
fait, vous verrez ſi les bâtons font les
diamans deſſus & également, pour lors
vous égouterez votre candi en penchant
le moule par le coin, que vous laiſſez
égouter pendant deux heures, enſuite
vous renverſez le moule ſur une feuille
de papier blanc, un peu fort, & également.

Paſtilles ou ingrediens de Violettes.

Si vous êtes dans le tems de la violette, vous en prenez un quarteron que
vous mettez infuſer dans un peu d'eau

bouillante que vous mettrez à l'étuve pour en exprimer tout le fruit, vous vous servirez de cette décoction pour faire tremper une once de gomme adragante; lorsqu'elle sera fondue, vous la passerez au travers d'une serviette que vous presserez fort pour qu'il ne reste rien; mettez cette eau dans un mortier avec du sucre fin, que vous pilez ensemble, en y mettant peu à peu une livre de sucre, jusqu'à ce que vous ayez une pâte maniable; vous formerez avec cette pâte des pastilles de tel dessein que vous voudrez, ou des ingrediens, comme des grains de bled, des cloux de gerofles, des grains de caffé &c. & si vous n'êtes pas dans le tems des violettes, vous prenez de la violette séchée & pulverisée que vous mettez dans le sucre en le pilant avec la gomme que vous aurez fait fondre dans un peu d'eau. Pour avoir de cette violette toute l'année, vous prenez de la violette dans la Saison, que vous épluchez, & la mettez sécher à l'étuve d'une chaleur douce; lorsqu'elle est séchée, vous la pilez & pulverisez, & la mettez dans une boëte garnie de papier blanc, bien bouchée, que vous conservez dans un endroit sec.

Sirop Violat.

Prenez une demie livre de belle violette épluchée, celle de bois eſt la meilleure ; mettez-la dans une terrine, faites
bouillir une chopine d'eau, que vous jettez ſur la violette, mettez une aſſiette
deſſus pour l'enfoncer, afin qu'elle puiſſe
rendre ſon parfum, vous la mettrez à
l'étuve du ſoir au matin ; ſi vous en avez
une demie livre épluchée, elle doit
fournir deux bouteilles de pinte ; faites
clarifier cinq livres de ſucre, que vous
ferez cuire au caſſé. Voyez *Sucre au caſſé*,
age 7. Vous paſſerez la violette au travers d'une ſerviette pour en exprimer
toute l'eau, vous la jettez dans le ſucre,
vous obſerverez que le ſucre ne bouille
as, mais ſeulement que l'eau puiſſe prendre corps avec le ſucre ſans le remuer ;
vous jettez le ſucre dans une terrine,
vous le mettrez à l'étuve, où vous le
laiſſerez pendant trois ou quatre jours,
ous entretiendrez l'étuve de feu comme
our faire du candi, vous verrez à votre ſirop de tems en tems avec une cuil-
iere, quand il ſera à perlé il ſera fait.
Il n'eſt point ſujet à pouſſer ni à candir,
ait de cette façon.

Glace de Violettes.

Epluchez une bonne poignée de Vío-
lettes, que vous mettrez dans un mortier pour la piler très-fin, retirez-la pour
la mêler avec une pinte d'eau chaude,
mettez-y fondre une demie livre de ſucre, laiſſez infuſer une demie heure,
enſuite vous paſſez cette eau au travers
d'une ſerviette, & la ferez prendre à la
glace comme il ſera parlé à l'article des
Glaces.

Eſſence d'huile de Violettes.

Prenez des Amandes douces la quantité que vous jugerez à propos ; pour
une livre, une demie livre de fleurs
de Violettes bien épluchées ſans être
lavées ; échaudez les Amandes pour
en ôter la peau, mettez-les dans un
mortier avec la Violette pour les piler
enſemble ; le tout étant réduit en pâte
très-fine, mettez cette pâte dans une
étamine pour la mettre enſuite deſſous
une preſſe pour en tirer l'huile, mettez
cette huile dans une bouteille bien bouchée, pour la conſerver.

Fleurs de Violettes confites,

Il ne faut ôter que les trois quarts
des

des queues des Violettes, & laisser la
fleur entiére, vous les mettrez ensuite
sans les laver dans un sucre clarifié &
cuit au grand lissé. Voyez *Sucre au
grand lissé*, page 5. Laissez-les refroidir dans le sucre jusqu'au lendemain,
que vous leur donnez une douzaine
de bouillons jusqu'à ce que le sucre soit
cuit à la petite plume ; laissez refroidir
votre confiture pour la dresser dans les
pots. Si vous voulez confire de la Violette sans être par bouquets, épluchez-
en les feuilles, que vous laissez entieres, & observerez la même façon qu'à
la précédente.

Marmelade de Violettes.

Pilez très-fin une demie livre de
belle Violette épluchée, passez-la ensuite dans une étamine, en la bourrant
à force de bras avec une cuilliere de
bois, jusqu'à ce que le tout soit passé ;
vous avez une livre & demie de sucre,
que vous clarifiez, & faites cuire à la
grande plume. Voyez *Sucre à la grande
plume*, page 6. Délayez petit à petit
la Violette avec le sucre à moitié chaud,
vous la mettrez ensuite dans les pots.

Gâteau de Violettes.

Il faut former un moule de papier un peu élevé, de la grandeur que vous voulez faire votre Gâteau ; épluchez de la Violette, pesez-en une demie livre, que vous mettez dans une livre de sucre cuit à la grande plume. Voyez *Sucre à la grande plume*, page 6. Travaillez-la promptement sur le feu avec une espatule ; quand le tout commence à monter, & que vous êtes prêt à le verser dans le moule, ajoûtez-y ce que vous aurez tout prêt, un peu de blanc d'œuf battu avec du sucre en poudre, qui ne soit pas trop liquide, ce qui fera monter le Gâteau ; versez-le promptement dans le moule, & tenez dessus le cul de la poële chaud à une certaine distance, ce qui fera encore monter le Gâteau.

Gâteau grillé de Violettes.

Faites griller un quarteron de sucre en poudre dans une poële, mettez-y la même quantité de Violette que dans le Gâteau précédent ; quand elle aura pris une couleur de grillé en la remuant également, vous la mettrez dans une livre de sucre cuit à la grande plume, & le finirez de la même façon.

Sable de Violettes.

Pilez très-fin un quarteron de Violette sans la laver, mettez-la dans une demie livre de sucre cuit à la grande plume. Il faut la bien travailler avec une espatule, comme si vous vouliez faire un tirage. On appelle un tirage, c'est lorsque le sucre est à la grande plume, on le laisse refroidir aux trois quarts, & vous le remuez avec une espatule jusqu'à ce qu'il revienne en sucre. Quand la Violette est bien incorporée avec le sucre, qu'il est pris & refroidi, vous le passez au travers d'un tamis pour en former du sable ; ce sable ainsi que les autres, servent à former des desseins de parterres sur des crystaux. Si vous voulez faire du sable de Violette à moins de frais, vous prendrez une pierre d'indigo que vous frotterez sur une assiette avec un peu d'eau chaude, jusqu'à ce que vous en ayez assez pour donner la couleur au sucre, & mettrez cette couleur bleuë à la place de Violette, & finirez le sable de la même façon.

Dragées de Violettes.

peces, il faut avoir une baſſine de cuivre rouge avec deux anſes ſur les côtés & une dans le milieu, pour avoir la facilité de la manier, que cette baſſine ſoit ſoûtenue en l'air par deux cordes de hauteur de la moitié du corps, vous mettrez en-deſſous du feu dans une poële que vous placerez à trois pouces du fonds de la baſſine ; il faut avoir deux cuiſſons de ſucre, dont la premiere eſt au liſſé, & la ſeconde au perlé : ce ſont ces deux cuiſſons de ſucre qui donnent le nom aux Dragées que nous appellons, Dragées liſſées & Dragées perlées. La petite Dragée liſſée ſe fait en mettant un feu moderé dans un réchaud, vous mettrez ce réchaud dans un tonneau défoncé d'un côté & la baſſine deſſus, pour que la chaleur du feu ne s'évapore pas. Lorſque l'on n'en veut faire qu'une livre, & que l'on n'a point de baſſine, il faut prendre une grande poële à proviſion, y mettre les Dragées avec le ſucre, que vous remuez continuellement ſur un moyen feu juſqu'à ce que votre Dragée ſoit finie. Pour faire les Dragées de Violette, vous faites fondre un peu de gomme adragante avec un peu d'eau ; lorſqu'elle eſt fondue & bien gluante, vous la paſſez

dans un linge fin, & la preſſez pour
qu'elle paſſe toute ; mettez-la dans un
mortier avec de la marmelade de Violette, & un peu d'eau de pierre d'indigo, ajoûtez-y du ſucre ce qu'il en faut,
n pilant le tout enſemble juſqu'à ce
ue vous en ayez une pâte maniable ;
ous la mettez enſuite ſur une table
avec du ſucre fin, vous en prenez des
petits morceaux pour en former comme
des eſpeces de petits grains de caffé ;
lorſque vous les avez tous finis, vous
les mettez ſécher à l'étuve ; vous les
nettez après dans la baſſine ou la poële
proviſion avec du ſucre au liſſé, roulez-
es ſur un moyen feu juſqu'à ce que le
ucre commence à ſe ſécher autour des
ragées, que vous remettez encore du
ucre au liſſé, & continuez de la même
açon juſqu'à ce que vous trouviez vos
ragées aſſez groſſes.

Pâte de Violettes.

Epluchez un quarteron de Violette,
ue vous pilerez très-fin dans un petit
nortier, faites cuire une livre de ſucre
la grande plume ; lorſqu'il eſt deſcendu
u feu mettez-y la Violette que vous
élayez petit à petit avec le ſucre pour
bien incorporer enſemble ; dreſſez

dans les moules à pâte, & les mettez
fécher à l'étuve.

Bouquets de Violettes.

Prenez de la belle Violette avec leurs
queues, mettez-en quatre ou cinq enfemble, que vous attacherez avec un
peu de fil, trempez-les partout dans un
fucre cuit au petit liffé & à demi froid
vous les mettrez à mefure égouter fur
un tamis, enfuite vous les poudrerez par
tout avec du fucre très-fin, foufflez deffus pour qu'il ne refte pas trop de fucre,
mettez-les fur un autre tamis, que les
fleurs y foient placées de façon qu'elles
reftent bien épanouies; mettez-les fécher à l'étuve, pour les ferrer enfuite
dans des boëtes garnies de papier blanc
dans un endroit fec.

Clarequets de Violettes.

Prenez une douzaine de pommes de
Reinette des plus belles que vous pourrez trouver, coupez-les pour en tirer
la décoction, l'on en fait une gelée
comme celle de pommes; vous prendrez
de la Violette bien épluchée, que vous
mettrez dans une terrine; faites bouillir
un demi-feptier d'eau, que vous jetterez fur la Violette, couvrez avec une

affiette pour la faire enfoncer, & la mettrez à l'étuve du foir au lendemain, que vous la pafferez dans une ferviette pour en exprimer toute l'eau ; vous aurez foin de bien ferrer la gelée de pommes dans fa cuiffon , & y mettrez votre décoction de Violette, comme fi vous y mettiez de la cochenille, en la tenant fur un feu bien doux, qu'elle ne faffe que frémir, & vous remuerez bien légérement avec une cuilliere , afin de la bien mêler, & ne la point engraiffer ; vous ferez cuire au caffé autant de fucre que vous avez de décoction, mettez-y votre décoction de Violette en la verfant doucement afin de décuire le fucre ; remettez fur le feu, au premier bouillon vous écumerez votre gelée, & la ferez cuire deux ou trois bouillons couverts, vous tremperez une cuilliere d'argent dedans , fi votre gelée tombe en nape & qu'elle quitte net, votre gelée fera faite ; vous la mettrez dans les moules à Clarequets & prendre à l'étuve.

DES GROSEILLES VERTES.

OBSERVATION.

LEs Groseilles vertes naiſſent en bayes ou grains ſéparés, & non en grapes, ſur des Groſeillers épineux ; nous en avons de deux ſortes, de cultivées & de ſauvages, celle qui eſt cultivée eſt la meilleure & la plus groſſe : quand les Groſeilles ſont vertes, elles ſont d'une ſaveur acide ; cependant plus propres à être employées avec le ſucre que celles qui ſont mûres. Celles que l'on veut manger dans leur naturel, doivent être choiſies très-mûres, d'une ſaveur douce & exemptes d'âpreté. Elles ſont rafraichiſſantes, arrêtent le crachement de ſang & le cours de ventre, appaiſent la ſoif & ſont propres aux fébricitans, en les mêlant dans leur bouillon ; on ne doit point en manger de vertes, qu'elles ne ſoient préparées avec le ſucre.

Groſeilles vertes au liquide.

Fendez par le côté deux livres de Groſeilles vertes avec la pointe d'un couteau ou avec un cure-dent pour en

ôter

ôter les pepins, ensuite vous les mettrez dans une eau chaude très-claire, que vous laisserez sur un feu moderé jusqu'à ce que les Groseilles soient montées sur l'eau, descendez-les ensuite, vous les laisserez dans la même eau, & vous les rafraîchirez pour les empêcher d'être trop blanchies ; il faut les faire reverdir dans la même eau ; vous y mettrez pour cet effet un peu de sel & du vinaigre, elles reverdissent plus aisément & en sont plus claires : vous aurez soin de les jetter dans de l'eau fraîche pour qu'elles jettent leur âcreté ; ensuite vous clarifierez deux livres de sucre, mettez-y les Groseilles pour les faire seulement frémir, les laisser vingt-quatre heures dans le sucre, & les mettrez dans une passoire pour faire réduire le sirop au perlé ; remettez doucement les Groseilles dedans, pour leur donner encore quelques bouillons en les remuant doucement, & les mettre dans les pots : vous vous réglerez sur cette dose suivant la quantité que vous en voulez faire.

Groseilles vertes au sec.

Après les avoir fait confire comme je viens de marquer dans l'article pré-

C

cédent, retirez-les de leur firop pour
les mettre fur des feuilles de cuivre,
poudrez - les de fucre fin & les faites
fécher à l'étuve : le firop peut fervir à
faire des rafraîchiffemens & des compotes.

Gelée de Grofeilles vertes.

Prenez trois livres de Grofeilles vertes, que vous mettez dans de l'eau
chaude fur le feu comme celles qui font
au liquide ; il ne faut point en ôter les
pepins ; quand elles feront montées fur
l'eau, vous les retirerez dans l'eau
fraîche, & les remettrez fur le feu jufqu'à ce qu'elles fléchiffent fous les doigts,
mettez-les égouter & les jettez dans
trois livres de fucre cuit au perlé. Voyez
Sucre au perlé, page 5. Faites-leur
prendre plufieurs bouillons en les écumant jufqu'à ce que votre fucre foit revenu au perlé, ce que vous connoîtrez
en prenant du fucre avec l'écumoire,
quand le firop tombe en nappe, c'eft une
marque que la Gelée eft à fon point de
cuiffon ; vous la paffez dans une terrine
au travers d'un tamis, pour la dreffer
enfuite dans des pots.

Compotes de Grofeilles vertes.

Il faut préparer & faire cuire les Grofeilles de la même façon que celles qui font expliquées pour le liquide, à cette différence qu'il faut qu'elles foient moins cuites & moins de fucre. Si l'on veut faire des Compotes de Grofeilles vertes dans le tems que la faifon en eft paffée, il faut prendre de celles qui font confites au liquide ; mettez-en dans une poële ce qu'il en faut fuivant la grandeur de votre Compotier, avec du firop & un peu d'eau ; faites-leur faire un bouillon, & les dreffez dans le Compotier.

DES ABRICOTS VERDS.

Abricots leffivés.

POur ôter le duvet qui eft fur les Abricots verds, vous faites une leffive avec de la cendre de bois neuf paffée au tamis, vous en mettez quelques poignées dans une poële avec de l'eau, que vous mettez fur le feu pour la faire bouillir quelque tems jufqu'à ce que la tâtant avec les doigts, vous la trouviez graffe & douce : mettez y les Abricots,

que vous aurez foin de bien remuer avec
l'écumoire, pour que la cendre ne fe
maffe point au fond, enfuite vous obferverez que quand le duvet de l'Abricot
s'ôte aifément, vous les retirez du feu,
vous les nettoyez un à un, que vous
jettez à mefure dans l'eau fraîche; lorfqu'ils font tous nettoyés, vous prenez
une épingle & les picquez en plufieurs
endroits chacun, vous les mettez dans
de l'eau fur le feu avec une pincée de
fel, & le quart d'un verre de vinaigre
pour les faire reverdir, vous aurez foin
de couvrir la poële & les mettre fur
un feu doux, pour qu'ils ne faffent que
frémir; lorfqu'ils font verds vous les
retirez dans de l'eau tiéde pour en ôter
l'âcreté; après que vous les aurez fait
dégorger dedans, vous les mettrez dans
de l'eau fraîche pour les y laiffer quelques heures, enfuite vous les mettrez
au petit fucre, jufqu'au lendemain, que
vous les jetterez fur un égoutoir, donnez
trois ou quatre bouillons au fucre,
que vous mettrez fur les Abricots
pour les laiffer encore jufqu'au lendemain, & pour la troifiéme fois, vous
les augmenterez d'un peu de fucre clarifié, & pour la quatriéme, s'il y a
fuffifamment de fucre pour les finir,

vous donnerez cinq ou six bouillons à
votre sirop, glissez les Abricots dedans
pour les faire cuire jusqu'à ce que le
sirop soit au perlé. Il faut observer que
tous les fruits qui sont au liquide, doivent tremper dans le sirop ; lorsqu'ils
seront dans les pots, il faut faire un
rond de papier pour en couvrir le fruit,
& qu'il touche au fruit.

Abricots verds au sec.

Vous faites confire des Abricots verds
de la même façon que les précédens.
Il faut observer que ceux qui sont très-
petits ne peuvent point souffrir la lessive ; vous en ôtez le duvet en les frottant avec du sel, sans vinaigre, vous
les faites blanchir & laissez dans la même
eau pour les faire reverdir ., après
les avoir confits & mis dans les
pots, lorsque vous en voulez tirer au
sec, vous les mettez égouter de leur
sirop & les roulez dans un sucre fin,
pour les mettre dans un tamis sécher
à l'étuve.

Abricots verds au candi.

Prenez des Abricots verds confits,
& bien séchés à l'étuve, comme les
précédens, mettez-les sur les grilles qui

se mettent dans les moules à candi ; vous prenez du sucre suivant la quantité que vous avez d'Abricots, faites - le cuire au souflé, & le versez sur les Abricots, vous les mettrez à l'étuve jusqu'à ce qu'ils soient candis.

Abricots pelés confits.

'Ayez des Abricots verds qui soient tendres, dont l'épingle passe au travers en les piquant, levez-en doucement la peau avec un couteau en les pelant dans leur longueur, vous les jettez à mesure dans de l'eau fraîche ; ensuite vous les mettez dans de l'eau bouillante, & les y laissez jusqu'à ce qu'ils soient tous montés dessus, descendez-les du feu pour les laisser refroidir dans la même eau ; lorsqu'ils seront froids, vous les remettrez encore sur le feu sans les changer d'eau, ce qui les fera reverdir, & vous aurez soin de couvrir la poële en les tenant sur un feu doux, pour qu'ils ne fassent que frémir ; quand ils commenceront à fléchir sous les doigts, vous les ferez confire de la même façon que ceux qui sont au liquide.

Abricots verds à l'eau de vie.

Préparez des Abricots verds comme

ceux qui font leffivés, vous les mettez
enfuite dans de l'eau bouillante, pour
les faire reverdir & bouillir jufqu'à ce
qu'en les preffant légerement, ils fléchiffent facilement fous les doigts, retirez-les pour les faire égoûter, vous
les mettrez dans un fucre cuit au liffé,
il en faut demie livre pour une livre de
fruit, faites - les bouillir cinq ou fix
bouillons couverts; ôtez-les du feu pour
les écumer, & les retirez en douceur
avec une écumoire, pour les mettre
dans une terrine, faites encore prendre neuf ou dix bouillons à votre fucre & le verfez fur les abricots, laiffez-les vingt - quatre heures dans leur
firop, quand ils auront pris fucre, vous
coulerez doucement le firop des abricots dans la poële, pour lui donner encore fept ou huit bouillons, après vous
mettrez les abricots pour leur faire
prendre trois ou quatre bouillons couverts, defcendez les du feu; quand ils
feront froids vous les mettrez dans des
bouteilles, avec autant d'eau-de-vie,
que vous avez de firop, il faut que l'eau-
de-vie foit bien mêlé avec le firop avant
que de le mettre dans les bouteilles.

Compote d'Abricots verts.

Vous prenez des abricots verts & tendres, dont vous ôtez le duvet de la maniere que vous voulez, avec du sel, ou une lessive, comme il est expliqué pour ceux qui sont confits au liquide, vous pouvez encore les peler. Après que vous les aurez préparés de la façon que vous jugerez à propos, mettez-les dans l'eau fraîche, ayez de l'eau bouillante, & y jettez les abricots pour les faire bouillir, jusqu'à ce qu'ils fléchissent facilement sous les doigts, descendez-les du feu, couvrez-les bien pour les faire reverdir; après les avoir fait égoûter, vous les mettrez dans un sucre clarifié. Voyez *Sucre clarifié*, page 4; une demie livre pour une livre d'abricots, & leur donnez cinq ou six bouillons couverts; descendez-les du feu, & les laissez trois heures prendre sucre, ensuite vous les remettez sur le feu & leur donnez encore trois ou quatre bouillons, lorsqu'ils seront froids, vous les dresserez dans le compotier. Ceux qui en font pour plusieurs fois, doivent leur donner un sirop plus fort, & un nouveau bouillon avant que de les servir.

Compote d'Abricots verts, hors la saison.

Il faut prendre des abricots verts confits au liquide, que vous mettez dans une poële avec un peu d'eau & de leur sirop ce que vous jugerez à propos ; faites-leur prendre deux bouillons, retirez les abricots de la poële pour les dresser dans le compotier, faites encore prendre deux ou trois bouillons à votre sirop, & le verserez sur les abricots ; au défaut d'abricots liquides vous en prenez de ceux qui sont confits au sec, que vous mettez dans une poële avec un morceau de sucre & de l'eau, faites-les bouillir deux ou trois bouillons, ôtez-les du feu & les écumez, retirez légerement les abricots avec une petite écumoire pour les dresser dans le compotier, redonnez encore quelques bouillons à votre sirop jusqu'à ce qu'il ait la consistance que vous jugez à propos, & le versez sur les abricots.

Abricots verds au Caramel.

Prenez des abricots verds confits à l'eau-de-vie que vous mettez égouter & sécher à l'étuve, vous leur mettrez à chacun un petit bâton pour pouvoir les tremper dans un sucre cuit au caramel.

Voyez *Sucre au caramel*, page 7. A mefure que vous les trempez, vous les dreffez fur un clayon, c'eft-à-dire, vous mettez les petits bâtons dans la maille du
clayon, afin que le caramel puiffe fécher en l'air, vous les drefferez fur une
affiette de porcelaine garnie d'un rond de
papier découpé.

Marmelade d'abricots verds.

Otez le duvet à des abricots verds &
tendres avec du fel, comme il a été
dit pour les abricots confits au fec, vous
les mettrez dans de l'eau fraiche, faites
bouillir de l'eau & y jettez les abricots
pour les faire bouillir jufqu'à ce qu'ils
foient bien cuits ; vous les retirez de
l'eau pour les écrafer & les paffer dans
un tamis en les preffant fort avec une efpatule ; le tout étant paffé, vous prendrez cette marmelade que vous mettrez
dans une poële pour la faire deffecher
fur le feu en la remuant toujours avec
l'efpatule jufqu'à ce qu'elle commence à
s'attacher à la poële, que vous l'ôtez du
feu ; prenez autant pefant de fucre que de
marmelade, que vous faites cuire au
caffé, mettez-y la marmelade pour la
bien délayer avec le fucre en la tenant
fur un feu très-doux fans qu'elle bouille ;

lorfqu'elle fera bien mêlée, vous la mettrez dans les pots.

DES AMANDES VERTES.

Amandes vertes confites.

PASSEZ de la cendre de bois neuf dans un tamis, mettez-en cinq ou fix poignées avec de l'eau, que vous mettez bouillir jufqu'à ce que la tâtant avec les doigts vous la trouviez bien graffe & très-douce, mettez-y les amandes que vous aurez foin de bien remuer avec l'écumoire, pour que la cendre ne fe maffe point au fond ; lorfque le duvet des amandes s'ôte facilement, vous les retirez du feu & les nétoyez une à une, & les jettez à mefure dans de l'eau fraiche ; lorfque vous les aurez toutes nétoyées, vous les piquerez chacune en plufieurs endroits avec une épingle, mettez-les dans de l'eau fur le feu, feulement qu'elles ne faffent que fremir, vous aurez foin de couvrir la poële pour les faire reverdir ; lorfqu'elles feront vertes, vous les rafraichiffez, & les mettez enfuite dans un petit fucre pour les y laiffer jufqu'au lendemain, que vous les

jettez fur un égoutoir pour donner trois
ou quatre bouillons au fucre, mettez le
fucre fur les amandes pour les y laiffer
encore jufqu'au lendemain ; à la troifiéme fois vous les augmenterez de fucre
clarifié, & à la quatriéme fois vous donnerez cinq ou fix bouillons à votre fucre ; mettez-y les amandes pour les faire
cuire jufqu'à ce que votre firop foit cuit
au perlé, que vous les ôterez du feu
pour les mettre dans les pots. Vous obferverez qu'il faut que vos amandes
ayent affez de firop pour qu'elles trem-
pent dedans.

Amandes vertes au fec.

Les amandes vertes que l'on tire au
fec fe confifent de la même façon que les
précédentes, & ordinairement l'on prend
de celles qui font confites au liquide,
lorfque l'on en a befoin, que l'on met
égouter, & enfuite on les roule dans du
fucre fin, vous les mettez fur un tamis
pour les faire fécher à l'étuve.

Amandes vertes au candi.

Il faut prendre des amandes vertes
confites au fec comme les précédentes,
vous les dreffez fur les grilles qui fe
mettent dans les moules à candi, verfez

deſſus, du ſucre cuit au ſouflé. Voyez *Sucre au ſouflé*, page 6. Lorſqu'il ſera à moitié froid, mettez-les juſqu'au lendemain à l'étuve avec un feu moderé ; ſi le ſucre n'étoit point aſſez candi, vous égoutez ce qui reſte de liquide, & les laiſſez encore une heure ou deux avant que de les ôter des moules ; pour être plus ſûr de votre candi, vous mettez quatre petits bâtons blancs ſecs aux quatre coins du moule, que vous enfoncez juſqu'au fond pour vous ſervir d'eſſai ; lorſque vous croyez que votre candi eſt fait, vous retirez doucement les bâtons, & vous verrez s'ils font le diamant deſſus & également, pour lors vous égouterez votre candi en panchant le moule par le coin que vous laiſſez égouter pendant deux heures, enſuite vous renverſez le moule ſur une feuille de papier blanc en appuyant un peu fort & également, vous les conſerverez dans des boëtes garnies de papier blanc dans un endroit ſec.

Amandes vertes au caramel.

Les amandes vertes qui ont été confites au ſec, peuvent ſe ſervir au caramel pour les déguiſer, vous faites cuire du ſucre au caramel que vous tenez ſur un peu de cendre chaude, vous mettez à chaque amande un petit bâton pour les retourner dans le fucre, & les mettez à mefure égouter fur un clayon, vous en faites de la même façon avec celles qui font à l'eau-de-vie, après les avoir fait fécher à l'étuve.

Amandes vertes en filigrane.

Prenez des amandes vertes à l'eau-de-vie que vous faites fécher à l'étuve, enfuite vous les coupez en petits filets le plus mince que vous pouvez. Vous avez des feuilles de cuivre que vous frotez légerement de bonne huile d'olive, femez-y deffus les filets d'amandes, vous avez tout prêt un fucre cuit au caramel, que vous tenez chaudement, où vous trempez deux fourchettes tenant enfemble, vous faites couler légerement le fucre fur tous les filets, de façon qu'il fe trouve des vuides, ce qui forme un filigrane, enfuite vous les retournez fur une autre feuille auffi frotée d'un peu d'huile, pour faire couler du fucre comme vous avez fait au côté précedent.

Amandes vertes à l'Arlequine.

Il faut prendre des amandes vertes à l'eau-de-vie que vous faites fécher à l'étuve, enfuite vous les trempez une à

une avec une fourchette dans un fucre
cuit au caffé, que vous tenez chaudement fur un feu doux fans qu'il bouille,
& mettez à mefure chaque amande dans
de la nompareille de toutes couleurs,
roulez-les dedans pour qu'elles en foient
bien garnies tout au tour, vous les range-
rez à mefure fur une feuille.

Amandes vertes à l'eau-de-vie.

Vous ôterez le duvet à vos amandes
comme à celles qui font confites, enfuite vous les mettrez dans de l'eau
bouillante, & les tiendrez fur le feu fans
les faire bouillir, feulement qu'elles ne
faffent que fremir, vous aurez foin de
couvrir la poële pour les faire reverdir;
lorfqu'elles feront vertes, vous les chan-
gerez d'eau & les ferez bouillir jufqu'à
ce qu'elles commencent à fléchir fous
les doigts, que vous les mettrez égouter fur un tamis; fur trois livres d'a-
mandes, faites cuire une livre & demie
de fucre au liffé, mettez-y les amandes
pour les faire bouillir avec le fucre cinq
ou fix bouillons couverts, ôtez-les du
feu pour les écumer, & les retirez en
douceur avec une écumoire pour les
mettre dans une terrine, faites encore
prendre neuf ou dix bouillons à votre fu-

cre, & le verfez fur les amandes, laiffez-les vingt-quatre heures dans leur firop; quand elles auront pris fucre, vous
coulerez doucement le firop dans la
poële pour lui donner encore fept ou
huit bouillons, enfuite vous mettrez
les amandes pour leur faire prendre
trois ou quatre bouillons couverts, defcendez - les du feu; lorfqu'elles feront
froides, vous les retirerez du firop pour
les mettre dans les bouteilles, enfuite
vous faites un peu chauffer le firop
pour y mettre autant d'eau-de-vie,
que vous remuez enfemble pour les
bien mêler, & le mettrez fur les amandes dans les bouteilles. Il faut que la
liqueur couvre les amandes.

Compotes d'Amandes vertes.

Prenez des amandes vertes, que le
noyau ne foit pas formé, vous les lef-
fivez, comme celles qui font confites
au liquide, mettez - les dans de l'eau
prête à bouillir, & les tenez chaudement, qu'elle ne faffe que fremir, jufqu'à
ce qu'elles foient reverdies, vous aurez
foin de les couvrir, enfuite vous les ferez bouillir jufqu'à ce qu'elles fléchiffent fous les doigts; defcendez - les
du feu, & les couvrez encore un petit

tit moment pour qu'elles foient bien vertes, mettez-les égoûter, après vous les mettrez dans un fucre clarifié, demie livre pour livre d'amandes, faites-leur prendre cinq ou fix bouillons couverts, defcendez-les du feu & les laiffez trois heures pour prendre fucre, enfuite vous les remettrez fur le feu , & leur donnerez encore trois ou quatre bouillons ; lorfqu'elles feront froides , vous les drefferez dans le compotier.

Marmelade d'Amandes vertes.

Ayez des amandes vertes & tendres, ôtez-en le duvet, comme à celles qui font confites au liquide, & les jettez à mefure dans l'eau fraîche, vous faites bouillir de l'eau, & y mettez les amandes pour les faire bouillir, jufqu'à ce qu'elles foient bien cuites, retirez-les de l'eau, pour les écrafer & les paffer dans un tamis, en les preffant fort avec une efpatule ; prenez cette marmelade pour la mettre dans une poële, & la faire deffécher fur le feu, jufqu'à ce qu'elle quitte la poële ; ayez foin de la remuer toujours avec une efpatule, de crainte qu'elle ne brûle , prenez autant pefant de fucre que de marmelade, faites-le cuire au caffé , mettez-y

D

la marmelade pour la bien délayer avec le sucre, en la tenant sur un feu très-doux, sans qu'elle bouille; lorsqu'elle sera bien mêlée, vous la verserez dans les pots.

Pâte d'Amandes vertes.

Vous faites une marmelade d'amandes vertes, de la même façon que la précédente; lorsque vous avez bien mêlé la marmelade avec le sucre, & que vous l'ôtez du feu, vous la dressez dans des moules à pâte, que vous avez rangés sur des feuilles de cuivre, vous les mettez sécher à l'étuve.

DES FRAISES.

OBSERVATION.

ON en distingue de deux sortes; les domestiques, qu'on cultive dans les jardins; & les sauvages, qui croissent sans culture dans les bois. Les premieres sont les plus estimées, & ont plus d'odeur, Les autres ont assez souvent un goût un peu âpre, sans doute, parce que l'ombre des arbres les a empêchées de sentir l'action des rayons du Soleil.

Il y en a auſſi de rouges & de blanches;
mais les qualités des unes & des autres
ſont les mêmes. Il faut les choiſir groſſes, bien nourries, mûres, pleines de ſuc,
de bonne odeur, & d'un goût doux &
vineux. Ce fruit eſt bon aux billieux,
calme la ſoif, excite l'apétit, rafraîchit
& tempere l'âcreté des humeurs, eſt a-
péritif & cordial. Il eſt ſi eſtimé pour
ſa couleur, ſon odeur, ſon goût & ſes
qualités bienfaiſantes, qu'on le ſert ſur
les meilleures tables, & cela dans ſon
naturel, avec un peu d'eau ou de vin
& du ſucre. L'excès ſeul peut en devenir nuiſible. Sa ſaiſon ordinaire commence au mois de Mai juſqu'à la mi-
Juillet.

Compote de Fraiſes.

Ayez de belles fraiſes, point trop
mûres, que vous épluchez & lavez, faites-les égoûter ſur un tamis, mettez
dans une poële une demie livre de ſucre, avec un peu d'eau, & le faites
cuire à la grande plume, vous connoîtrez ſa cuiſſon en ſouflant au travers de
l'écumoire qui ait trempé dans le ſucre; s'il s'envole comme de la plume,
jettez-y les fraiſes, & les deſcendez de
deſſus le feu, laiſſez-les repoſer un peu

de tems dans le sucre, en les remuant doucement avec la poële; ensuite vous leur ferez faire un petit bouillon, & les retirerez promptement; si les fraises vouloient se lâcher & ne point rester entieres, quand elles seront à moitié froides, vous les dresserez dans le compotier.

Confiture-Marmelade de fraises.

Faites cuire à la grande plume deux livres de sucre; en le retirant du feu, mettez-y une livre de bonnes fraises pilées que vous aurez passées au travers d'une étamine, en les bourant avec une cuilliere de bois jusqu'à ce que le tout soit passé, mêlez bien les fraises avec le sucre, vous mettrez votre marmelade dans des pots, & ne la couvrirez que lorsqu'elle sera froide.

Massepains de fraises.

Echaudez une livre d'amandes douces, que vous mettez égoûter pour les piler très-fin dans un mortier, lorsqu'elles sont bien pilées, vous mettez deux poignées de fraises lavées & bien égoûtées, que vous repilez encore jusqu'à ce que les fraises soient incorporées avec les amandes; vous avez une

livre de fucre cuit à la plume, que vous
mêlez avec les amandes & les fraifes,
mettez le tout dans une poële, fur un
feu très-doux, pour faire deffécher la
pâte, jufqu'à ce qu'elle quitte la poële,
retirez-la pour la mettre fur une feuille,
pour la laiffer réfroidir; lorfqu'elle fera
froide, vous la mettrez dans le mortier
avec trois blancs d'œufs frais, repilez
encore cette pâte l'efpace d'un bon
quart d'heure, en y ajoûtant un peu de
fucre fin en la pilant, dreffez enfuite
les maffepains de la groffeur & figure
que vous jugerez à propos, faites-les
cuire dans un four doux.

Maffepains glacés de fraifes.

Prenez une demie livre d'amandes
douces, que vous échaudez & pilez
très-fin dans un mortier, il faut y mettre en plufieurs fois, en les pilant, un
blanc d'œuf, & quelques goûtes d'eau
de fleurs d'orange, pour empêcher
qu'elles ne tournent en huile. Vous
avez dans une poële une demie livre
de fucre cuit à la plume, mettez-y les
amandes pilées pour les faire deffécher
fur un feu doux, jufqu'à ce qu'elles
quittent la poële; retirez-les enfuite
pour les mettre réfroidir; lorfqu'elles

font froides, remettez cette pâte dans
le mortier pour la repiler, en y ajoûtant deux blancs d'œufs frais, & un peu
de fucre fin, après vous dreffez les maffepains de la grandeur que vous voulez.
Faites-les cuire dans un four doux,
quand ils feront prefque cuits, retirez-
les pour les glacer avec de la marmelade de fraifes, que vous délayez avec
un peu de blanc d'œuf, il faut qu'elle
ait la confiftance d'une bouillie, couvrez-en tout le deffus des maffepains,
remettez-les au four pour faire fécher
la glace.

Crême de Fraifes.

Ayez une pinte de bonne crême que
vous mettez dans une poële, avec un
quarteron de fucre, faites-la bouillir
jufqu'à ce qu'elle foit réduite à moitié,
vous prenez deux bonnes poignées de
fraifes, épluchées & lavées, que vous
pilez dans un mortier, délayez-les
dans la crême; lorfqu'elle eft à moitié froide, vous y délayez gros comme un pois de préfure, paffez tout de
fuite votre crême dans une ferviette,
pour la mettre dans le compotier que
vous devez fervir, mettez ce compotier à l'étuve pour faire prendre la crê-

me ; lorfqu'elle fera prife , vous la mettrez rafraichir fur de la glace.

Glace de Fraifes.

Pour faire trois demi-feptiers de glace de fraifes , vous prenez une demie
livre de fraifes, avec un demi quarteron de grofeilles rouges , que vous
écrafez enfemble dans une terrine, a-
joutez-y une demie livre de fucre, avec
une chopine d'eau, laiffez infufer le tout
enfemble l'efpace d'un quart d'heure;
paffez enfuite plufieurs fois à la chauffe,
fi votre eau n'eft point claire de la premiere, vous la mettrez dans une terrine, jufqu'à ce que vous la mettiez à
la glace. Vous trouverez la façon de la
faire prendre à la glace, à l'article des
Glaces.

Fraifes au Caramel.

Mettez dans une poële un quarteron de fucre, ou une demie livre, fuivant la quantité de fraifes que vous voulez faire, avec un peu d'eau, faites-le
cuire jufqu'à ce qu'il foit au caramel,
d'une belle couleur de canelle, retirez-
le de deffus le feu, pour le mettre fur
une cendre chaude, & empêcher qu'il
ne fe prenne , trempez-y des groffes

fraifes , en les tenant par la queue ;
mettez-les à mefure fur une feuille de
cuivre , frotée légerement de bonne
huile d'olive , vous les dreflerez enfuite comme vous le jugerez à propos.

Fraifes en Chemife.

Fouëtez un blanc d'œuf, prenez-en
un peu de moufle, fuivant la quantité de
fraifes que vous voulez faire, paflez-les
dans cette moufle, & les roulez dans
du fucre fin, vous les mettez à mefure fur une feuille de papier blanc pla-
cée fur un tamis, ferrez-les à l'étuve,
que la chaleur en foit très-douce.

Fromage glacé de Fraifes.

Prenez un panier de fraifes , que
vous épluchez, & écrafez bien, vous
les mêlerez enfuite avec une pinte de
crême & trois quarterons de fucre, laiffez le tout enfemble pendant une heure,
que vous le paflerez au tamis, mettez
votre crême dans une falbotiere pour la
faire prendre à la glace, comme il fera
dit ci-après à l'article des Glaces ; lorfque votre crême fera prife, vous la travaillerez comme les glaces, enfuite vous
la retirerez de la falbotiere pour la mettre dans le moule à fromage, que vous

remettrez

remettrez à la glace, pour le foutenir, jufqu'à ce que vous foyez prêt à fervir, vous aurez foin de tenir de l'eau chaude dans une marmite ou chaudron, pour enfoncer votre moule jufqu'à la hauteur du fromage, afin qu'il quitte le moule aifément, vous renverfez votre compotier ou affiette fur le moule & le reverfez deffus.

Canelons glacés de Fraifes.

Ecrafez dans une terrine deux livres de bonnes fraifes bien mûres, avec une demie livre de grofeilles rouges, mettez-y une pinte d'eau, avec une livre de fucre, laiffez infufer le tout enfemble une bonne demie heure, & le paffez enfuite dans un tamis, mettez-le dans une falbotiere pour faire prendre à la glace; lorfque votre glace fera prife, vous la travaillerez, & la mettrez dans les moules à canelons, vous les remettrez à la glace, après les avoir enveloppé de papier, lorfque vous ferez prêt à fervir, vous avez de l'eau chaude dans un chaudron ou une marmitte, trempez-y les moules feulement pour que les canelons quittent le moule, vous les aiderez à fortir en donnant un coup par le bout avec le plat de la main, en les préfentant fur une affiette.   E

DES GROSEILLES
EN GRAPPES.

OBSERVATION.

NOus en avons de deux sortes, les unes rouges, & les autres blanches; celles-ci sont moins communes que les premieres, & elles ont toutes les deux à peu près le même goût; ce fruit qui est assez connu, vient en grappes sur un petit arbrisseau; sa saveur aigrelette, lui vient d'un sel acide qu'il contient, ce qui le rend rafraîchissant, & propre à modérer les ardeurs de la bile. Il faut les choisir grosses, bien mûres, remplies de suc, molles, luisantes, & les moins aigres qu'il se pourra; l'usage fréquent des groseilles, sans être mêlées avec le sucre, excite des picotemens sur l'estomac, & cause des fievres; mais lorsqu'elles sont travaillées avec le sucre, ce qui adoucit leur aigreur, elles sont d'un goût agréable, & fournissent une Confiture propre pour les Convalescens.

Conserve de Groseilles.

Mettez dans une poële deux livres

de groseilles rouges, bien épluchées,
faites rendre leur eau en les mettant sur
le feu, ensuite vous en passerez le clair
dans une terrine, au travers d'un tamis, ce jus vous le mettrez à part, il
vous servira pour faire de la gelée ou
des glaces; vous pressez bien le marc au
travers d'un tamis avec une espatule pour
en faire sortir le plus que vous pourrez,
faites-le dessecher sur le feu jusqu'à ce
qu'il soit réduit à un tiers, & le mettrez
ensuite dans un sucre cuit au cassé; remuez-les bien ensemble, en travaillant
toujours le sucre jusqu'à ce qu'il se forme une petite glace dessus, vous dresserez la conserve dans des moules de papier, deux heures après vous l'ôterez
des moules pour la couper par tablettes
à votre usage.

Glace de Groseilles.

Prenez deux livres de groseilles ,
& la valeur d'une livre de framboises, mettez le tout dans une poële,
faites leur faire trois ou quatre bouillons
couverts, vous les jetterez sur un tamis
our en avoir le jus, que vous passerez
la chausse, ensuite vous prendrez une
ivre & demie de sucre que vous ferez
ondre dedans sur le feu, & vous y met-

trez une chopine d'eau, & la mettrez dans une terrine pour réfroidir, ensuite vous mettrez votre eau de groseilles dans une salbotiere pour faire prendre à la glace, comme il est dit à l'article des glaces. Si vous n'êtes pas dans le tems de la groseille en grains, prenez de la gelée de groseilles framboisées, un pot ou deux, selon la quantité que vous en voudrez faire, vous la mettrez dans de l'eau chaude pour qu'elle soit plus facile à se dégeler, passez-la au travers d'un tamis, en la pressant avec une espatule, ajoutez-y du sucre, & un peu de cochenille, si vous n'y trouvez pas assez de couleur, & finirez vos glaces comme à l'ordinaire.

Compotte de Groseilles rouges & blanches.

Faites cuire une demie livre de sucre à la petite plume, mettez-y une livre de groseilles égrainées, faites-les bouillir à grand feu dans le sucre, environ quatre ou cinq bouillons couverts, ensuite vous les ôtez de dessus le feu pour les écumer, & les dresserez dans le compotier quand elles seront presque froides.

La compotte de groseilles blanches se fait de la même façon ; l'on fait ene

core des compottes de grofeilles en
grappes, qui fe font de même, en laiffant les grappes fans les égrainer.

Gelée de grofeilles fans façon, & belle.

Prenez plus ou moins de grofeilles,
fuivant la quantité que vous en voulez
faire, vous les choifirez point trop mûres ; fi vous en avez trente livres, vous
les mettrez fans les éplucher dans une
grande poële, avec un demi-feptier
d'eau, mettez-les fur le feu pour leur
donner quelques bouillons, jufqu'à ce
qu'elles ayent rendu leur jus, que vous
les pafferez au tamis, en les preffant
fort avec l'écumoire, pefez le marc
pour fçavoir ce que vous avez de jus ;
s'il y a dix livres de marc, il vous refte
vingt livres de jus, que vous mettez
dans une poële, jettez peu à peu dans
ce jus, en remuant avec l'efpatule,
vingt livres de fucre fin ; fi vous la voulez moins fucrée, vous n'en mettrez
que quinze livres, mettez votre poële
fur le feu pour la faire bouillir, lorfqu'elle jettera fa groffe écume, vous la
defcendez du feu pour l'écumer, remettez - la fur le feu pour lui donner
trois ou quatre bouillons couverts, &
la gelée fera faite & belle.

Gelée de Groseilles d'une autre façon.

Prenez de la groseille rouge, suivant la quantité que vous en voulez faire, écrasez-la & la passez au tamis pour en tirer tout le jus, sur une chopine de jus vous ferez cuire une livre de sucre au cassé, mettez-y le jus de groseilles & le faites cuire quelques bouillons ; elle est assez cuite quand elle tombe en nape de l'écumoire, versez-la dans les pots & la couvrirez lorsqu'elle sera froide.

Il y en a qui ne mesurent point le jus, ils pesent les groseilles, & mettent une livre de sucre pour livre de fruit, ensuite ils écrasent les groseilles pour en tirer le jus, & le mettent dans le sucre cuit au cassé, & la finissent comme la précédente. Il en est qui ne mettent que trois quarterons de sucre pour livre de fruit ; ceux qui ne la veulent qu'à demi sucre, c'est-à-dire, demie livre de sucre pour livre de fruit, tirent peu d'avantages de leur économie, parce qu'il faut faire bouillir plus long-tems la gelée, jusqu'à ce qu'elle ait acquis la consistance de la premiere, ce qui la fait beaucoup diminuer, & la rend sujette à être noire. L'on fait de la gelée blanche, avec la groseille blanche, de la même façon que l'on fait la rouge.

Gelée de Groseilles framboisées.

Elle se fait comme la précédente, à cette différence que vous mettez un demi quart de framboises sur trois quarts de groseilles, & une livre de sucre pour livre de fruit; ceux qui veulent faire la gelée avec le marc, mettent le sucre dans une poële, & le font cuire au cassé; mettez-y ensuite les groseilles, & les faites bouillir avec le sucre, en l'écumant de tems en tems, jusqu'à ce que votre gelée soit cuite entre le lissé & le perlé; mettez la égoûter sur un tamis fin, en pressant un peu le marc, redonnez-lui un petit bouillon pour l'écumer, & vous la mettrez dans les pots.

Gelée de Groseilles sans feu.

Prenez deux livres de groseilles, que vous écraserez bien pour en exprimer tout le jus, au travers d'un torchon bien serré, en le tordant fort, passez ce jus au travers d'une serviette mouillée, ou à la chausse, prenez deux livres & demie de sucre, que vous mettez en poudre, que vous jetterez dans le jus de groseilles; vous la remuerez avec une

espatule pour en faire fondre le sucre,
ensuite vous l'exposerez au Soleil dans
deux vaisseaux que vous verserez de
l'un à l'autre pendant deux ou trois
heures par intervale, toujours exposée
au Soleil, & à chaque fois vous la
verserez dix ou douze fois de suite, si
elle n'est pas prise le même jour, elle
prendra le lendemain en l'exposant au
Soleil. Cette gelée n'est que pour ra-
fraîchir, & n'est point pour garder.

Marmelade de Groseilles.

Faites bouillir trois livres de groseilles égrainées, avec un demi-septier
d'eau, que vous mettez dans une poële, pour lui faire prendre quatre ou
cinq bouillons, pour les faire crever,
vous passez le clair des groseilles au
travers d'un tamis que vous mettrez à
part, ensuite vous les presserez bien
avec une espatule, ou avec la main,
pour en tirer le plus de marmelade que
vous pourrez, faites cuire une livre de
sucre à la grande plume, mettez-y la
marmelade de groseilles, pour la faire
bouillir avec le sucre, en la remuant
toujours avec une espatule, jusqu'à ce
qu'elle ait pris quatorze ou quinze bouillons, & la verserez à demie chaude

dans les pots. Le clair des groſeilles que vous avez mis à part, ſi vous n'a-vez point d'occaſion de l'employer, vous pouvez le laiſſer dans votre mar-melade, vous réduiſez le tout enſemble, & lui donnez pluſieurs bouillons de plus.

Groſeilles en Bouquets.

Prenez une livre de groſſes groſeil-les, cueillies par petits bouquets, que vous mettez dans une livre de ſucre cuit à la grande plume, pour leur faire prendre deux ou trois bouillons cou-verts, écumez-les doucement, & les laiſſez dans leur ſucre, ſans les ôter de la poële, il faut les mettre à l'étuve juſqu'au lendemain que vous les met-trez égoûter ; lorſqu'elles ſeront réfroi-dies, arrangez-les proprement par petits bouquets, quand elles ſeront bien égou-tées, il faut les poudrer de ſucre fin, & les mettre ſécher à l'étuve.

Groſeilles en grappes.

Les groſeilles en grappes, ſe font de là même façon que les précédentes, avec cette différence que vous prenez les grappes toutes ſimples, ſans être en bouquets, & les laiſſez moins de tems dans leur ſirop.

Groseilles en Chemise.

Ayez de belles groseilles en grappes, que vous trempez dans un peu de mousse de blanc d'œuf bien fouetté, passez-les tout de suite dans du sucre fin, & les mettez à mesure sur une feuille de papier blanc, posé sur un tamis, mettez-les à l'étuve d'une chaleur très-douce pour les faire sécher.

Sirop de Groseilles.

Ecrasez dans une terrine quatre livres de groseilles, avec une livre de cerises, passez-les au tamis pour en tirer tout le jus, faites cuire trois livres de cassonnade à la grande plume, mettez le jus des groseilles & cerises avec le sucre, pour les faire bouillir ensemble, jusqu'à ce qu'il soit réduit au grand lissé ou en sirop; ôtez-le du feu, quand il sera à moitié froid, vous le vuiderez dans les bouteilles. Ce sirop ne peut se garder que huit ou quinze jours, si vous voulez en faire pour l'hyver, vous mettrez deux livres de cassonnade pour une chopine de jus, & le finirez ensuite de la même façon.

Clarequets de Groseilles.

Ayez deux livres de groseilles, que vous écrasez à froid dans une terrine, ou si vous voulez mettez-les dans une poële sur le feu, & leur faites prendre huit ou dix bouillons ; jettez - les en-suite sur un tamis pour en exprimer le jus, passez ce jus à la chausse ; si vous en avez une chopine, vous ferez cuire cinq quarterons de sucre au cassé, mettez-y le jus de groseilles pour les faire bouillir ensemble, & les réduire en ge-lée, lorsque votre gelée sera faite vous la verserez dans les petits gobelets à clarequets, & les servirez quand ils feront pris.

Groseilles en Grains.

Prenez de belles groseilles rouges & en ôtez les pepins, & les jettez à mesu-re dans l'eau fraîche, clarifiez six livres de cassonnade pour quatre livres de groseilles, que vous mettrez au cassé. Voyez *Sucre au cassé*, page 7. Vous mettrez votre fruit bien doucement de-dans, & le remuerez toujours sur le feu, en tenant votre poële par les deux anses, jusqu'à ce que votre sucre soit décuit, vous ôterez la groseille du feu,

& la mettrez dans les pots. Il ne faut
point qu'elle bouille du tout. La groseille
blanche se fait de la même façon.

Pâte de Groseilles.

Ayez quatre livres de groseilles, que
vous égrainez, & les mettez dans une
poële, avec un demi-septier d'eau, faites - les crever sur le feu, en leur faisant prendre deux ou trois bouillons
couverts, mettez les égouter sur un tamis, & les pressez bien fort avec une
espatule, pour en tirer toute la consistance des groseilles , vous ferez réduire sur le feu tout ce qui a passé au
travers du tamis, en le remuant toujours, jusqu'à ce qu'il soit réduit en pâte, il faut peser cette pâte; sur cinq
quarterons, vous ferez cuire une livre
& demie de sucre à la grande plume,
ôtez-le du feu, & délayez-y tout de suite
la pâte de groseilles, lorsqu'elle sera
bien délayée avec le sucre vous la mettrez dans les moules à pâte pour les
mettre sécher à l'étuve.

Pâte de Groseilles d'une autre façon.

Après avoir exprimé tout le jus de
quatre livres de groseilles au travers
d'un tamis, comme il est expliqué dans

l'article précédent, mettez - le dans une
poële , avec deux livres de sucre en
poudre, que vous faites bouillir ensemble, en le remuant souvent, principalement sur la fin, jusqu'à ce qu'il soit
réduit à la plume, ce que vous connoîtrez , en souflant au travers de l'écumoire , il en sortira comme de grosses étincelles ; vous dresserez la pâte dans les
moules que vous mettrez sécher à l'é-
tuve.

DES FRAMBOISES.

OBSERVATION.

LA bonne odeur, le goût & les qualités des framboises, sont à peu près
semblables à celles des fraises ; elles se
corrompent néanmoins un peu plus
promptement dans l'estomac : c'est une
espece de meure de Renard cultivée, plus
communément rouge que blanche, & un
peu velue, composée de quantité de petites bayes entassées les unes sur les autres. Il faut les choisir grosses, mûres &
pleines d'un suc doux & vineux. On les
croit anti-néphretiques & anti-scorbuti-
ques, & bonnes pour les bilieux, & pour

ceux qui ont des humeurs âcres & trop
agitées. On se sert de la fleur du framboi-
sier pour les inflammations des yeux &
les érésipelles ; les feuilles & les sommi-
tés de cet arbrisseau sont employées pour
faire des gargarismes pour les gencives
& les maux de gorge. La Saison des
framboises est un peu plus tardive que
celle des fraises.

Compote de Framboises.

Ayez des framboises, épluchez ce qu'il
en faut pour une compote, faites cuire
une demie livre de sucre à la grande plume ; lorsqu'il est à son point de cuisson,
vous y mettez les framboises, & les ôtez
du feu en les remuant en douceur en tenant la poële par les deux anses, un quart
d'heure après vous les remettez sur le
feu pour leur donner un petit bouillon,
& ne point attendre qu'elles se rompent
pour les retirer, vous les dresserez ensuite dans le compotier que vous devez
servir.

Glace de Framboises.

Ecrasez dans une terrine un panier de
framboises, ajoutez-y trois demi-septiers
d'eau, avec une demie livre de sucre,
batez le tout ensemble, & le passez en-

suite à la chauffe, vous vous reglerez fur
cette dofe, fuivant la quantité que vous
en voulez faire ; vous le mettrez dans la
falbotiere pour faire prendre à la glace,
comme il eft dit à l'article des glaces.

Framboifes liquides.

Ayez un panier de framboifes d'environ deux livres, que vous épluchez de
leur queue, faites cuire deux livres &
demie de fucre à la grande plume. *Voyez*
p. 6. Jettez-y en douceur les framboifes,
faites-leur prendre un bouillon fur un
grand feu, vous y mettrez enfuite un
poiffon de jus de cerifes paffé à la chauffe, remottez-les fur le feu pour leur faire
prendre encore treize à quatorze bouillons, jufqu'à ce que le fucre foit réduit
en firop, pendant la cuiffon vous les defcendez deux ou trois fois pour les écumer ; votre confiture étant cuite,
vous la laiffez refroidir à moitié avant
que de la mettre dans les pots. Il y en
a qui ne mettent point de jus de cerifes.

Framboifes feches.

L'on fait cuire deux livres de fucre à
la grande plume, pour y mettre deux livres de belles framboifes prefque mûres
& épluchées de leur queuë, il faut leur

faire prendre un bouillon couvert, ensuite les ôter du feu pour les écumer, vous les versez en douceur dans une terrine, pour les laisser dans leur sirop jusqu'au lendemain en les mettant à l'étuve, après vous les retirez de leur sirop pour les mettre égouter, poudrez-les partout avec du sucre fin, & mettez sécher à l'étuve.

Pâte de Framboises.

Prenez un panier de framboises d'environ une livre, que vous épluchez & écrasez dans une terrine; faites passer le tout au travers d'un tamis, faites cuire une livre de sucre au cassé, mettez-y les framboises, & les travaillez avec une espatule jusqu'à ce qu'elles soient bien mêlées avec le sucre, sans les mettre sur le feu; dressez votre pâte dans les moules pour les mettre sécher à l'étuve.

Massepains de Framboises.

Il faut piler très-fin une livre d'amandes douces, après les avoir échaudées & bien égoutées, l'on y met ensuite deux poignées de framboises que l'on repile encore avec les amandes jusqu'à ce qu'elles soient bien incorporées ensemble, il faut faire cuire une livre de sucre à la plume, pour le mêler avec les framboises & les amandes; faites dessécher

cher cette pâte sur un feu très-doux jusqu'à ce qu'elle quitte la poële, vous la retirez pour la mettre refroidir & la repiler encore dans le mortier en y ajoutant deux blancs d'œufs frais & un peu de sucre fin ; lorsque les blancs d'œufs seront bien incorporés dans la pâte, il faut dresser les massepains de la grandeur & figure que l'on juge à propos, & les faire cuire dans un four très-doux, quand ils sont cuits il faut les glacer avec une glace blanche, qui se fait avec du sucre fin passé au tambour, & le bien battre avec un peu de blanc d'œuf & quelques goutes de jus de citron, l'on en couvre tout le dessus des massepains, il faut les remettre un moment au four pour faire sécher la glace.

Conserve de Framboises.

Pour une livre de framboises il faut un demi quarteron de groseilles rouges, vous mettez ces deux fruits ensemble dans une terrine pour les écraser & les passer ensuite dans un tamis, prenez tout ce qui aura passé pour le mettre dans une poële que vous mettez sur un moyen feu, & faire réduire à un tiers, vous faites cuire une bonne livre de sucre à la grande plume, lorsqu'il est un peu diminué de fa chaleur vous y mettez les framboifes que vous travaillez bien avec le fucre ; & la dreffez dans un moule de papier ; lorfque votre conferve fera prife vous la couperez par tablettes à votre ufage.

Gelée de Framboifes.

Mettez dans une poële deux livres de fucre que vous faites cuire au caffé, quand il eft à fon point de cuiffon, vous avez deux livres de framboifes , & une livre de grofeilles que vous mettez dans le fucre , faites-les cuire en les écumant de tems en tems jufqu'à ce que votre firop en le prenant avec un doigt & appuyant l'autre contre, & les ouvrant tous les deux de leur grandeur, il fe forme un fil qui a de la peine à fe rompre ; ou avec l'écumoire, quand vous l'enlevez elle retombe en nape , alors vous jetterez la confiture fur un tamis que vous avez mis fur une terrine pour en recevoir la gelée ; il ne faut point preffer le fruit ; fi vous voulez qu'elle foit bien claire , remettez-la fur le feu pour lui donner un bouillon , après que vous l'aurez écumée , verfez-la dans les pots.

Gelée de Framboises d'une autre façon.

Ayez trois livres de framboises & trois
livres de groseilles, que vous écrasez bien
dans une terrine, passez - en le jus dans
un tamis sur une terrine ; faites cuire au
cassé quatre livres & demie de sucre,
mettez-y le jus pour le faire bouillir avec
le sucre jusqu'à ce qu'il soit entre lissé &
perlé, ce que vous connoîtrez en faisant
le même essai que j'ai marqué à la précédente ; ensuite vous la verserez dans
les pots quand elle sera un peu diminuée
de sa grande chaleur.

Crême de Framboises.

Faites bouillir dans une poële une
pinte de bonne crême avec un quarteron
de sucre, jusqu'à ce qu'elle soit réduite
à moitié, mettez-la réfroidir, ajoutez-y
un quarteron de framboises bien pilées
que vous délayez dans la crême, mettez trois jaunes d'œufs frais dans un autre vaisseau que vous délayerez aussi
peu à peu avec la crême, passez le tout
dans un tamis pour le remettre sur le feu
seulement pour faire cuire les œufs, en
les tournant toujours sans faire bouillir;
lorsque votre crême commence à s'é-
paissir vous l'ôtez promptement, quand

elle fera tiéde , vous y délayerez gros comme un pois de préfure , & la mettrez dans un compotier pour la faire prendre à l'étuve , lorſqu'elle ſera priſe vous la mettrez rafraichir ſur de la glace juſqu'à ce que vous la ſerviez.

Marmelade de Framboiſes.

Ecraſez dans une terrine quatre livres de framboiſes, que vous paſſerez enſuite dans un tamis, mettez ce que vous avez paſſé dans une poële ſur le feu pour le faire deſſecher juſqu'à ce qu'il ſoit réduit à moitié ; vous prenez deux livres de ſucre que vous faites cuire à la grande plume , mettez - y les framboiſes pour leur donner environ douze bouillons en remuant toujours avec une eſpatule ; lorſque votre marmelade ſera faites , vous la verſerez toute chaude dans les pots.

Fromage glacé de Framboiſes.

Ayez un bon panier de framboiſes d'environ une livre, que vous écraſez bien dans une terrine, prenez une pinte de crême que vous mêlez avec les framboiſes , & environ trois quarterons de ſucre , laiſſez le tout enſemble pendant une heure, & le paſſez enſuite au tamis,

vous le mettrez dans une falbotiere pour
le faire prendre à la glace , comme il
fera dit ci-après à l'article des glaces ;
lorfque votre crême fera glacée vous la
travaillerez & la mettrez dans un moule
à fromage , que vous remettrez à la
glace pour le foutenir jufqu'à ce que
vous foyez prêt à fervir, vous aurez de
l'eau chaude dans une marmite ou chaudron, vous enfoncez le moule dedans jufqu'à la hauteur du fromage afin qu'il
quitte aifément, vous mettez votre affiette ou compotier fur le moule, & renverfez le formage deffus, que vous fervez promptement.

Canellons de Framboifes.

Mettez dans une terrine environ deux
livres de framboifes avec une demie
livre de grofeilles rouges , écrafez le
tout enfemble , & y mettez enfuite une
livre de fucre avec une pinte d'eau, laiffez infufer une demie heure , paffez votre
eau de framboifes dans un tamis, pour la
mettre dans une falbotiere pour la faire
prendre à la glace ; lorfqu'elle fera prife
vous la travaillerez pour la mettre dans
des moules à canellons, que vous enve-
löppez de papier pour les remettre à la
glace, feulement pour les foutenir juf-

qu'à ce que vous ferviez ; vou
tremperez les moules dans de l'eau
chaude pour les faire détacher, vous les
aiderez à fortir en donnant un coup par
le bout avec le plat de la main en les préfentant fur une affiette, & les fervirez
promptement.

DES CERISES.

OBSERVATION.

LEs cerifes font ainfi appellées, parce
que les premieres ont été apportées
en Italie du tems de Mitridate, d'une
Ville de Pont autrefois nommée Cera-
fus, d'où elles ont pris leur nom. Nous
en avons beaucoup aux environs de
Paris, leur Saifon ordinaire commence
quelquefois au mois de Mai jufqu'à la fin
de Juillet ; il y en a de plufieurs fortes,
comme les précoces feulement eftimées
pour la nouveauté, les hâtives viennent
après, celles à courte queue font les
meilleures, principalement celles de
Montmorency qui font les plus groffes ;
les guignes, les bigarreaux & les ai-
griottes font compris fous le nom de cerifes. De ces trois dernieres efpeces, le

bigarreau eſt le plus eſtimé, parce que ſa
chair eſt ferme & croquante, & peut ſe
ſervir quand il eſt à demi rouge ; la
guigne, dont il y en a de rouges, de
blanches & de noires, n'eſt ni ſi ferme, ni
de ſi bon goût que le bigarreau; l'aigriote
eſt une groſſe ceriſe noire, aſſez ferme
& fort douce, elle doit être bien noire
pour être dans ſa maturité.

En général, il faut choiſir les ceriſes
groſſes, bien nourries, bien mûres &
ſucculentes ; c'eſt un fruit rafraichiſſant
qui appaiſe la ſoif, excite l'appetit,
pouſſe par les urines, & eſtimé propre
pour les maux de tête. On croit que les
noyaux pris intérieurement ſont bons
pour chaſſer la pierre des reins & de la
veſſie ; l'excès des ceriſes cauſe des
vents & des coliques, parce qu'elles ſe
corrompent aiſement dans l'eſtomac.

Ceriſes à oreilles.

Pour faire quatre livres de ceriſes à
oreilles, il faut prendre deux livres de
ſucre clarifié que vous faites cuire à la
grande plume, jettez les ceriſes dedans
pour leur faire prendre trois ou quatre
bouillons couverts, vous aurez ſoin de
les bien écumer, il faut les laiſſer juſqu'au lendemain dans le ſirop ; vous au-

rez deux autres livres de fucre clarifié
que vous jetterez dans le firop des cerifes ; enfuite vous les mettrez égouter,
& reduirez le firop jufqu'à ce qu'il tombe
en nape, vous gliffez les cerifes dedans
pour leur faire prendre trois ou quatre
bouillons couverts ; ayez foin de les
bien écumer, mettez-les dans une terrine avec leur firop pour les conferver
tant que vous voudrez ; lorfque vous
voudrez vous en fervir, il faut les retirer
de leur firop pour les ouvrir en deux, &
en appliquer deux l'une contre l'autre,
& deux autres deffus, une de chaque
côté, enfuite mettez-les fur un tamis pour
les faire égouter & fécher à l'étuve.

Cerifes à mi-fucre.

Mettez dans une poële deux livres de
fucre que vous faites cuire à la grande
plume, lorfqu'il eft à fon degré de cuiffon, vous-y mettrez quatre livres de
cerifes à qui vous aurez ôté les queuës
& les noyaux, & leur ferez prendre
quatre ou cinq bouillons couverts, enfuite vous les ôtez du feu & les laiffez
dans leur firop jufqu'au lendemain que
vous les mettez égouter, pour faire recuire le firop jufqu'à ce qu'il foit revenu à
la grande plume, remettez les cerifes

dans

dans le firop pour leur faire prendre dix-huit ou vingt bouillons , ayez foin de les écumer à mefure , enfuite vous les mettez à l'étuve jufqu'au lendemain que vous les retirez de leur firop pour les mettre égouter fur un tamis , & enfuite fur des ardoifes pour les faire fécher à l'étuve.

Cerifes liquides à noyau.

Prenez quatre livres de groffes cerifes, il faut leur couper les queues par la moitié ; faites cuire trois livres de fucre à la grande plume , mettez y les cerifes dedans , pour leur faire prendre une douzaine de bouillons couverts , ôtez-les du feu pour les mettre dans une terrine jufqu'au lendemain que vous les augmentez d'une livre de fucre cuit à la grande plume , avec un poiffon de jus de grofeilles ; remettez-les fur le feu pour les rachever & les faire cuire jufqu'à ce que le firop foit cuit à perlé , ce que vous connoîtrez en prenant du firop avec deux doigts , & les féparant tous les deux , il fe forme un filet qui fe foutient fans fe rompre ; ôtez-les du feu , lorf-qu'elles feront un peu refroidies, vous les mettrez dans les pots.

G

Cerises framboisées.

Ecrasez dans une terrine une livre de frambroises, passez-les ensuite dans une étamine pour en exprimer tout le jus, faites cuire quatre livres de sucre à la grande plume, mettez-y le jus de framboises avec trois livres de grosses cerises bien mûres, dont vous aurez coupé la moitié de la queuë, faites-les cuire à grand feu au moins huit ou dix bouillons, descendez-les du feu pour les écumer & reposer jusqu'au lendemain, ensuite vous les ferez recuire jusqu'à ce que le sirop soit cuit au perlé comme les précedentes; lorsqu'elles seront à demi froides, vous les mettrez dans les pots.

Cerises aux Quadrilles.

Ayez deux livres de cerises d'égale grosseur, coupez-en un peu le bout des queues, & en mettez quatre ensemble que vous attachez avec du fil, mettez-les ensuite dans deux livres de sucre cuit au souflé. Voyez *Sucre au souflé*, page 6. Faites-leur prendre au moins dix-huit bouillons en les écumant à mesure, versez-les légerement dans une terrine pour les mettre vingt-quatre heures à l'étuve, ensuite vous les mettrez égouter sur un tamis pour les mettre après fur des feuilles de cuivre , & faire fécher à l'étuve.

Cerifes en furtout.

Coupez un peu le bout des queuës à une livre de cerifes , prenez-en trois autres livres à qui vous ôterez les queuës & les noyaux , faites cuire quatre livres de fucre au fouflé , mettez-y toutes les cerifes pour leur faire prendre une vingtaine de bouillons , ayez foin de les écumer à mefure , vous les mettrez enfuite dans une terrine pour les ferrer à l'étuve jufqu'au lendemain que vous les mettrez dans des pots , pour les garder au liquide jufqu'à ce que vous en ayez befoin ; lorfque vous voudrez les mettre en furtout , vous les égoutez de leur firop fur un tamis très-clair , prenez celles qui ont des queues & en appliquez deux ou trois autres deffus du côté de la chair , ayez foin de les bien arrondir & de les mettre à mefure fur des feuilles de cuivre , poudrez-les partout de fucre , & les mettez fécher à l'étuve , le deffus étant fec , mettez-les fur un tamis après les avoir encore poudrées de fucre , & les remettez à l'étuve pour achever de les fécher.

Cerises à l'Eau-de-Vie.

Prenez quatre livres de grosses ce
rises des plus belles & des plus claire
que vous pourrez trouver, coupez-e
les queues à moitié, mettez vos ceri
ses dans une grande bouteille de verr
à large goulot ; mettez dans une ter
rine un quarteron de meures, avec u
peu de framboises, que vous écrase
& délayez avec un peu de sirop d
cerises, passez-les au tamis pour met
tre ce jus dans la bouteille avec les ce
rises ; prenez une pinte d'eau-de-vie
mettez-y fondre deux livres & demi
de sucre, lorsque le sucre sera fond
dans l'eau-de-vie, vous le mêlerez bien
& le mettrez dans la bouteille, sur le
cerises, avec un peu de canelle, bou
chez bien la bouteille, pour la garde
jusqu'à ce que vous en ayez besoin
dans l'Hyver vous vous servez de ce
cerises pour les mettre en chemise, a
caramel & autre façon.

Cerises au Caramel.

Prenez de grosses cerises, bien choi
sies & bien mûres, vous leur coupez l
queue à moitié, les essuyez, & trem
pez l'une après l'autre dans un sucr

cuit au caramel, mettez-les à mesure
sur une feuille de cuivre, frotée légerement avec un peu de bonne huile d'olive,
vous vous en servirez pour les dresser
comme vous le jugerez à propos ; lorfque l'on n'est point dans la saison
des cerises, vous prenez de celles que
vous avez conservées à l'eau-de-vie, que
vous mettez égoûter & ressuyer à l'étuve, vous vous en servez de la même
façon.

Cerises à la Nompareille.

Ayez de grosses cerises, comme les
précédentes que vous préparez de la
même façon, trempez-les dans un sucre au cassé, & les poudrez à mesure
avec de la nompareille-mêlée, il faut
les mettre à mesure sur une feuille de
cuivre semée de nompareille, vous les
dresserez comme celles au caramel.

Cerises en Chemise.

Fouettez un blanc d'œuf, vous en
prendrez de la mousse suivant la quantité
de cerises que vous voulez employer ;
prenez de belles cerises, coupez-en la
queue à moitié, & les passez dans cette
mousse, roulez-les à mesure dans du sucre fin, soufflez dessus pour qu'il ne

refte point trop de fucre, il faut le mettre à mefure fur un tam.s, que vou mettez à l'étuve d'une chaleur douce jufqu'à ce que vous les ferviez.

Cerifes filées.

Prenez des ceriles confites & tirées au fec, ou des cerifes à l'eau-de-vie féchées à l'étuve, de celles que vous voudrez; coupez-les en petits filets, le plus mince que vous pourrez, vous prenez des feuilles de cuivre, que vous frottez légerement de bonne huile d'olive, femez-y deffus les filets de cerifes, vous avez du fucre cuit au caramel, trempez-y deux fourchettes tenantes enfemble, pour en prendre le fucre, & le filez légerement fur les cerifes, fans les trop charger de fucre, enfuite vous les retournez fur une autre feuille de cuivre, auffi frottée d'un peu d'huile, pour en faire autant de l'autre côté.

Compote de Cerifes.

Mettez dans une poële un peu d'eau, avec fix onces de fucre, que vous faites bouillir, jufqu'à ce qu'il foit prêt d'être en firop, mettez-y une livre de cerifes, les queues coupées par la moitié, & les faites cuire à grand feu, au moins dix bouillons, defcendez-les du feu pour les écumer, en paffant du papier blanc deffus pour enlever l'écume, & les dreffez dans le compotier. Dans la nouveauté, que les cerifes ne font pas affez mûres, il faut demie livre de fucre pour livre de cerifes.

Conferve de Cerifes.

Otez-les noyaux à deux livres de cerifes que vous mettez dans une poële, pour les paffer fur le feu, & rendre leur eau, jettez-les fur un tamis, en les preffant avec une efpatule, enfuite vous remettez fur le feu l'expreffion que vous en avez tirée, pour la faire deffécher, & réduire à demie livre, faites cuire deux livres de fucre à la plume, mettez-y le marc deffécher, que vous délayez bien avec le fucre, & le travaillerez tout autour de la poële, jufqu'à ce qu'il fe forme deffus une petite glace, verfez votre conferve dans un moule de papier; lorfqu'elle fera prife, vous la couperez par tablettes à votre ufage.

Gelée de Cerifes.

Ecrafez dans une terrine fix livres de cerifes bien mûres, pour en tirer tout le jus, que vous paſſerez dans une étamine, laiſſez-le repoſer pour le tirer au clair, enſuite vous ferez cuire ſix livres de ſucre au caſſé, mettez-y le jus des ceriſes pour le faire cuire avec le ſucre, vous aurez ſoin de l'écumer à meſure, vous laiſſerez cuire votre gelée juſqu'à ce qu'elle ſoit entre liſſée & perlée, ce que vous connoîtrez, en mettant quelque goûte ſur une aſſiette ; quand elle eſt froide, elle ſe peut lever entiere avec un couteau, ou lorſqu'elle tombe en nape en la levant avec l'écumoire, vous la deſcendez du feu, & laiſſez un peu diminuer ſa grande chaleur pour la mettre dans les pots, vous paſſerez du papier blanc deſſus, pour ôter la petite écume qui ſe fait en la verſant, & ne la couvrirez que lorſqu'elle ſera froide.

Marmelade de Ceriſes.

Faites cuire à grand feu, & réduire à moitié ſix livres de ceriſes bien rouges, dont vous aurez ôté les queues & les noyaux, mettez-les enſuite dans trois livres de ſucre cuit à la plume, remuez le ſucre & les ceriſes enſemble avec une eſpatule, remettez la marmelade ſur le feu faire quelques bouillons, jusqu'à ce que le sirop soit de consistance un peu liquide ; la cuisson faite, vous laissez un peu diminuer la chaleur, avant que de la dresser dans les pots. Lorsque vous l'aurez dressée, vous jetterez un peu de sucre fin par-dessus, si vous voulez.

Massepains de Cerises.

Pilez une livre d'amandes douces échaudées, lorsqu'elles sont pilées très-fin, mettez-y une demie livre de cerises bien mûres, que vous aurez écrasées & passées au tamis auparavant, repilez les cerises avec les amandes jusqu'à ce qu'elles soient bien incorporées ensemble ; vous avez une livre de sucre cuit à la plume, que vous mêlez avec les amandes & les cerises, mettez le tout dans une poële, sur un feu très-doux, pour faire dessécher la pâte, jusqu'à ce qu'elle quitte la poële, retirez-la pour la mettre sur une feuille, & laisser refroidir, ensuite vous la remettez dans le mortier, avec trois blancs d'œufs frais, repilez encore cette pâte un bon quart d'heure, en y ajoûtant un peu de sucre fin en la pilant, dressez les massepains de la grandeur & figure que vous jugez à propos, faites-les cuire dans un four très-doux.

Clarequets de Cerises.

Ecrasez deux livres de cerises. pour en tirer tout le jus, il faut mesurer ce jus, pour y ajoûter un tiers de jus de groseilles, passez le tout à la chausse ; faites cuire au cassé autant de sucre que vous avez de jus, mettez-y la décoction pour la faire cuire jusqu'à ce qu'elle tombe en nape de l'écumoire, & que la nape tombe nette, vous verserez tout de suite votre gelée dans les moules à clarequets. Si par hazard vous aviez manqué votre gelée, ce que vous verrez quatre heures après, si vos clarequets n'étoient point pris, il faudroit les mettre à l'étuve pour les faire prendre.

Ratafiat de Cerises.

Prenez des cerises, ôtez les noyaux, & les mettez dans une terrine pour les écraser, & les laissez cuver vingt-quatre heures. Ordinairement trois livres de cerises produisent une pinte de jus ; lorsque vous les aurez passées, vous mesurez le jus, & mettez autant d'eau-de-vie que de jus, pinte pour pinte, un quarteron de sucre par pinte, c'est-à-dire, sur une cruche de douze pintes,

trois livres de fucre, & fur cette cruche vous y mettrez un panier de framboifes à l'ufage de Paris ; vous prendrez un cent de mûres, que vous ferez fondre avec un peu de votre jus de
cerifes, aux environs d'une pinte, vous
jetterez vos mûres fur un tamis après
leur avoir fait faire cinq ou fix bouillons fur un feu doux pour en tirer tout
le jus, vous prendrez le fucre que vous
jetterez dans le firop de mûres, pour le
faire fondre fans bouillir, & mettrez le
tout dans la cruche, vous y ajoûterez
un morceau de canelle, & boucherez
bien la cruche pour laiffer infufer fix
femaines. Il faut obferver que les cerifes foient bien mûres, fans être gâtées ; toutes les épices que l'on a coutume d'y mettre, ne valent rien pour
ce ratafiat.

Autre Ratafiat de Cerifes.

Prenez de belles cerifes bien mûres,
fans être gâtées, que vous mettrez dans
une terrine, avec la moitié de framboifes, & un quart de guignes noires,
écrafez le tout enfemble avec les mains,
ôtez-en les noyaux que vous concaffez dans un mortier, & les remettez
avec les cerifes & framboifes, laiffez

cuver le tout enfemble pendant quatre
ou cinq jours, que vous les paſſerez
dans un tamis, & en preſſerez bien le
marc; vous meſurerez ce jus, ſur deux
pintes vous y mettrez deux pintes
d'eau-de-vie, avec une livre de ſucre
& un petit bâton de canelle, mettez votre ratafiat dans une cruche, que vous
aurez ſoin de bien boucher, laiſſez-le
deux mois avant que de le paſſer à la
chauſſe; lorſqu'il ſera bien clair vous le
mettrez dans des bouteilles.

Sirop de Ceriſes.

Faites cuire trois livres de ſucre à la
grande plume, mettez-y trois livres de
ceriſes bien mûres, ſans être gâtées, à
qui vous aurez ôté les queues & les
noyaux, faites - leur prendre une douzaine de bouillons, deſcendez-les du
feu pour les écumer, & les laiſſez deux
heures dans le ſucre, enſuite vous les
remettrez ſur le feu pour leur donner
encore huit ou dix bouillons, & vous
les paſſerez au tamis ſur une terrine; ſi
votre ſirop n'a point aſſez de conſiſtance, faites-lui encore faire quelques
bouillons; lorſqu'il ſera à demi froid,
vous le mettrez dans des bouteilles,
pour vous en ſervir au beſoin.

Sirop de Cerifes d'une autre façon.

Mettez dans une poële trois livres de cerifes à qui vous aurez ôté les queues & les noyaux , avec un demi-feptier d'eau ; faites-les bouillir jufqu'à ce qu'elles ayent jetté toute leur eau, paffez-les dans un tamis, prenez trois livres de fucre que vous clarifiez, & faites cuire à la grande plume ; mettez le jus de cerifes avec le fucre, faites-les bouillir enfemble jufqu'à ce qu'il foit réduit en firop un peu fort; lorfqu'il fera à demi froid , vous le mettrez dans les bouteilles.

Autre firop de Cerifes.

Prenez le firop des cerifes qui ont été confites à oreilles , ou de celles qui font confites pour mettre en furtout ; faites-le fremir un peu fur le feu , & vous y ajouterez un peu de fucre clarifié ; lorfqu'il fera froid , vous le mettrez dans des bouteilles.

Vin de Cerifes.

Prenez la quantité de cerifes que vous jugez à propos de faire du vin de cerifes, il vous en faut au moins trois livres pour une pinte, ôtez le noyau à toutes vos cerifes ; mettez-les à part ; vous pilez les cerifes pour en tirer tout le jus, mettez ce jus dans un baril avec les noyaux bien pilés, & un quarteron de fucre par pinte de jus, laiffez-les bouillir comme du vin pendant quinze jours ou trois femaines, ayez foin de le remplir à mefure avec du jus de cerifes, enfuite vous couvrez le bondon avec une feuille de vigne & du fable autour ; lorfqu'il ne bout plus, vous le bouchez à forfait jufqu'à ce que vous le tiriez au clair dans des bouteilles.

Vin de Cerifes d'une autre façon.

Sur vingt livres de cerifes vous y mettrez quatre livres de grofeilles, ôtez les noyaux des cerifes que vous pilez très-fin, & les mettez avec les grofeilles & cerifes ; écrafez bien le tout enfemble, & le mettez dans un baril avec un quarteron de fucre par pinte de jus, faites-le bouillir comme le précedent pendant quinze jours ou trois femaines, enfuite vous y ajouterez un demi-feptier d'efprit de vin, un peu de coriandre & de la canelle, lorfqu'il ne bouillira plus vous le boucherez jufqu'à ce que vous le paffiez au clair.

Suc de Cerises.

Prenez la quantité de cerises que vous jugerez à propos, ôtez les queues & les noyaux, mettez les cerises dans une toile neuve que vous mettez après dans une presse pour en tirer toute l'expression du jus des cerises, que vous mettez dans une bouteille, & l'exposerez au soleil pendant deux jours pour le laisser rasseoir; le marc étant descendu au fond de la bouteille, vous le verserez en douceur dans la chausse pour le tirer au clair, vous le mettrez dans des bouteilles pour le garder en couvrant la superficie avec de bonne huile d'olive, vous vous servez de ce suc pour ce que vous jugez à propos hors la saison : lorsque vous voulez vous en servir, vous enleverez l'huile en y trempant du coton, vous aurez soin de le tenir dans un endroit chaud pour le conserver.

Pâte de Cerises.

Ayez quatre livres de cerises bien mûres sans être tachées, faites-leur prendre sept ou huit bouillons sur le feu, & les passez au travers d'un tamis, en les pressant fort avec une espatule, ensuite vous prendrez tout ce qui aura paſſé, pour le remettre ſur le feu, & le faire deſſecher ; faites cuire deux livres de ſucre à la grande plume, mettez.y les ceriſes deſſécher pour les bien délayer avec l'eſpatule, juſqu'à ce qu'elles ſoient bien mêlées, & d'un beau rouge., dreſſez dans les moules à pâtes, que vous mettez ſécher à l'étuve.

Glace de Ceriſes.

Pour faire une pinte de glace de ceriſes , vous écraſerez dans une terrine une livre & demie de ceriſes après avoir ôté les queues & les noyaux ; mettez-y trois demi-ſeptiers d'eau que vous battez bien avec les ceriſes, enſuite vous les paſſerez dans un tamis, & vous y ajouterez une demie livre de ſucre ; lorſque le ſucre ſera fondu, vous mettrez cette eau dans une ſalbotiere pour faire prendre à la glace, comme il ſera dit à l'article des Glaces.

DE

DE L'ETE'.

L'ETE' nous préfente des fruits dans leur maturité, & nous annonce l'abondance de la Saifon qui la fuit pour ceux qui ne le font pas. Durant les mois de Juin, Juillet & Août qu'il comprend; il nous fournit encore des fraifes & framboifes, les cerifes de toutes efpeces, les grofeilles, les figues, la fleur d'orange, la fleur de jafmin, les abricots, les pêches & les prunes de toutes efpeces, des poires de plufieurs efpeces, la pomme calleville d'Eté, les melons; premierement, ceux des environs de Paris, & enfuite ceux d'Amboife & de Langeais, les cerneaux, les meures, les noix nouvelles & les premiers raifins.

Dans cette Saifon les eaux glacées font le plus en ufage, tant par la chaleur qui engage à fe rafraichir que pour la maturité des fruits qui font dans leur bonté. On eft encore occupé à confire des cerifes de differentes façons; comme à oreilles, à mi-fucre, au liquide, à noyaux, aux quadrilles, en furtout, à l'eau-de-vie, en chemife, à faire des

H.

marmelades, des pâtes, des clarequets, des maſſepains, des ratafiats, des ſirops, des pâtes, des gelées, des glaces, des compotes & du vin de ceriſes. Pour les abricots, on en confit au liquide, au ſec, en ſurtout, on en met à l'eau-de-vie, en compote, à oreilles, en marmelade, en pâte, en conſerve, l'on en fait des canellons, des glaces, des fruits glacés, des ſirops. La fleur d'orange l'on en fait des ſucres candi, de praliné, des clarequets, des gâteaux, des pâtes, des ratafiats, des maſſepains; l'on en fait confire au liquide, au ſec, & autres façons qui ſeront marquées à leur article. Les pêches ſe conſervent & ſe mettent en compote, à l'eau-de-vie; l'on en fait des glaces, des canellons, des fruits glacés, des marmelades, des pâtes. Les meures ſe ſervent cruës & ſont employées à faire des ſirops, à confire au liquide & au ſec. Les prunes ſe ſervent crues & ſe mettent en compote, en marmelade, en clarequets; l'on en fait confire pour garder; les poires ſe ſervent crues, en compote, ou de glacées; on en fait des marmelades, des pâtes; l'on en met à l'eau-de-vie, de confites, & differentes façons qui ſeront marquées à leur article. Les figues ſe ſervent cruës, ou

glacées avec le fucre en poudre, on en
confit de féches pour les garder. Les
pommes qui commencent à paroître fe
fervent ordinairement en compotes. Les
noix nouvelles fe fervent cruës, on en
confit au liquide pour les tirer au fec
dans le courant de l'année.

Dans cette faifon, nous avons pour
fleurs, la Lavande, la fleur de Sureau,
des Anemones fimples, toutes fortes de
beaux œillets, les pieds-d'Alouettes,
la Tubéreufe, le Jafmin, les Capuci-
nes, les Rofes de toutes efpeces, beaucoup d'autres fleurs, & des feuilles de
vigne.

En falades, nous avons la Laitue de
Bellezarde, les Royales, les Capuci-
nes, les Impériales, les Perpignanes,
les Laitues Romaines, la Rouge de Si-
lefie, la Laitue de Genes, les Chicons
rouges, blancs & verds, la Chicorée,
& toutes fortes de fournitures.

DU JASMIN.

OBSERVATION.

LE Jasmin est un arbrisseau, qui jette du sarment comme la vigne, ses fleurs viennent au bout des branches, menues, longuettes, blanches, faites comme de petits lys, dont l'odeur est extrêmement agréable ; l'on en trouve dans beaucoup de jardins. Il fleurit sur la fin de Mai, en Juin & Juillet. On en tire une huile qui est bonne contre les douleurs froides des jointures & des nerfs.

Conserve de Jasmin.

Mettez dans un mortier un quarteron de fleurs de jasmin, bien épluchées, que vous pilez très - fin en l'arrosant de deux ou trois goûtes de jus de citron; faites cuire deux livres de sucre à la grande plume, ôtez-le du feu ; lorsqu'il sera à moitié froid, mettez-y la fleur de jasmin pilée, que vous délayez bien avec le sucre, en le battant avec une cuilliere ; ensuite vous la dressez dans les moules ; lorsqu'elle sera froide, vous la couperez par tablettes à votre ufage.

Glace de Jafmin.

Pilez très-fin une poignée de fleurs de jafmin épluchées ; enfuite vous les retirez du mortier pour les mettre dans une pinte d'eau, avec une demie livre de fucre, battez bien le tout eafemble ; lorfque le fucre fera fondu, vous le pafferez dans un tamis bien ferré ; mettez-le dans une falbotiere, pour le faire prendre à la glace, comme il fera expliqué à l'article des Glaces.

Dragées de Jafmin.

Faites fondre de la gomme adragangante, avec un peu d'eau, en la tournant quelquefois jufqu'à ce qu'elle foit fondue ; paffez dans un tamis fin, pour en former une pâte, avec de la marmelade de jafmin, & de la poudre de racine d'Iris, que vous mettez enfemble dans un mortier, pour les piler, en y mettant de tems en tems du fucre fin, jufqu'à ce que la pâte foit maniable ; retirez-la du mortier, pour la mettre fur une table, avec du fucre fin ; enfuite vous en prenez des petits morceaux de la groffeur d'un pois, que vous roulez dans la paume de la main gauche, avec le pouce de la droite, pour en former de petits ronds; votre pâte étant travaillée de cette façon, vous la mettez fur un tamis pour la faire fécher à l'étuve pendant fix jours; enfuite vous finiffez vos dragées dans une poële à provifion, comme il eft expliqué p. 20; à mefure que vous avez mis une couche à la dragée, & qu'elle eft féchée, vous y remettez encore du fucre cuit au liffé, & continuez de cette façon, jufqu'à ce qu'elles foient affez groffes.

Marmelade de Jafmin.

Prenez une demie livre de fleurs de jafmin épluchées, que vous pilez très-fin dans un mortier; paffez-les enfuite dans un tamis, en les preffant fort avec une efpatule, jufqu'à ce que le tout foit paffé; faites cuire une livre & demie de fucre à la grande plume; délayez - y peu à peu, pendant qu'il eft chaud, le jafmin que vous avez paffez au tamis; enfuite vous mettrez la marmelade dans les pots.

Fleurs de Jafmin confites.

Ayez de beaux jafmins épanouis,

coupez en les trois quarts des queuës,
& laiſſez les fleurs entieres, faites cuire
du ſucre au grand liſſé; ôtez-le du feu,
mettez-y les fleurs de jaſmin, ſans les
laver, vous les laiſſerez dans le ſucre
juſqu'au lendemain, que vous leur donnerez une douzaine de bouillons, juſqu'à ce que le ſucre ſoit cuit à la petite
plume; laiſſez réfroidir & verſez dans
les pots. Si vous ne voulez confire
que la feüille de la fleur, vous ôterez les
queuës, & éplucherez les feuilles pour
les confire de la même façon.

Paſtilles ou Ingrédiens de Jaſmin.

Prenez un quarteron de jaſmin, que
vous mettez infuſer dans un peu d'eau
bouillante, que vous mettrez à l'étuve
juſqu'au lendemain, paſſez enſuite votre eau de jaſmin dans une ſerviette,
en la preſſant fort, pour en exprimer
tout le ſuc; vous vous ſervirez de cette
décoction pour faire tremper deux gros
de gomme adragante; lorſqu'elle ſera
fondue, vous la paſſerez dans une ſerviette en la preſſant pour n'en rien perdre;
mettez cette eau dans un mortier, avec
du ſucre fin; pilez le tout enſemble, en y
ajoutant de tems en tems du ſucre fin;
juſqu'à ce que vous ayez une pâte ma-

niable ; enfuite vous retirerez cette pâte pour en former des paftilles ou des petits coquillages, de telles efpeces & figures que vous voudrez, ou des grains de bled, de caffé, & autres ingrédiens.

Sirop de Jafmin.

Faites bouillir une chopine d'eau, vous avez une demie livre de fleurs de jafmin épluchées, que vous mettez dans une terrine ; verfez votre eau bouillante deffus, vous mettrez une affiette deffus le jafmin, pour le faire enfoncer dans l'eau, pour qu'il puiffe tremper dedans ; mettez la terrine à l'étuve jufqu'au lendemain ; faites clarifier cinq livres de fucre, que vous ferez cuire au caffé ; paffez votre jafmin dans une ferviette, en preffant doucement, pour qu'il rende fon parfum ; il faut mettre cette décoction de jafmin dans le fucre ; mettez le tout enfemble fur le feu fans le faire bouillir, feulement pour que l'eau puiffe prendre corps avec le fucre ; enfuite vous le verferez dans une terrine, que vous mettrez à l'étuve pendant trois ou quatre jours ; il faut entretenir l'étuve de feu avec la même chaleur que pour un candi ; vous verrez

rez de tems en tems avec une cuilliere
à votre sirop ; pour être fini, il faut
qu'il soit au perlé ; alors vous l'ôterez
de l'étuve pour le mettre réfroidir, &
ensuite dans des bouteilles.

Sable de Jasmin.

Ayez un quarteron de belles fleurs
de jasmin, épluchées & point lavées,
que vous mettez dans un mortier, pour
piler très-fin ; ensuite vous mettez cette
fleur dans une demie livre de sucre cuit
à la grande plume ; il faut la bien travailler avec le sucre, en la remuant
beaucoup avec l'espatule jusqu'à ce
qu'elle soit bien incorporée avec le sucre, & que le sucre soit pris & réfroidi ;
vous le passez au travers d'un tamis pour
en former du sable, & vous vous en servirez pour former des parterres sur des
crystaux.

Candi de Jasmin.

Prenez de la fleur de jasmin épluchée, vous faites cuire du sucre à la
plume, que vous mettez dans le moule
à candi ; lorsqu'il sera à moitié réfroidi, vous y mettrez la fleur de jasmin,
que vous enfoncerez doucement & également dans le sucre, avec une four-

I

chette ; mettez fur votre candi une grille faite pour le moule, & l'appuye- rez en mettant un poids deffus ; mettez aux quatre coins des petits bâtons blancs, fecs, que vous enfoncez dans le fucre ; mettez votre candi à l'étuve pendant vingt-quatre heures, que vous entretenez de feu également; vous ver- rez fi votre candi eft fait en retirant les petits bâtons; s'ils font le diamant égale- ment par-deffus, alors vous égouterez votre candi en panchant le moule par un coin, laiffez-le égouter pendant deux heures, enfuite vous renverfez le moule fur une feuille de papier blanc, en ap- puyant un peu fort & également.

Gâteau de Jafmin.

Faites un moule de papier de la gran- deur que vous voulez faire le gâteau, prenez une demie livre de fleurs de jaf- min bien épluchées que vous mettez dans une livre de fucre cuit à la grande plu- me, travaillez-les promptement fur le feu avec une efpatule ; lorfque le fucre commence à monter, & que vous êtes prêt à le verfer dans le moule, mettez- y promptement un peu de blanc d'œuf battu avec du fucre en poudre, qui ne foit pas trop liquide ; ce qui contribuera

beaucoup à faire monter le gâteau ; versez-le promptement dans le moule, &
tenez deſſus le cul de la poële chaud à
une certaine diſtance, ce qui fait encore
monter le gâteau.

Pâte de Jaſmin.

Pilez très-fin dans un mortier une demie livre de fleurs de Jaſmin épluchées,
enſuite vous la mettez ſur une aſſiette
pour la délayer avec quatre cuillerées de
marmelade de pommes ; faites cuire une
livre de ſucre à la grande plume, mettez-y la marmelade délayée avec les
fleurs, mêlez bien le tout enſemble, &
faites cuire une douzaine de bouillons ;
votre pâte étant cuite, vous la dreſſez
dans les moules à pâte poſés ſur des
feuilles de cuivre ; glacez tout le deſſus
avec du ſucre en poudre que vous faites
tomber avec le tamis, & les mettez ſécher à l'étuve.

Bouquets de Jaſmin au ſec.

Il faut prendre de belles fleurs de jaſmin bien épanouies avec leurs queuës,
que vous coupez à moitié ſi elles ſont
trop longues, mettez-en trois ou quatre
enſemble que vous attachez avec un peu
de fil ; trempez partout chaque bou-

quet dans un fucre cuit au petit liffé, &
demi froid ; mettez-les à mefure égoute
fur un tamis, & les poudrez partou
avec du fucre très-fin ; remettez-les
mefure fur un autre tamis, & que le
fleurs y foient placées de façon qu'elle
reftent bien épanouies ; faites-les féche
à l'étuve , & les conferverez dans ur
endroit fec ; ferrez-les dans des boëte
garnies de papier blanc.

Jafmin en chemife.

Prenez des fleurs de jafmin entieres,
bien épanouies ; ôtez-en les queuës, &
les trempez dans un blanc d'œuf fouetté
en mouffe, il faut enfuite les rouler dans
un fucre fin, & les mettre à mefure fur
des feuilles de papier blanc pofées fur
un tamis, pour les mettre fécher à l'é-
tuve ; lorfqu'elles feront féches , vous
vous en fervirez pour les deffeins que
vous jugerez à propos.

Bifcuits de Jafmin.

Mettez dans une terrine une cuillerée de marmelade de jafmin avec quatre
jaunes d'œufs frais (dont vous mettrez
les blancs à part) & une demie livre de
fucre en poudre ; battez-bien le tout
enfemble avec une ou deux efpatules,

jufqu'à ce que le fucre foit bien incorporé avec le refte ; enfuite vous prenez
les quatre blancs d'œufs que vous avez
mis à part avec encore deux autres que
vous y ajoutez, que vous fouettez en
neige, enfuite vous mêlez les blancs avec
les jaunes & le fucre, que vous remuez
enfemble avec le fouet, & y ajoutez tout
de fuite quatre onces de farine que vous
paffez au tamis, & la faites tomber légerement dans la terrine en remuant toujours avec le fouet ; le tout étant mêlé
enfemble, vous dreffez les bifcuits dans
des moules de papier que vous avez
beurez auparavant, & jettez fur les bifcuits un peu de fucre fin pour les glacer,
mettez-les cuire au four d'une chaleur
douce.

DE LA FLEUR D'ORANGE.

OBSERVATION.

LA Fleur d'Orange eft beaucoup
employée dans les ouvrages d'Office pour fon bon goût & fon odeur
agréable ; il faut la choifir fraîche cueillie, belle & bien blanche ; fon ufage moderé réjouit le cœur, aide à la digef-

tion, & fortifie l'eſtomac. L'excès rend la bile âcre, & échauffe beaucoup.

Conſerve de Fleurs d'Orange.

Epluchez de la fleur d'orange pour n'en prendre que la feuille, peſez-en un quarteron que vous hachez ſeulement de trois ou quatre coups de coûteau, & la mettez ſur une aſſiette ; preſſez-y un jus de citron pour la conſerver blanche, enſuite vous ferez cuire une livre de ſucre à la grande plume, mettez-y la fleur d'orange, & la travaillez avec l'eſpatule ſans remettre la poële ſur le feu, en remuant toujours juſqu'à ce que le ſucre blanchiſſe autour de la poële, que vous verſez votre conſerve dans un moule de papier que vous avez tout prêt ; lorſqu'elle ſera froide & bien priſe, vous la couperez par tablettes à votre uſage.

Eau de Fleurs d'Orange ſimple & double.

Prenez de la fleur d'orange nouvellement cueillie, n'en ôtez que les queues, & la mettez infuſer dans de l'eau tiede & très-claire pendant cinq ou ſix heures à l'étuve dans un pot bien couvert, vous mettrez la quantité de fleurs d'orange que vous jugerez à propos, ſuivant que vous la voulez forte ; pour la

faire bonne , il faut deux livres pour une
pinte d'eau , enſuite vous mettez le tout
dans l'alambic pour la faire diſtiller comme il eſt dit à l'article de la diſtilation.
Pour la faire double , vous prenez l'eau
de fleurs diſtilée comme la précedente ,
que vous faites tiédir, & y remettez de la
fleur d'orange pour la faire infuſer dans
un pot bien couvert, que vous mettez à
l'étuve du ſoir au lendemain, & la remettez enſuite dans l'alambic pour la
faire diſtiler une ſeconde fois.

Eau clairette de Fleurs d'Orange.

Faites infuſer pendant trois ſemaines
dans une cruche bien bouchée , trois
demi-ſeptiers d'eau de fleurs d'orange ,
avec une demie livre de ſucre , trois
demi-ſeptiers de bonne eau-de-vie; mettez-y auſſi un peu de canelle avec une
demie poignée de coriandre, que vous
concaſſez enſemble ; lorſque vous aurez
bien bouché la cruche, vous la tenez
dans un endroit chaud, & vous aurez
ſoin de la remuer tous les jours, juſqu'à
ce que vous paſſiez votre liqueur à la
chauſſe, & la mettrez enſuite dans des
bouteilles.

Glace de Fleurs d'Orange.

Epluchez de la fleur d'orange pou
n'en prendre que les feuilles, mettez-er
une bonne poignée dans un mortier pour
la piler très-fine, ensuite vous la retirez pour la délayer dans une pinte d'eau
tiéde; mettez-y une demie livre de sucre,
lorsque le sucre sera fondu, battez l'eau
trois ou quatre fois en la versant d'un
pot à un autre; passez-la dans un tamis
serré pour la mettre dans une salbotiere
& la faire prendre comme il est dit à
l'article des Glaces.

Fleurs d'Orange confites au liquide.

Epluchez de la fleur d'orange, la
quantité que vous jugerez à propos, n'en
prenez que les feuilles, mettez-les dans
une eau bouillante, & les faites bouillir
jusqu'à ce qu'elles soient tendres sous les
doigts; avant que de la retirer, vous y
mettez une once d'alun pilé pour la rendre blanche, ensuite vous avez une autre
eau aussi bouillante où vous pressez un
grand jus de citron, mettez-y tout de
suite la fleur d'orange pour rachever de
la faire blanchir jusqu'à ce qu'elle s'écrase
facilement sous les doigts, vous la retirez dans de l'eau fraiche où vous pres-

sez auſſi le jus d'un citron pour tenir blanche la fleur d'orange. Prenez quatre livres
de ſucre pour une livre de fleur d'orange,
que vous mettez clarifier; après qu'il
ſera ôté du feu, laiſſez diminuer ſa chaleur juſqu'à ce qu'il ne ſoit que tiede,
mettez-y la fleur d'orange que vous aurez mis égouter auparavant, laiſſez-la
dans le ſucre juſqu'au lendemain, que
vous la mettrez ſur un égoutoir, & mettrez le ſucre dans une poële, & le ferez cuire au petit liſſé; remettez la fleur
d'orange dans la terrine, laiſſez refroidir le ſucre juſqu'à ce qu'il ne ſoit que
tiéde, & le verſez ſur la fleur d'orange,
& la laiſſerez encore dans le ſucre juſqu'au lendemain, que vous remettrez le
ſucre dans une poële, pour le faire recuire juſqu'à ce qu'il ſoit au grand perlé;
vous l'ôtez du feu, & ne le mettez dans
la fleur d'orange que quand il ſera tiéde,
enſuite vous mettez votre confiture dans
les pots, & la couvrirez lorſqu'elle ſera
tout-à-fait froide. Il faut obſerver que
la fleur d'orange, après avoir été blan-
chie à l'eau bouillante, ne doit plus être
remiſe ſur le feu.

Eſprit d'eau de Fleurs d'Orange.

Prenez de la belle fleur d'orange, la

feuille la plus large que vous pourrez ; lorfqu'elle fera épluchée, vous pefez une livre des feuilles, que vous enfilez toutes avec une aiguille & du fil , en forme de chapelet , qu'elles foient bien ferrées l'une contre l'autre, & laiffez paffer des grands bouts de fil pour les paffer tout au travers d'un grand bouchon de liege avec une groffe éguille à tête, & les arrêtez par-deffus avec des nœuds; ce bouchon eft deftiné pour boucher une grande bouteille de verre à grand goulot ; mettez toutes les fleurs d'orange dans cette bouteille, il ne faut pas qu'elles touchent en aucune façon au verre, & qu'elles reftent fufpendues en tenant au bouchon ; enfuite vous mettez un parchemin mouillé fur la bouteille que vous ficelez ; mettez-la au foleil du midi , la fleur d'orange jette fon eau dans la bouteille, & la fleur devient comme grillée; vous en tirez la liqueur qu'elle aura rendue pour la mettre dans des petites fioles bien bouchées , pour vous en fervir au befoin ; vous en ferez de cette façon telle quantité que vous voudrez. Au défaut du Soleil, vous pouvez la mettre à l'étuve avec un feu moderé.

Fleurs d'Orange confites au sec.

Après avoir confit la fleur d'orange,
comme celle qui est au liquide, vous la
laissez dans son sirop jusqu'au lendemain, que vous les retirez pour les mettre égouter sur des feuilles de cuivre, &
les poudrez partout avec du sucre fin,
que vous jettez par-dessus avec un sucrier ; mettez-les sécher à l'étuve pour
les conserver dans une boëte dans un
endroit sec, pour le mieux ; lorsque vous
en avez besoin, vous prenez de celles
qui sont confites au liquide, vous mettez le pot dans de l'eau chaude pour faire
liquefier le sirop ; retirez-en la fleur, que
vous mettez égouter, & poudrez de
sucre pour la faire sécher à l'étuve.

Fleurs d'Orange au Candi.

Prenez une demie livre de fleurs d'o-
range que vous épluchez, & n'en prenez que la feuille ; faites cuire une livre
de sucre au souflé ; en l'ôtant du feu,
vous y mettez la fleur d'orange pour la
laisser dans le sucre un bon quart d'heure
pour lui donner le tems de jetter son
eau, ensuite vous la mettez sur le feu
pour la faire cuire avec le sucre, jusqu'à
ce que le sucre soit revenu au souflé ;

ôtez-le du feu, & le laiſſez refroidir à moitié avant que de le verſer dans le moule à candi, pour le mettre à l'étuve juſqu'à ce qu'il ſoit candi; pour connoître s'il eſt comme il faut, avant que de le retirer du moule, vous mettrez un petit bâton blanc à chaque coin du moule que vous enfoncez juſqu'au fond; lorſque vous jugerez que votre candi eſt pris, vous retirerez les petits bâtons, & vous verrez s'ils font le diamant deſſus & également; alors vous égouterez votre candi en panchant le moule par le coin, que vous laiſſez égouter pendant deux heures, & enſuite le renverſerez ſur une feuille de papier blanc.

Candi de Fleurs d'Orange d'une autre façon.

Mettez une demie livre de fleurs d'orange dans une livre de ſucre cuit à la grande plume, donnez-lui deux ou trois bouillons, & l'ôtez du feu; lorſque le ſucre ſera refroidi aux trois quarts, vous en retirez la fleur d'orange pour la mettre égouter, & faire ſécher à l'étuve; remettez le ſucre ſur le feu pour le faire recuire à la grande plume, & le verſez dans le moule à candi; lorſqu'il ſera à moitié froid, mettez-y la fleur d'orange

que vous avez fait fécher à l'étuve, que
vous enfoncez légerement & également
avec une fourchette ; mettez-deſſus une
grille à candi faite pour le moule, avec
un poids deſſus pour l'appuyer ; mettez
le moule à l'étuve, que vous entretenez
de feu également, juſqu'à ce que votre
candi ſoit fini ; pour vous y connoître,
vous obſerverez les mêmes choſes que
pour le candi précedent.

Fleurs d'Orange filées.

Prenez de la fleur d'orange confite au
ſec, que vous ſemez ſur des feuilles de
cuivre frotées légerement de bonne huile
d'olive ; vous avez du ſucre cuit au caramel, que vous tenez chaudement ſur
un petit feu, trempez dedans deux fourchettes pour en prendre le ſucre, que
vous filez à meſure ſur la fleur d'orange
ſans la trop charger de ſucre, enſuite vous
la retournerez ſur une autre feuille de
cuivre, auſſi frotée d'huile pour en faire
autant de l'autre côté.

Fleurs d'Orange pralinées.

Prenez deux livres de fleurs d'orange
épluchées, clarifiez deux livres de ſucre
que vous faites cuire au caſſé, jettez la
fleur d'orange dans le ſucre ; quand elle

aura fait un bouillon, vous la remuerez avec l'espatule jusqu'à ce que le sucre soit à la petite plume, alors vous l'ôtez du feu pour la praliner, c'est-à-dire, de la remuer toujours avec l'espatule jusqu'à ce que le sucre devienne en poudre ; vous jetterez votre fleur d'orange sur un tamis posé sur un plat, pour en recevoir le sucre qui passera au travers ; vous la ferez sécher à l'étuve, vous en enleverez bien le sucre en la repassant sur le tamis, & la conserverez dans un coffret à l'étuve, ou dans un endroit sec. Cette fleur d'orange peut vous servir l'Hyver pour mettre au candi, l'on peut se servir du même sucre pour en praliner d'autre, elle en sera plus brune, mais elle n'en sera pas moins bonne.

Marmelade de Fleurs d'Orange.

Ayez une livre de fleur d'orange épluchée, mettez la dans l'eau bouillante, & la faites blanchir deux ou trois bouillons ; avant que de la retirer, vous y jetterez un peu d'alun pour la rendre blanche ; ayez d'autre eau sur le feu, lorsqu'elle bouillira, vous y presserez un grand jus de citron, & y mettrez votre fleur d'orange, pour lui faire prendre deux ou trois bouillons jusqu'à ce qu'elle

commence à fléchir fous les doigts, que
vous la retirez dans de l'eau fraîche où
vous avez prefté un jus de citron ;
laiffez-la une demie heure dans cette eau,
& la remettez encore dans une autre eau
de citron comme la précedente ; vous
prenez deux livres & demie de fucre que
vous clarifiez, & le faites cuire au petit
soufté ; vous égouterez la fleur d'orange
que vous prefterez bien dans une ferviette pour en faire fortir l'eau ; il faut
la piler dans un mortier, & la mettre
dans une poële fur un feu doux, & vous
verferez très-doucement le fucre à huit
ou dix fois, afin de la bien délayer ;
vous obferverez qu'il ne faut pas feulement qu'elle fremifte, & la mettrez tout
de fuite dans les pots ; lorfqu'elle fera
froide, vous y poudrerez un peu de fucre
fin par-deffus, & les couvrirez à l'ordinaire.

Clarequets de Fleurs d'Orange.

Mettez dans une poele une douzaine de pommes de reinette, coupées par
tranches, avec une chopine d'eau, faites-les bouillir jufqu'à ce qu'elles foient
en marmelade, & les paffez dans un
tamis pour en tirer la décoction ; mettez dans la décoction des pommes,

deux cuillerées de marmelade de fleurs d'orange, que vous délayez bien enfemble ; remettez-les fur le feu, avec un peu d'eau pour leur faire faire deux ou trois bouillons, & les paffez au travers d'une ferviette mouillée ; vous mefurerez votre décoction, & mettrez autant de fucre clarifié, que vous ferez cuire au caffé ; enfuite vous mettrez votre décoction dans le fucre, faites cuire votre gelée, & vous verrez avec une cuilliere d'argent, quand elle tombera en nape, & qu'elle quittera net, vous l'ôtez du feu, & l'écumez bien, verfez enfuite dans les moules à clarequets, que vous mettez à l'étuve pour les faire prendre.

Pommade à la Fleur d'Orange.

Il faut prendre tout le jaune de la fleur d'orange, qu'il faut éplucher avec autant de foin que la fleur d'orange même, il en faut deux livres pour livre de panne de porc mâle ; vous prenez de la panne de porc mâle, que vous ratiffez avec un couteau fur une feuille de papier ; lorfque vous l'avez ratiffée, vous la mettez dans une terrine neuve, bien vernie, vous y jettez pour la premiere fois, une demie livre d'épluchures

d'épluchures de fleurs d'orange, fur
deux livres de panne, que vous faites
bouillir pendant un quart d'heure ; enfuite vous la retirez de deffus le feu,
vous la laiffez figer, & le lendemain
vous la remettez fur le feu ; après
avoir fait trois ou quatre bouillons,
vous la retirez, & la paffez dans
un torchon neuf, qui vous durera pendant tout le tems que votre pommade
fera à faire ; pour la feconde fois, vous
la ferez bouillir une douzaine de bouillons, en y mettant autant d'épluchures ;
enfuite vous la laifferez réfroidir jufqu'à
ce que vous ayez d'autres épluchures
à y mettre, elle ne doit plus aller
fur le feu qu'une feule fois pour la
paffer, après vous la remettrez à l'étuve, au premier étage, avec un grand
feu ; vous obferverez cette façon jufqu'à la concurrence des quatre livres
d'épluchures qu'il vous faut. La Pommade de jafmin, & celle de jonquille
fe font de même.

Paftilles ou Ingrédiens de Fleurs d'Orange.

Faites tremper une demie once de
gomme adragante, avec une cuillerée
d'eau de fleurs d'orange, & un verre

K

d'eau ; prenez une pincée de fleurs d'o-
range pralinées , fi vous n'êtes poin
dans la faifon d'en avoir de la nouvelle,
hachez-la très-fin , & la mettez dans un
mortier, avec la gomme adragante
fondue, que vous paffez au travers
d'une ferviette, & la preffez pour qu'il
ne refte rien ; mettez-y peu à peu une
livre de fucre paffé au tambour, à mefure que vous pilez, jufqu'à ce que vous
ayez une pâte maniable, pour en former
des Paftilles de telle grandeur & figure
que vous voulez, ou des ingrédiens,
comme grains de bled , petits pois ,
grains de caffé , clous de gérofle , &
autres différens petits coquillages.

Gâteau à la Fleur d'Orange.

Pefez une demie livre de feuilles de
fleurs d'orange, faites cuire à la grande
plume deux livres de fucre ; mettez-y la
fleur d'orange pour la faire bouillir, &
jetter fon eau; continuez de faire bouillir le fucre, avec la fleur d'orange, jufqu'à ce qu'il foit revenu à la grande
plume ; alors il faut travailler promptement le fucre avec l'efpatule, en frottant au milieu, & tout autour de la
poële, jufqu'à ce qu'il commence à
monter ; mettez-y tout de fuite un peu

de blanc d'œuf, délayé avec du fucre fin, fans être trop liquide, que vous avez tout prêt ; il faut le mêler promptement dans le fucre, & verfer dans le moment le gâteau dans le moule de papier, tenez le cul de la poële chaud à une certaine diftance du gâteau, ce qui contribue à le faire monter, & à le glacer, ainfi que le blanc d'œuf que vous mettez dedans.

Gâteau de Fleurs d'Orange grillées.

Mettez dans une poële une petite poignée de fucre en poudre que vous mettez fut le feu pour le faire griller ; enfuite vous mettrez dans cette même poële une livre de fucre avec de l'eau, que vous ferez cuire à la grande plume ; mettez-y un quarteron de fleurs d'orange grillées ; faites cuire fur le feu, en le travaillant toujours avec l'efpatule, jufqu'à ce qu'il commence à monter, que vous y mettez du blanc d'œuf, comme au précédent, & le finiffez de même.

Gâteau de Fleurs d'Orange pralinées.

Prenez une demie livre de fleurs d'orange pralinées, que vous mettez dans une livre & demie de fucre cuit

à la grande plume; faites bouillir feule
ment un bouillon, en le travaillan
to jours avec une espatule; lorsqu'i
commence à monter, vous avez tou
prêt un peu de blanc d'œuf délayé avec
du sucre fin, sans être trop l.quide, que
vous mettez dedans, & le mêlez promp
tement dans le gâteau; il faut le ver
ser tout de suite dans le moule de pa
pier; vous tiendrez le cul de la poële
chaud sur le gâteau, à une certaine dis
tance, pour le faire monter & glacer.

Essence de Fleurs d'Orange.

Ayez de la fleur d'orange la quan
tité que vous jugerez à propos,
qu'elle soit bien épanouie; mettez.-la
sans l'éplucher dans une grande bou
teille de verre à large goulot, avec
deux fois autant pesant de sucre en
poudre, que vous mêlez bien ensem
ble; bouchez la bouteille avec un bou
chon de liége & un parchemin mouil
lé; ensuite vous mettez la bouteille à
la cave pendant deux jours & deux
nuits; vous la retirez pour la mettre au
tant de tems à l'étuve, avec une cha
leur modérée; ensuite vous la passerez
dans un tamis sans la presser, pour la
mettre dans des petites bouteilles,

que vous aurez foin de bien boucher.
Cette eſſence peut vous ſervir à donner
le goût de fleurs d'orange à des liqueurs,
& divers ouvrages d'office.

Pâte de Fleurs d'Orange.

Epluchez une livre de fleurs d'orange pour n'en prendre que les feuilles ;
mettez-les dans de l'eau bouillante pour
les faire blanchir juſqu'à ce qu'elles fléchiſſent ſous les doigts, que vous les
retirez dans de l'eau fraîche ; enſuite
vous mettez de l'eau fraîche dans un
autre vaiſſeau, ou vous preſſez le jus
entier d'un gros citron ; mettez-y la
fleur d'orange, pour la laiſſer trois heures dans cette eau de citron ; enſuite
vous la retirez pour l'égoûter ſur un tamis, & la bien preſſer dans une ſerviette ; il faut la piler tout de ſuite dans un
mortier, de crainte qu'elle ne noirciſſe ;
faites cuire cinq quarterons de ſucre
au ſoufflé ; mettez-y la fleur d'orange
pilée, que vous délayez-bien enſemble, en les travaillant avec l'eſpatule,
& la dreſſez dans les moules à pâte,
poſés ſur des feuilles de cuivre, mettez
à l'étuve, pour la faire ſécher.

Maſſepains de Fleurs d'Orange.

Pilez très-fin une demie livre d'amandes douces, que vous arroſez en les pilant, pour qu'elles ne tournent pas en huile, avec de l'eau de fleurs d'orange; lorſqu'elles ſeront pilées vous ferez cuire une demie livre de ſucre à la grande plume; mettez-y les amandes avec deux cuillerées de marmelade de fleurs d'orange, que vous remuez bien avec une eſpatule, en les remettant ſur un très-petit feu, pour faire deſſécher la pâte, juſqu'à ce qu'elle ne tienne plus aux doigts en les appuyant contre; mettez votre pâte ſur une feuille de papier, avec du ſucre fin deſſus & deſſous, pour l'abattre de l'épaiſſeur de deux écus; vous en formerez des maſſepains de la grandeur & figure que vous voudrez; faites-les cuire dans un four doux, ſur des feuilles de cuivre; lorſqu'ils ſeront cuits, glacez tout le deſſus avec une glace faite avec la moitié d'un blanc d'œuf; un peu de jus de citron, de l'eau de fleurs d'orange, & du ſucre fin paſſé au tambour; remettez-les au four, pour faire ſécher la glace.

Macarons liquides de Fleurs d'Orange.

Echaudez une demie livre d'amandes douces, que vous pilez très-fin, &
les arrofez avec un blanc d'œuf, en le
mettant à plufieurs fois en les pilant,
pour qu'elles ne tournent pas en huile ;
enfuite vous les mettez dans une terrine, avec une demie livre de fucre en
poudre que vous battez avec les amandes, jufqu'à ce qu'ils foient bien incorporés enfemble, vous y ajoûterez quatre
blancs d'œufs fouëttez, que vous battez encore avec les amandes & le fucre ; dreffez vos macarons fur une
feuille de papier, de la groffeur d'une
noix ; faites à chacun un petit trou dans
le milieu pour y mettre gros comme
une noifette de la marmelade de fleurs
d'orange ; couvrez le deffus comme le
deffous, fans que la marmelade paroif-
fe, faites-les cuire dans un four doux ;
lorfqu'ils feront cuits, glacez le deffus
d'une glace blanche, faite avec du fucre
paffé au tambour, de l'eau de fleurs
d'orange, & un peu de blanc d'œuf ;
remettez-les un moment au four, pour
faire fécher la glace.

Bouquets de Fleurs d'Orange.

Ayez de la belle fleur d'orange épanouie, mettez-en quatre ou cinq ensemble avec leurs queues, que vous attachez avec du fil ; faites cuire du sucre au petit liffé ; lorfqu'il fera à demi froid, trempez-y partout les bouquets de fleurs d'orange, que vous mettez à mefure dans du fucre très-fin, foufflez deffus pour qu'il n'en refte pas trop, & les mettez à mefure fur un tamis, dreffés de façon que la fleur refte épanouie ; faites-les fécher à l'étuve ; vous les conferverez dans un endroit fec, enfermés dans une boëte garnie de papier blanc.

Ratafiat de Fleurs d'Orange.

Prenez deux livres de fleurs d'orange épluchées, mettez clarifier quatre livres de fucre, que vous ferez cuire à la grande plume ; vous jetterez la fleur d'orange dans le fucre pour lui faire faire trois ou quatre bouillons couverts, enfuite vous l'ôtez du feu, & y mettez quatre pintes d'eau-de-vie, que vous laiffez infufer avec le fucre & la fleur d'orange pendant quatre heures ; vous aurez foin de couvrir la poële avec un linge blanc en double pour le faire étouffer, enfuite
vous

vous le passerez dans un tamis pour le mettre dans des bouteilles ; c'est un ratafiat excellent & promptement fait, la fleur d'orange peut vous servir en la pralinant.

Ratafiat de Fleurs d'Orange au bain marie.

Prenez une demie livre de feuilles de fleurs d'orange épluchées que vous mettez dans une cruche, avec deux pintes d'eau-de-vie de la meilleure, trois chopines d'eau, une livre & demie de sucre ; bouchez bien la cruche, & la mettez dans de l'eau au bain marie, pour la faire bouillir l'espace de douze heures ; ensuite vous la retirez & la laissez refroidir ; après vous passerez votre ratafiat à la chausse ; lorsqu'il sera passé, il faut le filtrer. L'on appelle filtré, c'est de mettre dans un entonnoir un papier fait en forme de cornet, où vous passez la liqueur au travers ; vous coupez en rond du papier joseph battu, & pliez ce rond en quatre, chaque moitié forme un cornet. A mesure que vous filtrez votre ratafiat, vous le mettez dans des bouteilles que vous aurez soin de bien boucher.

L

Pour garder de la Fleur d'Orange blanche toute l'année.

Ayez un vaisseau proportionné à la quantité de fleurs d'orange que vous voulez conserver, prenez de la fleur d'orange nouvellement cueillie & bien blanche que vous épluchez, & n'en prenez que les feuilles que vous mettez dans le vaisseau où vous la voulez garder; suivant ce que vous en avez, vous ferez clarifier du sucre, & le ferez cuire au boulet, & le verserez dans le pot sur la fleur d'orange, il faut qu'il y ait assez de sucre pour que la fleur d'orange en soit couverte, elle se conservera de cette façon comme si elle sortoit de dessus l'arbre.

Vinaigre à la Fleur d'Orange.

Faites infuser au soleil pendant trois semaines ou un mois un quarteron de feuilles de fleurs d'orange que vous mettez dans une cruche avec deux pintes de bon vinaigre blanc, ayez soin de bien boucher la cruche, vous le passerez ensuite dans un tamis fin, pour vous en servir au besoin.

Sucre candi de Fleurs d'Orange.

Prenez deux livres de fleurs d'orange
épluchées, jettez-les dans six livres de
fucre clarifié, & réduit au caffé; après
que votre fleur d'orange aura fait trois
ou quatre bouillons couverts, ôtez-la
du feu, & la couvrez d'un linge blanc
en double afin de l'étouffer; lorfqu'elle
fera à moitié froide, vous la jettetez fur
un tamis; cette fleur d'orange peut vous
fervir en la faifant praliner; le fucre où
aura bouilli la fleur d'orange, vous le remettez fur le feu pour lui faire faire un
bouillon, & le pafferez au travers d'une
ferviette mouillée; remettez-le encore
fur le feu pour le faire réduire à la grande
plume, & le verferez dans un pot, que
vous mettrez à l'étuve pendant dix ou
douze jours jufqu'à ce qu'il devienne en
pierre, cela vous fera un fucre candi
excellent; pour avoir le fucre, il faut
caffer le pot. Le fucre candi au naturel
fe fait de la même façon.

Sable de Fleurs d'Orange.

Prenez du fucre de fleurs d'orange
pralinées, il vous fervira de fable.

Boutons de Fleurs d'Orange confits.

Prenez des boutons de fleurs d'orange presque mûres avant qu'ils s'épanouissent, piquez-les dans plusieurs endroits avec une épingle, principalement du côté de la queue; vous les péserez, & les mettrez tous dans une serviette, à la réserve d'une demie poignée que vous garderez; ficellez la serviette sans la trop serrer, faites bouillir de l'eau dans une poële, mettez-y les boutons avec la serviette, & aussi ceux que vous avez gardés, avec le jus d'un citron, faites-les bouillir jusqu'à ce qu'en tâtant avec les doigts ceux qui ne sont pas dans la serviette, & les pressant un peu, ils s'écrasent facilement; ôtez-les du feu pour les ôter de la serviette, & les mettez dans l'eau fraîche avec un jus de citron; faites clarifier trois livres de sucre pour une livre de boutons de fleurs d'orange, ensuite vous ôterez le sucre du feu; lorsqu'il sera à demi froid, mettez-y les boutons de fleurs, après les avoir fait égouter, & ressuyer dans une serviette, laissez-les dans le sucre jusqu'au lendemain, que vous coulerez le sucre de la terrine où vous les avez mis, pour le mettre dans une poële & le faire cuire au petit lissé;

quand il fera à demi froid, vous le verferez dans la terrine fur les boutons de
fleurs, & les laifferez encore jufqu'au
lendemain, que vous recoulerez le firop
dans la poële pour le faire cuire au grand
perlé, & le verferez à demi froid fur les
boutons de fleurs, pour les dreffer enfuite
dans les pots. Les boutons de fleurs d'o-
range que l'on confit pour tirer au fec,
fe font de la même façon, à cette difference, que vous ne mettez du fucre
qu'autant péfant que vous avez de fleurs
d'orange ; & lorfque votre fucre eft au
grand perlé, & à demi froid, vous le
verfez fur les boutons de fleurs d'o-
range, & les laiffez dans le firop jufqu'au
lendemain, que vous les retirez fur des
feuilles de cuivre pour les égouter, &
les poudrer partout de fucre fin avec un
fucrier ; mettez-les fécher à l'étuve, &
enfuite vous les ferrerez dans des boëtes
garnies de papier blanc pour les conferver dans un endroit fec.

Boutons de Fleurs d'Orange au candi.

Mettez égouter fur des feuilles de cuivre des boutons de fleurs d'orange confits au liquide comme les précedens, que
vous faites fécher à l'étuve ; lorfqu'ils
feront à moitié fecs, vous les mettrez fur

un tamis pour rachever de les faire fécher, enfuite vous les drefferez fur les
grilles qui fe mettent dans les moules à
candi ; verfez-deffus du fucre cuit au
fouflé, & à moitié froid ; mettez - les
jufqu'au lendemain à l'étuve, avec un
feu égal & moderé ; fi le fucre n'étoit
point affez candi, vous égoutez ce qu'il
refte de liquide, & les laiffez encore
au moins deux heures avant que de les
ôter des moules ; quand ils feront bien
féchés, vous les mettrez dans des boëtes
garnies de papier blanc. Pour être plus
fûr de votre candi, il faut mettre quatre petits bâtons blancs & fecs, un à chaque coin du moule, que vous enfoncez
jufqu'au fond pour effai, vous les retirez doucement lorfque vous croyez que
le candi eft pris, & vous verrez fi les
bâtons font les diamans deffus & également, enfuite vous égouterez votre candi en penchant le moule par le coin,
que vous laiffez égouter pendant deux
heures, après vous renverferez le moule
fur une feuille de papier un peu fort &
également.

Grillage de Fleurs d'Orange.

Prenez des boutons de fleurs d'orange, de ceux qui font confits au liquide ;

mettez-les égouter de leur sirop, & ensuite vous les mettez dans un sucre cuit
à la grande plume, il faut les remuer sur
le feu avec l'espatule jusqu'à ce qu'ils
soient grillés de belle couleur ; en les
retirant du feu, pressez-y un jus de citron
pour les dresser tout de suite en dôme sur
des feuilles de cuivre frottées légerement
avec de l'huile d'olive, que vous mettez
à l'étuve pour les faire sécher. Si vous
voulez les faire avec de la fleur d'o-
range, n'en prenez que les feuilles, ne
les faites point blanchir, mettez-les
comme vous les avez épluchées dans un
sucre cuit à la grande plume, ensuite
vous les travaillez sur le feu avec l'espatule jusqu'à ce qu'elles soient grillées;
en les retirant du feu, vous mettrez aussi
un jus de citron ; & les dresserez comme
les boutons ; sur un quarteron de fleurs
d'orange, vous mettrez trois quarterons
de sucre ; pour les boutons, il en faut la
moitié moins, à cause qu'ils sont déja
confits.

DES NOIX.

OBSERVATION.

LA noix eſt un fruit qui ſe digere très-difficilement, il eſt couvert de deux écorces ; la premiere eſt charnuë & verte, ſon uſage eſt pour les Teinturiers ; l'autre qu'on appelle coquille, eſt employée dans des tiſannes avec la ſalſe-pareille, l'eſquine & le gaïac ; celles qui ne ſont pas encore en maturité, que nous appellons cerneaux, ſont très-tendres, de bon goût, & plus aiſées à digerer que celles qui ſont en maturité, principalement quand elles commencent à ſe ſecher, il faut les choiſir groſſes, bien·blanches & tendres ; elles ſont réputées propres pour tuer les vers, reſiſter au venin, exciter l'urine & les ſueurs. L'huile qui en eſt tirée par expreſſion eſt bonne pour adoucir les tranchées des femmes en couche, pour chaſſer les vents, pour faciliter la digeſtion & pour fortifier les nerfs. Les noix qui ſont employées avec le ſucre, donnent bonne bouche, corrigent les haleines puantes, fortifient l'eſtomac, & ne ſont point indigeſtes comme les vertes.

Orgeat de Noisettes.

Pilez très-fin un quarteron de noisettes échaudées, avec un quarteron des quatre semences froides, arrosez-les de tems en tems pour qu'elles ne tournent pas en huile, avec un peu d'eau; après les avoir pilées vous les retirez dans une terrine pour les délayer avec une pinte d'eau, passez-les à plusieurs fois dans une serviette mouillée, lorsqu'elles seront bien passées, vous y mettrez un quarteron de sucre, avec le jus de la moitié d'un citron que vous mêlerez bien avec le lait de noisettes; le sucre étant fondu, repassez l'orgeat dans la serviette, que vous mettrez ensuite rafraichir.

Noix blanches.

Pelez jusqu'au blanc des noix tendres dont le bois n'est point encore formé, que vous mettez à mesure dans l'eau, ayez de l'eau prête à bouillir dans une poële où vous mettrez les noix après qu'elles seront toutes pelées; lorsqu'elles commenceront à bouillir, vous aurez d'autre eau bouillante où vous mettrez un peu d'alun pulverisé pour conserver la blancheur des noix, mettez-les dedans pour les y faire blanchir jus-

qu'à ce qu'en les piquant d'une épingl
& les soulevant en l'air elles retomben
d'elles-mêmes, vous les retirez dan
une eau fraîche où vous aurez pressé ur
jus de citron, faites clarifier autant de livres de sucre que vous avez pesant de
noix, & le faites cuire au petit lissé. Voyez
Sucre au petit lissé, page 4. Mettez égouter les noix pour les mettre dans une terrine; lorsque le sucre sera à demi froid,
vous le mettrez sur les noix pour les y
laisser vingt-quatre heures, après vous
coulerez le sucre dans une poële pour
le remettre sur le feu, & le ferez cuire
au grand lissé; quand il sera à demi
froid, c'est-à-dire, un peu plus que tiede,
vous le remettrez sur les noix pour les
laisser encore vingt-quatre heures, que
vous remettrez le sucre dans la poële
pour le faire recuire jusqu'au petit perlé;
quand il sera à demi froid, vous le remettrez sur les noix jusqu'au lendemain
que vous racheverez votre sucre pour
le faire cuire au grand perlé, que vous
remettrez sur les noix, lorsqu'il sera à
demi froid, parce qu'il est à remarquer
que les noix, après avoir été blanchies,
non-seulement ne doivent plus être remi-
ses sur le feu, mais que le sucre que l'on
verse dessus ne doit point être trop

chaud; après les avoir finies de cette façon, vous les mettrez à l'étuve jusqu'au
lendemain que vous les mettrez dans les
pots.

Noix noires.

Prenez un cent de belles noix noires
de la grosse espece tout ce qu'il y a de
plus beau, & les parez légerement, que
les coups de couteau soient marqués
comme si vous tailliez un diamant, il
faut observer de ne point couper jusqu'au blanc. Pour voir si ces noix sont
bonnes à confire, vous prenez une grosse
épingle, si elle passe au travers sans ré-
sistance elles seront bonnes, vous les jetterez dans de l'eau avec leur brou, que
vous laisserez tremper dedans pendant
vingt-quatre heures, il faudra piquer vos
noix avant que de les mettre blanchir,
& vous les mettrez blanchir à grande
eau avec leur brou, vous les ferez aller
à petit feu, vous verrez avec une épingle, quand elle entrera dedans sans ré-
sistance, vos noix seront blanchies; après
vous les jetterez dans de l'eau, & les
rafraichirez; pour un cent de belles noix,
il faut quinze à seize livres de sucre,
vous en clarifierez la moitié, & les mettrez au sucre très-léger, vous mettrez

vos noix bien égoutées dans une terrine
& jetterez le fucre tout chaud pardeffus,
vingt-quatre heures après vous égouterez les noix, & donnerez trois ou quatre
bouillons au firop, que vous remettrez
tout chaud fur les noix ; pour la troifiéme fois, vous les laifferez deux jours,
& vous les augmenterez de fucre, vous
glifferez les noix dedans que vous ferez
frémir pendant un quart d'heure, vous
les remettrez dans la terrine & les laifferez trois jours ; la quatriéme fois, vous
mettrez tout le fucre que j'ai expliqué
ci-deffus, qui fera clarifié, & vous le
ferez réduire au grand perlé, vous mettrez les noix dedans pour les faire bouillir & réduire au grand perlé ; ces noix-
là ne font que pour le tirage, & par
conféquent fe mettent dans de grands
pots.

Ratafiat de Noix.

Le ratafiat de noix fe fait vers le tems
de la Magdelaine que les noix font for-
mées ; pour deux pintes d'eau-de-vie que
vous mettez dans une cruche bien bouchée, vous y mettez quinze à feize noix
entieres que vous fendez par la moitié ;
mettez votre cruche à la cave pour y
laiffer infufer les noix avec l'eau-de-vie

environ quatre ou cinq fem[...], vous aurez foin de bien remuer la cruche au moins deux fois la femaine pour que les noix fe mêlent avec l'eau-de-vie, & lui en communiquent le goût ; enfuite vous paffez l'eau-de-vie à la chauffe, & la remettez dans la cruche avec une livre & demie de fucre clarifié & deux cloux de gerofle, un petit bâton de canelle, & très-peu de macis ; faites encore infufer le tout enfemble l'efpace de trois femaines, enfuite vous le pafferez à la chauffe ; lorfqu'il fera bien clair, vous le vuiderez dans des bouteilles que vous aurez foin de bien boucher ; plus vous garderez ce ratafiat, meilleur il deviendra.

Noix à l'Eau-de-vie.

Prenez des noix tendres, que le bois ne foit point encore formé, il faut les parer jufqu'au blanc, vous les jettez à mefure dans l'eau fraiche ; vous mettez de l'eau dans une poële fur le feu, quand elle fera prête à bouillir, mettez-y les noix, pour les y laiffer jufqu'à ce qu'elle foit prête à bouillir, enfuite vous avez d'autre eau bouillante où vous mettez un peu d'alun pulverifé, mettez-y les noix pour les faire bouillir jufqu'à ce que les piquant d'une ép███e & les levant en l'air elles retombent d'elles-mêmes, vous les retirez pour les mettre dans une eau fraiche de citron ; fur trois livres de noix vous ferez clarifier deux livres de fucre, que vous ferez cuire au petit liffé, mettez égouter les noix, & les mettez dans une terrine, vous y verferez deffus le fucre à demi chaud, & laifferez les noix vingt-quatre heures dans le fucre, enfuite vous coulerez le fucre dans une poële pour le remettre fur le feu, & le faire cuire au grand liffé, & le mettrez fur les noix quand il fera à moitié refroidi pour les laiffer encore vingt-quatre heures, après vous ferez recuire le fucre jufqu'au petit perlé, que vous remettrez encore fur les noix quand il fera à demi froid pour les laiffer encore vingt-quatre heures dans le firop, enfuite vous remettrez le fucre fur le feu pour le faire cuire au grand perlé, alors vous mettrez dans le fucre autant d'eau-de-vie que vous avez de firop, que vous mettrez fur le feu avec les noix & le fucre, vous les ferez fremir enfemble pendant trois ou quatre minutes, & mettrez dans des bouteilles ; il faut que la liqueur couvre les noix.

DES ABRICOTS.

OBSERVATION.

LEs premiers qui ont été connus furent apportés de l'Armenie à Rome, & ils étoient encore fort rares du tems de Pline ; mais à prefent ils font fi communs que prefque tous les jardins en font fournis ; il y en a de trois fortes , fçavoir le hâtif, qui commence à être mûr fur la fin de Juin ; l'abricot ordinaire, qui eft dans fa maturité à la mi-Juillet ; l'abricot mufqué, qui vient à peu près dans le même tems ; leur maturité fe connoît en ce qu'ils ont un beau coloris d'un côté & la chair jaunâtre. Il faut les choifir gros & charnus , que la chair fe fépare aifément du noyau ; ceux qui viennent en plein vent ont plus de goût que ceux qui croiffent en efpalier, mais ils ne font pas ordinairement fi gros ; ce fruit eft plus agréable au goût que bon pour la fanté, fon ufage moderé excite l'appetit, humecte & rafraichit ; l'excès remplit l'eftomac de vents, parce qu'ils s'y corrompent aifément. L'abricot travaillé avec le fucre eft préferable pour la santé, parce que la cuisson & le sucre rarefient & subtilisent le phlegme visqueux qu'il contient. L'amande renfermée dans le noyau, prise en infusion, est à ce que l'on prétend bonne pour appaiser les ardeurs de la fiévre, & pour tuer les vers; on fait une huile avec l'expression de l'amande qui est propre pour adoucir les hemoroïdes, pour la surdité, & pour le bourdonnement d'oreilles.

Abricots confits au liquide.

Prenez des abricots qui approchent de leur maturité, il faut les peler & leur faire une incision par le bout pour faire sortir le noyau en le poussant avec la pointe d'un couteau par le côté de la queuë; après que vous aurez ôté les noyaux vous peserez les abricots pour mettre autant pesant de sucre, faites bouillir de l'eau & y mettez un moment les abricots pour leur faire faire deux bouillons jusqu'à ce qu'ils commencent à fléchir sous les doigts, vous les retirez en douceur dans de l'eau fraîche, & faites égouter sur un tamis; mettez le sucre que vous avez pesé dans une poële pour le clarifier, & le faire cuire à la grande plume, ensuite vous y mettrez doucement les abri-

cots

cots pour leur faire prendre deux bouillons, & les retirerez du feu, il faut les laiffer douze heures dans leur firop pour
prendre fucre, après retirez-les pour les
mettre égouter, & remettrez le fucre fur
le feu pour lui donner une vingtaine de
bouillons, remettez les abricots dans le
fucre fans les faire bouillir, jufqu'au lendemain que vous les finirez en leur donnant fix ou fept bouillons; quand ils feront à demi froids vous les mettrez dans
les pots.

Abricots confits au fec.

Ayez des abricots un peu plus d'à-
moitié mûrs, que vous pelez proprement, & les jettez à mefure dans de l'eau
fraîche, après que vous aurez ôté les
noyaux, il faut les faire confire de la même façon que les précédens; lorfqu'ils feront confits & réfroidis dans le fucre,
vous les mettrez fur un clayon pour les
faire égouter, & les mettrez fur des
feuilles de cuivre pour les poudrer partout de fucre fin, que vous faites tomber
deffus avec un tamis; mettez-les à l'étuve pour les faire fécher; après que le
deffus fera fec, vous les mettrez fur un
tamis pofé fur le côté fec, & repoudre-
rez l'autre côté de la même façon; re-

M

mettez à l'étuve jusqu'à ce qu'ils soient bien secs , & également ; quand ils seront froids, vous les mettrez dans des boëtes garnies de papier blanc , & des morceaux de papier entre les abricots, & les tenir dans un endroit sec , il faut les changer de papier s'il leur survenoit de l'humidité. Pour le mieux , prenez des abricots confits au liquide , que vous mettez au sec de la même façon , à mesure que vous en avez besoin.

Abricots mûrs confits.

Prenez des abricots point trop mûrs que vous pelez & fendez par la moitié ; ôtez-en le noyau, pesez ce que vous avez d'abricots , & mettez autant de sucre dans une poële , que vous faites cuire à la grande plume ; mettez-y les abricots , & ne leur faites prendre qu'un bouillon, pour jetter leur eau ; ôtez-les du feu ; deux heures après vous les remettrez sur le feu, pour les faire bouillir, jusqu'à ce qu'ils n'écument plus; retirez-les du feu pour les laisser dans leur sirop pendant 24 heures; ensuite vous les retirerez légerement avec une écumoire pour les faire égoûter ; remettez le sirop sur le feu pour le faire bouillir , jusqu'à ce qu'il soit cuit au perlé ; mettez les abri-

cots dans une terrine, & le firop par-
deffus, pour les mettre vingt - quatre
heures à l'étuve ; après vous les mettrez réfroidir & drefferez dans les pots.

Abricots en furtout.

Il faut prendre des abricots confits au
liquide, de ceux qui font entiers, que
vous mettez égoûter de leur firop,
vous prenez un abricot entier, que
vous fendez par le côté, pour qu'il
s'ouvre par la moitié fans fe détacher
tout-à-fait, & l'appliquez fur un autre
entier, de façon qu'il l'entoure tout-
à-fait, & que les deux ne paroiffent n'en
faire qu'un ; enfuite vous les retrempez
légerement dans le firop, & les mettez
égoûter fur des feuilles de cuivre ; poudrez - les par-tout avec du fucre fin,
que vous faites tomber avec le
tamis, & les mettez à l'étuve pour
les faire fécher ; lorfqu'ils feront fecs
d'un côté, il faut les mettre fur un tamis du côté fec, & les repoudrer de
l'autre ; remettez à l'étuve, pour rachever de les faire fécher, vous les conferverez dans une boëte garnie de papier blanc, dans un endroit fec.

Abricots à l'Eau-de-vie.

Prenez des abricots, les plus beau
que l'on peut trouver en efpalier,
moitié mûrs, vous les jettez dan
une eau bouillante, il faut qu'ils n
faffent que frémir; vous obfervere
qu'ils ne blanchiffent pas trop, en le
tâtant avec les doigts, & qu'ils com
mencent à fléchir, vous les jettez à mefu
re que vous les retirez dans de l'eau fraî
che, & les ferez égoûter fur un tamis
prenez trois quarterons de fucre pou
livre de fruit, que vous clarifirez & fere
réduire au caffé, vous décuirez le fucre, en y mettant une chopine d'eau de
vie; mettez-y les abricots, à qui vous
donnerez trois ou quatre bouillons
couverts; ôtez-les du feu, pour les laiffez réfroidir pendant deux heures; enfuite vous les mettrez fur un égoûtoir,
& remettrez le firop fur le feu, auquel vous ferez faire cinq ou fix bouillons couverts; gliffez-y les abricots
pour leur donner encore deux ou
trois bouillons; vous y mettrez une
pinte d'eau-de-vie fi vous avez cinq
à fix livres de fruit, que vous jetterez
dans la poële avant que de les retirer,
afin de mêler l'eau-de-vie avec le fucre. Cette façon conferve la peau du
fruit, & c'eft la meilleure.

Il faut prendre des abricots d'espa-
lier , sans tache , les plus beaux
qu'on peut avoir, qui ne commencent
qu'à tourner , les bien parer légerement; vous les passerez à l'eau bouillante, & aurez soin qu'ils ne soient
point trop blanchis, vous les rafraîchirez en les changeant d'eau; prenez autant de livres de sucre que vous avez
de fruit ; faites-le clarifier, & en mettez un tiers à part pour le lendemain ;
mettez les deux autres tiers dans la
poële avec les abricots que vous aurez
fait égoûter auparavant; faites-leur faire
trois ou quatre bouillons couverts , il
faut les laisser reposer dans le sucre jusqu'au lendemain, que vous égoûterez
les abricots sur un égoûtoir ; mettez le
sirop sur le feu, en y ajoûtant le reste
du sucre clarifié, que vous avez mis à
part; faites le cuire jusqu'au lissé, glissez-y les abricots pour les finir, en
les faisant bouillir , jusqu'à ce qu'ils
soient au perlé, & les mettrez ensuite
dans les pots pour les garder au liquide,
& vous en servir à mesure que vous
en avez besoin ; lorsque vous voulez
vous en servir, vous les mettez égoûter sur des clayons; quand ils seront

bien égoûtés, mettez-les fur un tami,
fecher à l'étuve.

Conferve d'Abricots.

Pelez des abricots à demi mûrs,
que vous coupez après par petits morceaux, pour les mettre fur un petit feu,
& les faire deffecher, jufqu'à ce qu'ils
foient bien cuits & en marmelade épaiffe; fur fix onces de cette marmelade, vous
ferez cuire une livre & demie de fucre
à la grande plume, ôtez-le du feu;
le fucre étant à demi froid, mettez-y
la marmelade, que vous délayez bien
avec le fucre, en les remuant beaucoup
avec l'efpatule, & drefferez la conferve dans les moules de papier; lorfqu'elle fera prife & froide, vous la
couperez par tablettes à votre ufage.

Dragées d'Abricots.

Faites tremper avec de l'eau un peu
de gomme adragante pendant vingt-
quatre heures, quand elle fera fondue, vous en prendrez le plus épais,
que vous mettrez dans un mortier,
avec de la marmelade d'abricots &
du fucre en poudre; broyez les enfemble, jufqu'à ce que vous en puiffiez
former une pâte maniable; enfuite vous

la mettrez fur une feuille de papier, po-
fée fur une table, avec du fucre fin deffus & deffous ; abattez cette pâte en
douceur avec le rouleau ; quand elle
fera abattue, de l'épaiffeur d'un écu,
vous en couperez pour en former des
ronds de la groffeur d'un pois, ou fi
vous avez des fers à découper, vous
en découperez des cœurs & autres façons, & les mettrez à l'étuve pour les
faire fécher; enfuite vous les finirez,
comme il eft expliqué pour les dragées
de violettes, page 20.

Marmelade d'Abricots à la Bourgeoife.

Prenez des abricots qui ne foient pas
trop mûrs ; s'ils font en plein vent,
vous en ôterez la peau ; s'ils font en efpalier, vous la laifferez; vous les coupez le plus mince que vous pouvez,
après en avoir ôté le noyau ; vous
prendrez le fucre que vous voulez.
mettre, livre pour livre, ou trois quarterons pour livre de fruit, que vous pilerez, & jetterez fur les abricots à
mefure que vous le pilerez; vous mettrez le tout dans une poële, ou chaudron, pourvu qu'il foit bien net ;
cette marmelade fe fait fur le feu ou fur
le fourneau, pourvu que votre feu foit

bien clair ; remuez-la bien avec une écumoire, de crainte qu'elle ne s'attache au fond ; vous aurez foin quand elle commencera à fe lier, de l'ôter de deffus le feu, pour en écrafer tous ceux qui ne font pas fondus, avec une efpatule fur une écumoire ; vous la remettrez fur le feu pour lui faire faire quelques bouillons ; vous tremperez votre doigt dedans légerement, vous l'appuyerez contre le pouce, s'ils fe colent enfemble, cependant fans grande réfiftance, votre marmelade eft faite, elle fera belle & fimple.

Marmelade d'Abricots.

Pelez fi vous voulez des abricots bien mûrs, parce qu'il y en a qui n'ôtent point la peau, ôtez-en les noyaux ; après vous les pefez pour mettre autant pefant de fucre ; faites deffécher les abricots fur un moyen feu, & les retirez ; enfuite vous ferez cuire votre fucre au caffé ; mettez-y les abricots deffécher, que vous remuez bien enfemble avec une écumoire ; après vous mettrez votre marmelade fur un grand feu pour lui faire prendre huit ou dix bouillons ; ayez foin de la remuer, de crainte qu'elle ne s'attache ; ôtez-la du
feu

feu, quand elle sera à demi froide, vous la mettrez dans les pots.

Marmelade d'Abricots d'une autre façon.

Mettez dans une poële la quantité d'abricots que vous voudrez ; ôtez-en les noyaux, & les coupez par morceaux ; mettez-y avec autant pesant de sucre en poudre, ou si vous voulez, vous ne mettrez que trois quarterons de sucre pour une livre de fruit ; faites bouillir les abricots & le sucre ensemble, jusqu'à ce que la marmelade se lie d'elle-même ; ôtez-la du feu, pour bien écraser les abricots, en les pressant contre la poële avec l'écumoire ; remettez-la sur le feu pour lui donner quelques bouillons jusqu'à ce qu'elle ait la consistance de cuisson qu'elle doit avoir.

Compote d'Abricots.

Pelez, si vous voulez, légerement & proprement huit ou dix abricots presque mûrs, fendez-les en deux pour en ôter le noyau, que vous cassez pour en tirer l'amande que vous pelez & mettez avec les abricots dans une poële avec un peu d'eau, & un quarteron de sucre ; faites-les bouillir jusqu'à ce qu'ils soient cuits, ayez soin de les écumer ;

N

lorfqu'ils feront cuits, vous enleverez l
petite écume qui refte, en paffant par
deffus des petits morceaux de papie
blanc, mettez-les un à un avec une cuil
liere dans le compotier, & fur chaqu
morceau d'abricot mettez-y la moitié
de l'amande ; fi le firop n'eft pas affez
réduit, vous lui faites prendre encore
deux ou trois bouillons, & le verfez
légerement fur les abricots après l'avoi
paffé au tamis. Les compotes d'abricots
mûrs fe font de la même façon, à cette
difference qu'il ne faut point les peler,
& moins d'eau dans la compote, parce
qu'il faut peu de tems pour la cuiffon.
Il en eft qui ne pelent point les abricot
de ceux qui ne font pas tout-à-fait mûrs.
Quand on eft dans la nouveauté des
abricots, & que vous voulez faire des
compotes de ceux qui ne font qu'à moitié
mûrs, vous les faites blanchir & cuire
dans l'eau, jufqu'à ce qu'ils fléchiffent
fous les doigts; vous les retirez dans de
l'eau fraîche, & les mettez enfuite en
compote de la même façon que les précédens.

Compote d'Abricots à la cloche.

Fendez par la moitié huit ou dix abricots prefque mûrs, ôtez-en le noyau,

& les mettez fur un petit plat d'argent
avec du fucre fin dans le fond, & un
peu d'eau ; faites-les bouillir fur un petit
feu jufqu'à ce que le deffous foit prefque
cuit, & qu'il refte peu de firop ; enfuite
vous les retirez du feu, & poudrez tout
le deffus de fucre fin ; mettez deffus un
couvercle de petit four de Campagne,
ou d'une tourtiere ; mettez-y deffus un
feu raifonnable, laiffez-le jufqu'à ce que
les abricots foient cuits d'une belle couleur; vous les dreffez dans le compotier, & fervirez cette compote chaude
ou froide comme vous le jugerez à
propos.

Glace d'Abricots.

Prenez une douzaine d'abricots bien
mûrs, que vous écrafez avec la main,
& y ajouterez une chopine d'eau, il faut
les laiffer infufer pendant une heure ou
deux, vous les pafferez au travers d'un
tamis en les preffant fans remuer, pour
en exprimer tout le jus ; vous y mettrez
enfuite une demie livre de fucre ; lorfqu'il fera fondu, vous mettrez votre eau
dans une falbotiere, pour faire prendre à
la glace, comme il eft dit à l'article des
glaces.

Sirop d'Abricots.

Mettez dans une poële une trentaine d'abricots bien mûrs avec trois chopines d'eau, faites-les bouillir sur un bon feu jusqu'à ce que les abricots soient en marmelade, que vous les mettrez sur un tamis avec une terrine dessous pour en recevoir tout ce qui en passera ; mettez tout ce jus d'abricots dans une chausse pour le tirer au clair, il faut péser ce qui a passé au travers de la chausse ; si vous en avez deux livres, vous mettrez avec une livre de sucre clarifié, vous vous reglerez sur cette dose suivant la quantité que vous en aurez ; mettez le sucre avec le jus d'abricots pour les faire bouillir ensemble jusqu'à ce, qu'ils soient reduits en sirop ; étant à demi froid, versez-le dans les bouteilles pour vous en servir au besoin. Ce sirop ne peut se conserver que peu de tems. Si vous en voulez faire pour l'Hyver, vous mettrez deux livres de sucre pour une chopine de jus de fruit, & le finirez de la même façon.

Sirop d'Abricots à noyaux.

Pelez des abricots bien mûrs que vous coupez par morceaux ; cassez les noyaux pour en tirer les amandes que vous pelez

& les concaffez pour les mettre avec les
abricots ; il faut péfer les abricots , &
fur deux livres , faire cuire deux livres
& demie de fucre au fouflé, enfuite vous
mettrez les abricots avec les amandes
dans le fucre ; faites leur prendre neuf ou
dix bouillons jufqu'à ce qu'en prenant
du firop avec un doigt , & appuyant
l'autre contre , & les ouvrant tous les
deux , il fe forme un filet qui ne fe rompt
pas facilement, c'eft une marque qu'il eft
à fon point de cuiffon ; il faut le paffer
dans un tamis pour en recevoir le firop,
que vous mettrez dans des bouteilles
quand il fera à demi froid. Si vous le
faites pour l'Hyver , vous mettrez deux
livres de fucre pour une livre de fruit.

Sirop d'Abricots au clayon.

Mettez fur une terrine , un clayon
d'ozier ; vous prenez des abricots bien
mûrs, la quantité que vous jugez à propos, il faut les peler, & en ôter les
noyaux , caffer les noyaux pour en prendre les amandes que vous pelez , & les
concaffez , pefez ce que vous employez
d'abricots pour mettre une livre & demie
de fucre pour livre de fruit ; coupez les
abricots par tranches, & les arrangez fur
le clayon qui eft fur la terrine ; faites

un lit de tranches d'abricots avec les amandes concassées des noyaux, & un lit de sucre en poudre, remettez les tranches d'abricots, & ensuite du sucre en poudre, continuez de cette façon jusqu'à la fin en finissant par le sucre ; couvrez avec une serviette, & portez votre terrine à la cave, pour la laisser 24 heures, après vous ferez chauffer une chopine d'eau prête à bouillir, mettez-y ce qui est resté sur le clayon, laissez-le dedans un quart d'heure sur de la cendre chaude sans bouillir ; passez-le ensuite dans un tamis sans presser les abricots, vous passez aussi au tamis le sirop qui a dégoûté dans la terrine, que vous mêlez avec l'autre ; faites-les bouillir ensemble jusqu'à ce que votre sirop ait la même consistance que le précedent.

Ratafiat d'Abricots.

Prenez un demi cent d'abricots bien mûrs, coupez-les par morceaux, cassez les noyaux pour en prendre les amandes que vous pelez & coupez par petits morceaux ; mettez les abricots dans une poële avec une pinte de vin blanc, que vous faites bouillir à petit feu jusqu'à ce que les abricots ayent rendu tout leur jus ; mettez-les égouter sur un tamis pour en tirer tout le clair ; vous mettrez

le jus des abricots dans une cruche avec
autant d'eau-de-vie que de jus , & un
quarteron de fucre par pinte de liqueur ;
ajoutez-y les noyaux d'abricots avec un
peu de canelle , bouchez bien la cruche,
& laiffez infufer ce ratafiat pendant quinze
jours ou trois femaines , enfuite vous le
pafferez à la chauffe, & le mettrez dans
des bouteilles bien bouchées.

Abricots tappés.

Ayez un cent de beaux abricots prefque mûrs, faites leur une incifion du côté
de la queuë , faites fortir le noyau en le
pouffant avec la pointe d'un couteau par
le côté de la tête, il faut caffer les noyaux
pour en tirer l'amande entiere, que vous
pelez proprement & mettez à part ;
mettez vos abricots dans une eau boüil-
lante pour les faire blanchir jufqu'à ce
qu'ils fléchiffent fous les doigts, que
vous les retirez à l'eau fraiche ; fur une
livre d'abricots vous ferez cuire une
demie-livre de fucre au petit liffé, mettez-y les abricots pour leur faire prendre
deux bouillons couverts, après les avoir
écumés vous les mettrez dans une terrine
jufqu'au lendemain que vous remettrez
le fucre dans une poële pour le faire
cuire à la grande plume, mettez-y les

abricots avec leurs amandes que vous
avez mis à part, faites-leur faire un bouillon dans le sucre, & les ôtez du feu pour
les remettre dans la terrine jusqu'au lendemain que vous les retirez de leur sirop
avec les amandes pour les mettre égouter, remettez une amande dans chaque
abricot, & les posez à mesure sur le
côté, dessus des grilles pour les faire sécher à l'étuve, quand ils seront secs d'un
côté, vous les retournerez de l'autre, ils
s'applatiront d'eux-mêmes sans les tapper; après qu'ils seront également secs,
vous les conservez dans des boëtes garnies de papier blanc dans un endroit sec.

Pâte d'abricots demi-mûrs.

Prenez des abricots demi-mûrs que vous
pelez, ôtez-en le noyau, pesez-les pour
mettre autant de sucre, ensuite vous mettez
les abricots dans l'eau bouillante pour leur
faire prendre trois ou quatre bouillons,
retirez-les de l'eau pour les écraser &
passer au travers d'un tamis, faites-les
dessecher sur le feu, faites clarifier votre
sucre & le faites cuire à la grande plume,
mettez-y les abricots dessecher pour les
bien mêler avec le sucre en les remuant
avec une espatule, mettez votre pâte sur

le feu pour lui faire prendre quelques
bouillons en la remuant toujours avec une
espatule jusqu'à ce que vous voyez qu'elle
soit assez cuite, ce que vous connoîtrez
quand elle tombe nette de l'espatule ;
dressez-la toute chaude dans les moules,
& mettez sécher à l'étuve.

Pâte d'Abricots mûrs.

Mettez dans une poële des abricots
bien mûrs que vous aurez pelés, ôtez-en
le noyau, faites-les dessecher à moitié sur
un moyen feu, ensuite vous les peserez,
& sur quatre livres, faites cuire deux livres de sucre à la grande plume ; mettez-
y la pâte d'abricots que vous délayerez
bien avec le sucre en les remuant avec
une espatule ; quand elle sera réduite, &
qu'elle quittera nette de l'espatule, vous
la dresserez toute chaude dans les moules pour la faire sécher à l'étuve.

Pâte d'Abricots mûrs d'une autre façon.

Faites dessecher des abricots bien
mûrs de la même façon que les précedens, ensuite vous peserez la pâte &
mettrez autant pesant de sucre fin que
vous mêlerez bien ensemble, mettez

les fur le feu pour leur faire prendre feiz
ou dix-huit bouillons en remuant toujou
avec une efpatule ; vous la dreflerez tot
te chaude dans les moules pour la met
tre à l'étuve ; il faut remarquer que cett
pâte demande une chaleur d'étuve plu
forte & plus continuelle que les autre

Abricots glacés en fruit.

Prenez la quantité d'abricots que vou
jugerez à propos, fuivant ce que vou
en voulez faire, qu'ils ne foient pas tro
mûrs, ôtez-en la peau & les noyaux
coupez-les par morceaux pour les mettr
dans une poële avec une livre du fucr
fin pour une livre de fruit, faites-le
cuire à grand feu en les remuant toujour
avec l'efpatule jufqu'à ce qu'ils foient en
marmelade ; lorfque votre marmelade
commence à fe lier vous l'ôtez du feu
pour écrafer ceux qui ne font pas fondus,
remettez-la fur le feu pour lui donner
quelques bouillons, elle fera faite quand
vous aurez trempé un doigt dedans &
qu'appuyant le pouce contre ils fe colent
enfemble ; lorfque votre marmelade fera
froide vous la mettrez dans une falbotiere pour la faire prendre à la glace,
quand elle fera prife vous la travaillerez
bien & la mettrez dans des moules pour

lui faire prendre la figure des fruits natu-
rels, enveloppez tous les moules avec
du papier, & les mettez à la glace,
avec de la glace pilée en neige mêlée
avec du fel ou du falpêtre, vous aurez
foin que le vaiffeau où vous les mettrez
foit percé & qu'il ne retienne pas l'eau ;
avant que de les fervir vous leur donnerez la couleur d'abricots que vous mettrez deffus avec un petit pinceau, un peu
de gomme gut, où vous ajouterez un peu
de cochenille ou du carmin, comme
pour faire une couleur d'abricots en plein
vent.

Canolons d'Abricots.

Ayez un quarteron d'abricots bien
mûrs que vous écrafez avec la main, &
les délayez avec une pinte d'eau, vous
les laifferez infufer enfemble pendant
deux heures, enfuite vous les pafferez
dans un tamis en les preffant fort pour
en exprimer tout le jus, mettez fondre
dans ce jus une livre de fucre, mêlez
bien enfemble pour mettre prendre à la
glace dans une falbotiere, lorfque votre
glace fera prife vous la travaillerez bien
& la mettrez dans des moules à canelons, que vous remettrez à la glace après
avoir enveloppé les moules avec du pa-

pier ; quand vous voudrez les servi
vous avez de l'eau chaude dans un cha
dron, trempez-y les moules seuleme
pour les faire quitter, & vous les aider
à sortir en donnant un coup par le bo
avec le plat de la main en les présenta
sur une assiette.

DE LA JONQUILLE.

OBSERVATION.

IL y en a de plusieurs sortes que l'o
cultive dans les jardins. La jon
quille d'Espagne, la grande jonquille
la petite, la jonquille d'Automne, &
d'autres; c'est une plante bulbeuse qu
produit des fleurs jaunes & odorantes,
qui ressemblent assez pour la figure au
Narcisse ordinaire, quoiqu'elles soien
moins grandes. La Medecine ne fai
présentement aucun usage de cette
plante.

Glace de Jonquille.

Mettez dans un mortier une poignée
de fleurs de jonquille que vous pilez
très-fin, retirez-la pour la mêler avec
une pinte d'eau & une demie livre de

fucre, laiſſez infuſer une demie heure &
la paſſez enſuite dans une ſerviette pour
la mettre dans une ſalbotiere, & la faire
prendre à la glace, comme il eſt dit à
l'article des Glaces.

Eſſence de Jonquille.

Ayez une demie livre de fleurs de
jonquille épluchée, & une livre & demie
de ſucre en poudre, prenez une bouteille
de verre à grand goulot à pouvoir entrer
la main dedans, mettez du ſucre fin dans
le fond de la bouteille & de la fleur de
jonquille pardeſſus, recommencez de
remettre du ſucre fin ſur la jonquille, &
continuez ainſi l'un après l'autre juſqu'à
la fin, vous boucherez la bouteille avec
un bouchon de liege & un parchemin
mouillé, il faut la porter à la cave pour
y reſter un jour & demi, enſuite vous
la retirez de la cave pour la mettre autant de tems à l'étuve, après vous la
mettrez égouter ſur un tamis dans une
terrine ſans en preſſer les fleurs, la liqueur que vous en recevrez vous la mettrez dans une bouteille pour vous en ſervir à donner le goût de jonquille à ce que
vous voudrez.

Fleurs de Jonquille naturelle au sucre.

Faites cuire une demie livre de sucre
au petit lissé, quand il sera à demi refroidi, vous avez de belles fleurs de jonquille, avec leur queuë, que vous trempez une à une dans le sucre, vous le
mettrez un peu égouter sur un tamis pour
les poudrer partout d'un sucre très-fin
& les souflerez à mesure pour qu'il ne
reste point trop de sucre, il faut les dresse
sens dessus dessous sur un autre tami
pour que la fleur se trouve épanouie,
mettez-les sécher à l'étuve, vous les conserverez sechement dans des boëtes garnies de papier blanc.

Candi de Jonquille.

Faites cuire du sucre à la plume & le
mettez dans les moules à candi, lorsqu'il sera à moitié refroidi vous y mettrez de la belle jonquille épluchée, que
vous mettrez également dans le moule,
& l'enfoncez légerement avec une fourchette; il faut mettre dessus une grille à
candi que vous appuyez avec un poids
de deux livres, mettez le moule à l'é-
tuve, que vous ouvrirez le moins que
vous pourrez, entretenez l'étuve de feu
le plus également qu'il est possible, ce

doit être un candi de vingt-quatre heures.

Fleurs de Jonquille blanchies.

Prenez des fleurs de Jonquille que vous trempez dans un blanc d'œuf fouetté en mousse, & les roulez ensuite dans du sucre fin, il faut les mettre à mesure sur une feuille de papier blanc dressé sur un tamis, que vous mettrez à l'étuve pour les faire sécher, & les conservez dans des boëtes dans un endroit sec.

Conserve de Jonquilles.

Pilez très-fin dans un mortier un quarteron de fleurs de Jonquille, prenez deux livres de sucre que vous faites clarifier & réduire à la grande plume; quand il sera à moitié froid, mettez-y la fleur de Jonquille pour la bien mêler avec le sucre en la travaillant avec l'espatule, que vous dresserez ensuite dans des moules de papier ; lorsqu'elle sera froide, vous la coupez par tablettes à votre usage.

Gâteau de Jonquille.

Faites un moule de papier un peu élevé, de la grandeur que vous voulez faire le gâteau, épluchez de la Jonquille,

pefez-en une demie livre que vous met
tez dans une livre de fucre cuit à l.
grande plume, travaillez-les prompte
ment fur le feu avec une efpatule ; quand
il commence à monter, vous-y mette:
un peu de blanc d'œuf battu avec du fucre fin ; pour le rendre plus leger, verfez promptement le gâteau dans le
moule, & tenez deffus le cul de la poële
chaud à une certaine diftance, ce qui
fait encore monter le gâteau ; le blanc
d'œuf que vous délayez avec le fucre ne
doit pas être trop liquide, il faut l'avoir
tout prêt, & le mettre promptement
dans le gâteau.

DES ROSES.

OBSERVATION.

CETTE fleur qui eft très-commune,
& qui vient prefque dans tous les
jardins, fleurit en May & Juin. Le fuc
des rofes eft bon, à ce que l'on prétend
pour l'épanchement de bile, & aux opi-
lations de l'eftomac & du foye, comme
auffi aux fiévres tierces ; la conferve eft
eftimée bonne pour les crachemens de
fang ; la racine du rofier mife en poudre
&

& prife dans du vin, avec quelques eaux
cordiales, eft un bon remede contre la
morfure des chiens enragés.

Conferve de Rofes.

Vous faites de la conferve de rofes
de deux couleurs, une de rouge & une
de blanche; la feule difference, c'eft que
pour la rouge, vous prenez des rofes
rouges, & y mettez un peu de cochenille
dans le fucre pour augmenter la couleur; & que pour la blanche, vous ne
prenez que des rofes blanches, & vous
y preffez quelques goutes de jus de
citron pour la rendre plus blanche. Pour
faire celle que vous voudrez, faites cuire
une livre de fucre à la grande plume; en
l'ôtant du feu, il faut le travailler quelques tours avec l'efpatule, & y mettre
enfuite une demie once de feuilles de
rofes hachées très-fin; après que vous
les aurez bien mêlées avec le fucre, il
faut verfer la conferve dans un moule de
papier; lorfqu'elle eft tout-à-fait froide,
vous la coupez par tablettes à votre
ufage.

Eau-Rofe.

Prenez des rofes fraîchement cueillies;
n'en prenez que les feuilles; fi vous en

O

avez une livre, vous ferez tiédir un
pinte d'eau que vous mettrez dans u
pot bien couvert avec les rofes, pou
les laiffer infufer jufqu'au lendemain qu
vous mettrez le tout dans un alambi
pour les faire diftiler, comme il eft di
à l'article de la diftilation.

Ratafiat de Rofes blanches.

Mettez dans une cruche une demie
livre de rofes blanches avec une pinte
d'eau tiéde, & très-clair ; faites-les infufer deux fois vingt quatre heures au
foleil, enfuite vous pafferez cette eau
dans un tamis bien ferré, & mettrez autant d'eau-de-vie que vous avez d'eau
de rofes ; fur deux pintes de cette liqueur, vous y mettrez une livre de fucre clarifié, avec un gros de canelle &
autant de coriandre ; bouchez bien la
cruche, & la mettez au foleil cinq ou
fix jours, enfuite vous pafferez ce ratafiat à la chauffe jufqu'à ce qu'il foit bien
clair.

Ratafiat de Rofes rouges.

Le ratafiat de rofes rouges fe fait de
la même façon que le précedent, à cette
difference, que vous prenez des rofes
rouges à la place des blanches ; & pour

lui donner une couleur bien vermeille,
vous y mettez de la cochenille.

Essence de Roses.

Ayez une grosse bouteille de verre à
large goulot, mettez y dans le fond une
couche de feuilles de roses, ensuite une
couche de sucre fin par-dessus, vous
continuerez de cette façon jusqu'à la fin
en finissant par le sucre; sur une demie
livre de roses, il faut une livre & demie
de sucre; lorsque vous avez fini, vous
bouchez bien la cruche avec un bouchon de liege & un parchemin mouillé,
mettez cette bouteille pendant trois jours
au soleil; le sucre étant bien fondu, il
faut passer l'essence de roses dans un tamis fin sans les presser, & la conserver
dans une bouteille bien bouchée; elle
vous servira à donner un goût de rose
à ce que vous jugerez à propos.

Glace de Roses.

Prenez de l'essence de roses comme la
précedente, que vous mêlez avec de
l'eau & du sucre; si vous êtes dans la
Saison des fleurs, vous en prenez deux
bonnes pincées que vous pilez très-fin,
& les délayez dans une pinte d'eau,
mettez-y une demie livre de sucre, laissez infuser une demie heure, passez le tout

au tamis pour le mettre dans une falbotiere , & le faire prendre à la glace
comme il eſt dit à l'article des glaces.

DE L'EAU.

OBSERVATION.

RIEN de plus commun que l'eau ;
rien de plus utile, rien de plus pré-
cieux. Elle doit tenir dans l'ordre des
alimens le même rang qu'elle a dans
l'ordre des principes que la nature fait
ſervir à la production de ſes effets. Si
nous devons laiſſer aux Phyſiciens le ſoin
d'expliquer en détail ſa nature, ſes vertus, ſes proprietés , le plan que nous
nous ſommes preſcrit , ne nous permet
pas de n'en rien dire. Mais nous nous
contenterons d'obſerver que la qualité de
l'eau eſt differente ſuivant la nature des
Pays, des climats, & des lieux où elle
paſſe. Enſuite laiſſant diſcuter & fixer à
la medecine les principes & les vertus
differentes des eaux minerales , il nous
ſuffira de remarquer en général que l'eau
ordinaire qui s'échauffe & ſe rafraîchit
fort vite, qui eſt claire, légere , ſans
couleur , ſans ſaveur, qui diſſoud facile-

ment le favon, & cuit promptement les légumes, eft la meilleure & la plus falutaire. Elle ne peut être contraire à la fanté que par fon excès, ou par fa mauvaife qualité, ou quand elle eft trop froide, parce qu'alors elle peut congêler les liqueurs du corps, & en arrêter le cours. On prétend, & la raifon le veut, que les Sanguins, les Bilieux & les Mélancoliques en doivent boire plus que d'autres.

DES GLACES.

Pour glacer toutes fortes de fruits & liqueurs.

POUR faire des glaces de toutes efpeces, vous prenez de la glace fuffifamment, fuivant la quantité que vous en voulez faire ; il faut piler la glace en neige, & vous y ajouterez du fel ou du falpêtre ; mêlez le tout enfemble, & le mettez dans un feau fait au moule de la falbotiere, dans laquelle eft la liqueur que vous voulez glacer, que vous remuerez fans ceffe à la main l'efpace de fept ou huit minutes ; enfuite vous les travaillerez ou détacherez de tems à autre.

avec la houlette. Quand elles feront prifes, vous les dreſſerez promptement dans les gobelets pour les ſervir; ſi vous ne pouviez point les ſervir dans le moment, il faut les laiſſer à la glace, & les travailler encore lorſque vous êtes prêt à ſervir. L'on appelle *travailler*, c'eſt de les remuer avec la houlette juſqu'à ce qu'il ne reſte point de grumelot ou glaçon. Toutes les eaux qui ſont deſtinées pour être glacées doivent être plus fortes de fruits & de ſucre que celles qui ſont pour boire liquides, parce que la glace diminue beaucoup la force du fruit & du ſucre; j'ai marqué les doſes pour celles à la glace; ſi on veut les boire liquides, il faudra les rendre plus légeres de fruit & de ſucre. A l'égard du ſucre, c'eſt à l'Officier de ſe conformer au goût de ceux qui l'aimeront plus ou moins.

Des Liqueurs glacées.

Glace d'Abricots. *Voyez page 147.*
Glace de Jonquille. *Voyez page 156.*
Glace de Roses. *Voyez page 163.*

Glace d'œillets.

Mettez dans un mortier une petite poignée de feuilles de fleurs d'œillets que vous pilez très-fin, ensuite vous les retirez pour les délayer avec une pinte d'eau ; mettez-y une demie livre de sucre ; quand il sera fondu, vous battrez trois ou quatre fois l'eau, en la versant d'un pot à un autre ; passez le tout dans un tamis serré pour le mettre dans la salbotiere, & faire prendre à la glace.

Glace de Pêches.

Prenez huit belles pêches bien mûres, que vous écrasez avec la main, & y ajouterez une chopine d'eau, il faut les laisser infuser pendant une heure ou deux ; vous les passerez au travers d'un tamis en les pressant sans les remuer, pour en exprimer tout le jus, vous y mettrez une demie livre de sucre, & ferez prendre à la glace.

Glace de Pavi.

Prenez huit pavis bien mûrs, coupez-en la chair bien menu, pour les mettre dans une pinte d'eau que vous mettrez

sur le feu pour leur faire prendre une
douzaine de bouillons ; ensuite vous les
jettez sur un tamis pour en tirer le plus
de jus que vous pourrez ; mettez-y
une demie livre de sucre ; lorsqu'il sera
fondu, mettez prendre à la glace comme à l'ordinaire.

Glace de Verjus.

Pilez une livre de verjus pour en tirer tout le jus, que vous passez dans un
tamis bien serré, mettez-y une livre de
sucre & trois demi-septiers d'eau ; lorsque le sucre sera fondu, passez le tout
ensemble dans une chausse & le mettez
dans la salbotiere pour faire prendre à
la glace.

Glace de Grenade.

Choisissez des grenades qui ayent les
grains bien rouges, si elles sont grosses
vous n'en prendrez que trois, mettez
tous les grains dans un mortier pour les
concasser, ensuite vous les mettrez dans
un pot avec une pinte d'eau & trois quarterons de sucre, laissez-les infuser un
bon quart d'heure, & les battez en les
versant trois ou quatre fois d'un pot à
l'autre, passez-les dans un tamis serré,

&

& mettez cette eau dans la falbotiere pour la faire prendre à la glace.

Glace d'Epine-vinette.

Mettez une pinte d'eau dans une poële que vous mettez fur le feu ; quand elle fera chaude, vous y ajouterez deux poignées d'épine-vinette d'un beau rouge & bien mûre, que vous ferez bouillir cinq ou fix bouillons, avec une livre de fucre, enfuite vous l'ôtez du feu, & la laiffez infufer jufqu'à ce que l'eau ait pris le goût & la couleur de l'épine-vinette, que vous paffez dans un tamis bien ferré pour la mettre dans la falbotiere & faire prendre à la glace.

Glace de Citron.

Exprimez le jus de fix citrons dans trois demi-feptiers d'eau, mettez-y la fuperficie de l'écorce coupée en zefts, & trois quarterons de fucre, faites infufer le tout pendant une bonne heure, enfuite vous le paffez dans un tamis ferré pour le mettre dans la falbotiere & faire prendre à la glace. L'on appelle limonade cette compofition, quand on la boit liquide fans la faire glacer.

P.

Glace de Bigarades.

Prenez huit groffes bigarades qui ayent beaucoup de jus, fi elles font petites vous en prendrez à proportion, preffez-en le jus dans une pinte d'eau, & y mettez auffi quelques zefts de l'écorce, avec une livre & demie de fucre, faites infufer le tout enfemble pendant une heure, enfuite vous le pafferez dans un tamis ferré pour le mettre dans la falbotiere & ferez prendre à la glace.

Glace d'Oranges douces.

Mettez dans une pinte d'eau le jus de fix oranges douces, zeftez légerement leurs peaux pour les mettre dedans, avec trois quarterons de fucre, faites infufer le tout enfemble l'efpace d'une heure, & le paffez enfuite dans un tamis ferré pour le mettre dans la falbotiere & faire prendre à la glace.

Glace à la Crême.

Pour une pinte de crême que vous faites bouillir, mettez-y une demie douzaine d'amandes douces que vous faites bouillir avec la crême environ deux bouillons, ôtez-la du feu, & y ajoutez un peu d'eau de fleurs d'oranges, & de la conferve, fi vous en avez ; vous raperez un citron frais fur une demie livre de fucre, que vous jettez dans la crême, laiffez infufer un quart d'heure, enfuite vous la paffez dans un tamis, & ne la mettrez dans la falbotiere que quand vous êtes prêt de faire prendre à la glace.

Glace de Chocolat.

Prenez trois demi feptiers de crême & un demi-feptier de lait que vous faites bouillir avec trois quarterons de fucre, vous prendrez une demie livre de chocolat que vous ferez fondre dans de l'eau en les mettant dans une poële fur le feu, que vous remuerez avec une efpatule ou cuilliere de bois, & ferez réduire jufqu'à ce qu'il foit en bouillie, il faut y ajouter quatre jaunes d'œufs que vous délayerez bien avec le lait & la crême, vous verferez le tout dans la poële avec le chocolat pour les mêler enfemble, enfuite il faut le mettre dans une terrine jufqu'à ce que vous foyez prêt à mettre à la glace.

Glace de Caffé.

Faites bouillir deux ou trois bouillons fix onces de caffé avec une chopine d'eau, lorfqu'il fera repofé vous le tire rez au clair, & le mettrez bouillir avec trois demi-feptiers de bonne crême & trois quarterons de fucre, vous le ferez bouillir en le remuant toujours jufqu'à ce que votre crême foit diminuée d'un tiers, que vous l'ôtez du feu pour la mettre dans une terrine jufqu'à ce que vous la faffiez prendre à la glace.

Glace de Canelle.

Mettez dans une pinte d'eau tiéde une once de canelle que vous faites infufer pendant une heure, enfuite mettez-la fur le feu pour lui donner un bouillon, vous l'ôtez du feu pour la mettre dans un pot bien couvert, que vous mettez fur de la cendre chaude pour la laiffer encore in-fufer pendant une heure après que vous aurez mis trois quarterons de fucre, paffez cette eau à la chauffe pour la met-tre dans la falbotiere & faire prendre à la glace.

Glace de Geniévre.

Prenez une demie poignée de geniévre que vous concaffez, & le mettez dans une pinte d'eau avec un peu de canelle & une demie livre de fucre, faites bouil-lir le tout enfemble cinq ou fix bouillons, enſuite vous le paſſez à la chauſſe, & le mettez dans une ſalbotiere pour faire prendre à la glace.

Glace d'Anis.

Faites infuſer de l'anis dans une pinte d'eau tiéde avec trois quarterons de ſucre, vous aurez ſoin de la goûter pour que l'eau n'en prenne pas trop le goût; lorſque vous trouverez qu'elle a pris ſuffiſamment le goût d'anis, vous la paſſez dans un tamis bien ſerré pour la mettre dans la ſalbotiere prendre à la glace.

Glace de Coriandre.

Concaſſez une petite poignée de coriandre, que vous mettez infuſer dans une pinte d'eau chaude; & la laiſſez juſqu'à ce qu'elle ſoit preſque froide, que vous y ajoutez une demie livre de ſucre; remuez le tout enſemble pour le paſſer enſuite dans un tamis bien ſerré, & le mettez dans la ſalbotiere pour faire prendre à la glace.

DES MOUSSES.

Mousse à la Crême.

PRENEZ une pinte de bonne crême
mettez-y une demie livre de sucr
fondre dedans, & une cuillerée d'eau d
fleurs d'orange, trois goutes de cedra o
de bergamotte ; fouettez la crême, & à
mesure qu'elle moussera mettez-la sur ur
tamis avec une écumoire ou une cuilliere
à olive, si votre crême ne moussoit pas
comme il faut, il faudra y mettre quelques blancs d'œufs pour lui aider ; quand
vous aurez mis sur le tamis toute celle
que vous avez fouettée, si vous n'en avez
pas suffisamment, vous prendrez celle
qui a passée au travers du tamis, que
vous refouetterez, & remettrez avec
l'autre. Ordinairement les mousses se
mettent dans de grands gobelets d'argent faits exprès, quand on n'en a pas
l'on en prend de verre que l'on met dans
une cave de fer-blanc faite exprès, où on
a eu le soin de faire pratiquer une grille
de la forme des gobelets pour les con-
tenir ; l'on met de la glace dessous bien
pilée avec du sel ou du salpêtre ; on en

P

met de même sur le couvercle de la cave, qui doit être fait comme un dessus de four de Campagne, il doit y avoir une espece de goutiere pour couler l'eau, cette précaution est pour soutenir les mousses fraîches, elles peuvent attendre deux ou trois heures avant que de les servir.

Mousse de Chocolat.

Faites fondre six onces de chocolat dans un bon verre d'eau, que vous mettez sur un petit feu doux, remuez-le avec une espatule, quand il sera bien fondu & réduit comme une espece de bouillie vous le retirez de dessus le feu pour y mettre six jaunes d'œufs frais, que vous incorporez dedans, ensuite vous y mettrez une pinte de bonne crême, que vous mêlerez avec le chocolat & les œufs, ajoutez-y une demie livre de sucre, mettez le tout ensemble dans une terrine; lorsque le sucre sera fondu, & que la crême sera rafraichie, vous finirez les mousses de la même façon que les précedentes.

Mousse de Caffé.

Faites du caffé comme à l'ordinaire; prenez-en six onces que vous mettez

dans une chopine d'eau, laissez-le reposer au moins une bonne heure avant
que de le tirer au clair, vous y mettrez six jaunes d'œufs frais, que vous dé-
mêlerez dedans sans le remettre sur le
feu, ajoutez-y trois demi - septiers de
crême & une livre de sucre, mêlez-bien
le tout ensemble; lorsque le sucre sera
fondu vous finirez les mousses de la même façon que les précedentes.

Mousse de safran.

Prenez deux gros de safran que vous
mettez infuser dans un demi - septier de
crême sur des cendres chaudes; quand
elle sera réfroidie vous la passerez sur un
tamis, ensuite vous la mettrez dans trois
autres demi-septiers de crême, & y mettrez une demie livre de sucre; lorsqu'il
sera fondu il faut mettre le tout dans
une terrine, & finir les mousses de la
même façon que celle à la crême.

DES FRUITS GLACE'S.

ABRICOTS glacés en fruit. *Voyez
page 147.*

Pêches glacées en fruit.

Prenez de bonnes pêches presque

mûres, de celles que vous jugerez à propos, ôtez-en la peau & le noyau, coupez-
les le plus minces que vous pourrez, vous
pilerez autant de livres de fucre que vous
avez de livres de pêches, mettez le fucre
& les pêches dans une poële, que vous
faites bouillir enfemble fur un feu clair,
en remuant toujours avec l'écumoire jufqu'àce qu'ellesfoient en marmelade; vous
aurez foin, lorfqu'elles commenceront à
fe lier, de les ôter du feu pour écrafer les
pêches qui ne feront pas fondues, remettez-les fur le feu pour les faire cuire jufqu'à ce que trempant un doigt dedans &
appuyant le pouce contre ils fe colent
enfemble ; ôtez votre marmelade du feu;
quand elle fera froide vous la mettrez
dans des moules à glace pour la faire
prendre à la glace ; lorfque votre marmelade fera prife , il faut la travailler &
enfuite la mettre dans des moules à
pêches, quand ils font tout pleins il faut
les envelopper de papier & les remettre
à la glace, avec de la glace pilée, mêlée
avec du fel & du falpêtre , vous aurez
foin que le vaiffeau où vous les mettrez
foit percé & qu'il ne retienne pas l'eau ;
lorfque vous voulez les fervir vous les
retirez des moules pour appliquer deffus
avec un pinceau, une couleur de pêche

naturelle, que vous avez toute prête
faite avec de la gomme gut & un peu d
carmin, ou de la cochenille, fi vou
n'avez point de carmin.

Poires de Rouſſelet glacées en fruit.

Faites blanchir des poires de rouſſe
let avec leur peau juſqu'à ce qu'elles flé
chiſſent ſous les doigts, que vous le
retirez à l'eau fraîche pour leur ôter l
peau, prenez-en la chair que vous paſ
ſez dans un tamis en la preſſant fort ave
une eſpatule ; mettez cette marmelad
dans une poële pour la faire deſſeche
ſur le feu ; faites clarifier autant de ſucre
que vous avez péſant de marmelade, que
vous ferez cuire à la grande plume ;
mettez les poires dans le ſucre pour les
bien mêler enſemble ; lorſque la marmelade eſt bien incorporée avec le ſucre, il faut la mettre dans des moules à
glace, pour la faire prendre à la glace,
enſuite vous travaillez cette glace pour
la mettre dans des moules de plomb qui
ont la figure des poires de rouſſelet,
que vous enveloppez de papier, & les
mettez à la glace de la même façon que
les pêches. Pour la couleur, il faut prendre un peu de cochenille avec une plume,
vous tâchez d'imiter le côté qui a été au

soleil; & le reste, vous y mettrez de la couleur verte, comme celle qui est expliquée aux figures de Pastillage. Voyez *Couleur verte.* On mitige ces deux couleurs, de façon qu'elles puissent imiter le naturel.

Orange, Bergamotte & Cedra glacés en fruit.

Vous prenez de ces fruits ceux que vous voulez, que vous ne faites que vuider sans les tourner; mettez-les dans l'eau bouillante pour les faire blanchir jusqu'à ce qu'ils fléchissent sous les doigts, retirez-les à l'eau fraîche; après les avoir bien égoutés, il faut les mettre dans un mortier pour les piler très-fin, & les passer au travers d'un tamis fin; faites cuire à la grande plume autant pésant de sucre que vous avez de marmelade, mettez la marmelade dans le sucre que vous remuez jusqu'à ce qu'ils soient bien incorporés ensemble, ensuite vous la mettez dans des moules à glace pour faire prendre à la glace; lorsqu'elle sera prise, il faut la travailler & la mettre dans des moules de plomb faits en figure d'orange, que vous envelopez de papier, & les remettez à la glace comme il est dit pour les pêches; lorsque vous

180 MAITRE D'HÔTEL,
voudrez les servir, il faut leur donn-
une couleur qui imite le naturel. Pour
cedra, l'orange & le citron, il fa-
prendre une pierre de gomme gut qu
vous frotez sur une assiette où il y a u
peu d'eau chaude, jusqu'à ce qu'elle vo
fasse une couleur foncée. Pour la berga
motte, il faudra mettre une petite nuanc
de verd dans la même couleur, attend
qu'elle est toujours plus verdâtre.

Marons glacés en fruit.

Faites griller des marons entre deu
tourtieres, après leur avoir ôté la premiere peau; quand ils seront bien cuit
& tendres, ôtez la seconde peau, & le
passez en marmelade au travers d'un tamis, sucrez-les à proportion comme il
convient; il faut mettre cette marmelade
dans une sabotiere pour faire prendre à
la glace; lorsqu'elle sera prise, vous la
travaillerez & la mettrez dans des moules
de plomb faits en figure de marons, que
vous enveloppez, & les remettez à la
glace dans un vaisseau qui ne retienne
pas l'eau, vous les-y laisserez jusqu'au
moment que vous devez servir.

Oeufs en glace.

Prenez six œufs que vous faites dur-

cir, il faut en prendre les jaunes que vous
conferverez en boulettes ; prenez fix autres œufs frais que vous cafferez avec
foin par la moitié , pour en conferver
les coquilles entieres , pour pouvoir les
remettre comme dans leur entier , il
faut les marquer ; mettez le blanc de ces
fix œufs frais dans un demi-feptier de
crême, que vous fouettez enfemble pour
les mettre fur un plat d'argent, & les faire
prendre fur le feu comme des œufs au
miroir fans qu'ils ayent de la couleur
deffus ; lorfqu'ils feront cuits, vous les
pafferez au travers d'un tamis comme
une marmelade ; laiffez-les refroidir, &
y mettez un peu de fucre en poudre , &
ferez prendre comme d'autres glaces ;
lorfqu'ils feront pris, & que vous les
aurez bien travaillés , prenez les coquilles d'œufs que vous avez mis à part,
mettez-en un peu dans une moitié, & un
jaune dur dans le milieu , rachevez de les
remplir comme s'ils étoient entiers , en
remettant les coquilles l'une contre l'autre ; enveloppez chaque œuf avec du
papier pour les mettre dans une cave de
fer blanc , avec de la glace, comme il
a été dit pour les pêches glacées , & les
laifferez jufqu'à ce que vous ferviez. Ces
œufs font de cuifine, mais on peut les
fervir au fruit.

DES FROMAGES GLACE'S

Fromage glacé à la crême.

PRENEZ une pinte de bonne crême qui puisse aller sur le feu; quand elle aura fait un bouillon ou deux, il faut la retirer; délayez quatre jaunes d'œufs, après en avoir bien ôté les germes, vous les mettrez dans la crême que vous mêlerez bien ensemble; prenez un bon citron frais que vous raperez sur environ une demie livre de sucre, que vous mettrez dans la crême, remettez-la sur le feu pour lui donner cinq ou six bouillons en la remuant toujours; mettez-y une cuillerée d'eau de fleurs d'orange, vous la passerez au tamis, vous y pouvez mettre une demie douzaine d'amandes douces pilées avant que de la passer, & un peu de conserve de fleur d'orange si vous en avez; mettez votre crême dans une salbotiere pour la faire prendre à la glace; lorsqu'elle sera prise, vous la travaillerez comme les autres glaces, ensuite vous la retirez de la salbotiere pour la mettre dans un moule à fromage, que vous remettrez à la glace pour le

foutenir jufqu'à ce que vous foyez prêt
à fervir ; vous aurez foin de tenir de
l'eau chaude dans une marmite ou chaudron , pour enfoncer votre moule jufqu'à la hauteur du fromage , afin qu'il
quitte le moule aifément , vous mettez
votre compotier ou afliette fur le moule,
& le verfez dedans.

Glace en Beurre.

Faites bouillir une pinte de bonne
crême , quand elle aura fait un bouillon,
vous y mettrez une demie livre de fucre
avec l'écorce d'un citron rapé ; remettez-la fur le feu pour lui donner encore
deux bouillons ; prenez dix-huit ou vingt
œufs ; que vous caffez pour n'en prendre que les jaunes, il faut les délayer
dans la crême ; remettez la crême fur le
feu feulement pour faire prendre les
œufs ; en l'ôtant du feu, vous y mettrez
une cuillerée d'eau de fleurs d'orange ,
& paflerez la crême au travers d'un tamis clair , pour la mettre enfuite dans
une falbotiere, & la faire prendre à la
glace ; lorfqu'elle fera prife , vous la travaillerez comme les autres glaces ; fi
vous voulez en faire un fromage , vous
la mettrez dans un moule à fromage que
vous finirez comme le précedent. Si vous

voulez en faire des beurres, il faut r
mettre la falbotiere à la glace jufqu'à
que vous ferviez, alors vous levez cet
glace avec une cuilliere de la même f
çon que le beurre frais, que vous ferv
fur des affiettes en y mettant de l'eau
la glace.

Fromage glacé de Chocolat.

Prenez une demie livre de bon cho
colat, mettez-y environ un demi-feptie
d'eau pour le faire fondre fur le feu, vou
aurez foin de le remuer toujours ave
une efpatule ; quand vous verrez qu'i
fera bien fondu, & réduit comme une
bouillie légere, vous y mettrez fix jaune
d'œufs que vous délayerez bien dedans
vous aurez une pinte de bonne crême,
faites-lui faire un bouillon, mettez-y
une demie livre de fucre, enfuite vous
mettez la crême dans la poële où eft
votre chocolat, que vous remuërez bien
enfemble fur le feu ; lorfque les œufs
feront pris, mettez votre crême dans
une falbotiere pour la faire prendre à la
glace, que vous travaillerez avec la
houlette, & la mettrez enfuite dans un
moule à fromage pour le remettre à la
glace, & le finirez de la même façon que
celui à la crême.

Fromage

Fromage glacé de caffé.

Faites du caffé comme à l'ordinaire ;
il en faut prendre fix onces pour chopine d'eau; lorfqu'il ferabien repofé & tiré
au clair, prenez une pinte de crême qui
puiffe aller fur le feu ; après avoir fait
un bouillon, mettez-y aux environs d'une
livre de fucre, & le caffé que vous avez
tiré au clair; faites faire cinq ou fix bouillons en remuant toujours, enfuite vous
mettrez votre crême dans une falbotiere
pour la faire prendre à la glace, & vous
finirez votre fromage de la même façon
que celui à la crême.

Fromage glacé de Fraifes. Voyez p. 48.
Fromage glacé de Framboifes. Voyez
page 68.

Fromage glacé de Piftaches.

Pour une pinte de crême qui doit aller
fur le feu, prenez fix onces de piftaches,
que vous échaudez & émondez, il
faut les piler très-fin, & les paffer au travers d'un tamis à plufieurs reprifes afin
de n'en point perdre ; vous les délayerez
dans la crême après que vous lui aurez
donné un bouillon, vous la remettrez
fur le feu en la remuant toujours pendant trois ou quatre bouillons, vous y

Q

mettrez environ une bonne demie livr
de fucre & une cuillerée d'eau de fleu
d'orange , enfuite vous mettrez votr
crême dans une talbotiere pour la fair
prendre à la glace , & le finirez de l
même façon que celui à la crême.

Fromage à la Chantilly.

Prenez une pinte de bonne crême dou
ble, mettez-y une cuilierée d'eau de fleur
d'orange , il faut fouetter cette crême
jufqu'à ce qu'elle foit bien montée er
neige , autant que des blancs d'œufs que
vous fouettez pour faire des bifcuits à la
cuilliere. Prenez un citron que vous raperez fur une demie livre de fucre que vous
ferez fécher à l'étuve , enfuite vous le
pilerez & le pafferez au tamis , pour le
mettre dans la crême & les bien mêler
enfemble, vous laifferez le tout dans la terrine jufqu'à ce que vous le mettiez à la
glace. Ce fromage fe met dans fon
moule & ne fe travaille point comme les
autres ; vous aurez foin d'avoir de l'eau
chaude pour tremper votre moule dedans pour le détacher , il faudra cerner
le haut de votre fromage avec un couteau autour du moule, afin de ne le tremper qu'à moitié dans l'eau.

Fromage à la Choisy.

Faites bouillir trois chopines de crême double , lorſqu'elle aura fait un
bouillon, vous y mettrez une demie
livre de ſucre , & les zeſts de la moitié
d'un citron ; remettez-la ſur le feu pour
la faire bouillir , en la remuant toujours
juſqu'à ce qu'elle ſoit diminuée d'un
tiers , enſuite vous y mettrez quatre
jaunes d'œufs frais délayés avec un peu
de crême, vous la remettez ſur le feu ſans
la faire bouillir , ſeulement pour faire
prendre les œufs en la remuant toujours
juſqu'à ce qu'elle commence à s'épaiſſir
que vous la retirez promptement ; quand
elle ſera à demi froide , vous y mêlerez
cinq ou ſix cuillerées de marmelade de
telle confiture que vous voudrez ; paſſez
le tout enſemble dans un tamis clair pour
le mettre dans une talbotiere , & le faire
prendre à la glace ; lorſque votre crême
ſera glacée , vous la travaillez pour la
mettre dans un moule à fromage , que
vous remettez à la glace juſqu'à ce que
vous ſoyez prêt à ſervir, vous lui ferez
quitter le moule de la même façon que
les précedens.

Biscuits de glace.

Faites six gros biscuits en caisse; quar
ils seront cuits, vous aurez soin d'en l
ver la glace bien légerement, & prer
dre garde de ne la pas casser; lorsqu
vous l'aurez levée, conservez les à l'e
tuve dans un tamis; faites sécher tout
la mie des biscuits jusqu'à ce qu'ell
puisse se piler & mettre en poudre com
me du sucre, que vous passerez au tra
vers d'un tamis. Prenez une pinte d
bonne crême que vous faites bouillir
après qu'elle aura fait un bouillon, vou
y mettrez un peu plus d'un quarteron
de sucre, & une cuillerée d'eau de
fleurs d'orange avec la mie des quatre
biscuits que vous aurez pilée & passée au
tamis, mêlez le tout ensemble pour le
mettre dans une salbotiere & faire prendre à la glace; lorsque votre crême sera
prise, il faut la bien travailler pour la
mettre dans les moules de papier des biscuits que vous aurez conservés, il faut
les mettre entre deux glaces pour les
soutenir, après leur avoir mis à chacun
un dessus de biscuit, afin de les servir
comme des biscuits en caisse. Il faut toujours avoir quelques dessus de biscuits
de plus, attendu que quelques précau-

tions que l'on prenne, on n'eſt point à
l'abri d'en caſſer ; cela fait une aſſiette
de glace fort agréable à ſervir , & excellente à manger.

DES CANELONS GLACE'S.

Canelons glacés à la crême.

SI vous voulez faire ſix canelons , il
faut en remplir quatre avec de la bonne crème , vous mettrez cette crême
dans une poële pour la faire bouillir;
lorſqu'elle aura fait deux bouillons, vous
l'ôtez du feu pour y mettre une livre de
ſucre,deux cuillerées d'eau de fleurs d'o-
range, & l'écorce d'un citron frais rapé;
laiſſez infuſer une demie heure, & paſſez
votre crême dans un tamis pour la mettre dans une ſalbotiere, & la faire prendre à la glace; lorſqu'elle ſera priſe , il
faut la bien travailler pour la mettre dans
les moules à canelons que vous envelopez de papier pour les remettre à la
glace, avec de la glace pilée en neige
mêlée avec du ſel ou du ſalpêtre , vous
aurez ſoin que le vaiſſeau où vous les
mettez ſoit percé & ne retienne pas
l'eau; lorſque vous voulez les ſervir,

vous avez de l'eau chaude dans un chaudron ou une marmite, trempez-y le
moules pour les faire détacher, & vou
les aiderez à sortir en donnant un coup
par le bout avec le plat de la main en le
présentant sur une assiette.

Canelons glacés de Chocolat.

Pour faire six canelons, vous en emplirez quatre pour les mesurer avec de
la bonne crême; mettez cette crême sur
le feu pour la faire bouillir, ensuite vous
y mettrez une livre de sucre; prenez
trois quarterons de chocolat que vous
faites fondre dans de l'eau, en le mettant sur le feu dans une poêle, & le remuez toujours jusqu'à ce qu'il soit en
bouillie; vous y ajoutez six jaunes
d'œufs, que vous délayez bien ensemble, mettez-y aussi la crême; lorsque
vous aurez bien mêlé le tout ensemble,
vous le passez au tamis pour le mettre
dans une salbotiere pour le faire prendre à la glace; quand la crême sera prise
vous la travaillez pour la mettre dans les
moules à canelons, que vous enveloppez de papier pour les remettre à la
glace dans un vaisseau qui ne retienne
point l'eau; lorsque vous serez prêt à
servir, vous leur ferez quitter le moule

de la même façon que les précédens.

Canelons glacés de Caffé.

Pour faire six canelons, mesurez-en deux avec de l'eau, vous mettrez cette eau dans une caffetiere, lorsqu'elle bouillira vous y mettrez au moins six onces de caffé, pour en faire du caffé comme à l'ordinaire ; quand il sera fait, bien reposé & tiré au clair, vous le mettrez dans de la crême, que vous aurez fait bouillir auparavant avec une livre de sucre, vous mesurez votre crême avant que de la faire bouillir ; il en faut la mesure de quatre canelons ; faites bouillir la crême avec le caffé & le sucre jusqu'à ce qu'elle soit diminuée d'un tiers, en la tournant toujours sur le feu, vous la mettrez ensuite dans une terrine jusqu'à ce que vous la fassiez prendre à la glace ; vous finirez vos canelons de la même façon que les précédens.

Canelons glacés d'abricots. *Voyez page 155.*

Canelons glacés de Pêches.

Il faut écraser avec la main au moins une douzaine de bonnes grosses pêches bien mûres, que vous délayerez avec de l'eau la mesure de quatre canelons ;

ajoutez-y une livre de fucre, laiffez i
fufer le tout enfemble environ deux he
res, enfuite vous le pafferez dans u
tamis en preffant les pêches fans les r
muer pour en tirer tout le jus, que vo
mettrez dans une falbotiere pour fair
prendre à la glace; quand elle fera pr
fe, vous travaillerez cette glace pou
la mettre dans fix moules à canelons qu
vous envelopperez de papier pour le
remettre à la glace dans un vaiffeau per
cé qui ne retienne point l'eau; lorfque
vous voudrez les fervir, vous leur fe
rez quitter les moules de la même façon
que les précedens.

Canelons glacés de Fraifes. *Voyez*
page 49.

Canelons glacés de Framboifes. *Voyez*
page 69.

Canelons glacés de Verjus.

Prenez deux livres de verjus que vous
pilez pour en tirer tout le jus que vous
paffez au tamis, mettez ce verjus avec
autant d'eau qu'il en faut pour remplir
quatre canelons, ajoutez-y une livre
& demie de fucre; lorfqu'il fera fondu,
vous mettrez le tout dans une falbotiere
pour le faire prendre à la glace, que
vous travaillerez enfuite pour le mettre

tre à la glace de la même façon que les
canelons à la crême.

Des Eaux que l'on fait rafraichir sans prendre à la glace.

Orgeat d'Amandes.

ECHAUDEZ un quarteron d'amandes
douces que vous pilez avec un
quarteron de graines des quatre semences froides, en les pilant il faut les arroser de tems en tems avec une demi-cuillerée d'eau, seulement pour empêcher qu'elles ne tournent en huile ; lorsqu'elles sont pilées très-fin , vous les retirez du mortier pour les mettre dans une terrine & les délayer peu à peu avec une pinte d'eau ; si vous voulez rendre votre orgeat bien blanc , vous pouvez y ajouter un poisson de lait, ensuite vous le passez à plusieurs fois dans une étamine en bourant les amandes avec une cuilliere de bois pour qu'elles expriment leur suc dans le lait, après vous y mettrez un quarteron de sucre ; quand il sera fondu, vous repasserez l'orgeat dans une serviette sans presser , & mettrez rafraichir.

R

Orgeat de Noisettes. *Voyez p.* 129.

Orgeat de Pistaches.

Prenez un quarteron de pistaches que vous échaudez, mettez-les dans un mortier avec un quarteron, moitié de graine de concombre, & moitié de graine de melon, pilez le tout ensemble en l'arrosant de tems en tems avec une demi-cuillerée d'eau pour empêcher qu'elles ne tournent en huile, ensuite vous les retirez dans une terrine pour les délayer avec trois chopines d'eau, passez-les plusieurs fois dans une étamine en bourant avec une cuilliere; lorsqu'elles seront passées, vous y mettrez un peu plus d'un quarteron de sucre avec le jus d'un citron, mêlez le tout ensemble, & le repassez dans une serviette avant que de mettre rafraichir.

Eau de Cerfeuil.

Faites infuser dans trois demi-septiers d'eau tiede pendant une demi-heure une poignée de cerfeuil épluché & lavé, ensuite vous la passez dans un tamis, mettez-y deux onces de sucre; quand il sera fondu, vous repasserez cette eau dans une serviette un peu serrée, pour

la mettre rafraichir. L'eau de pimprenelle
se fait de la même façon.

Eau de Fenouil.

Prenez deux branches de fenouil, si
elles sont grosses, & un peu davantage
si elles sont petites; après les avoir lavées,
vous les mettez infuser un bon quart
d'heure dans une pinte d'eau tiede ; comme le fenouil est extrèmement fort, il ne
faut le laisser dans l'eau que le tems qui
lui faut pour en prendre un peu le goût,
ensuite passez-la au tamis & mettez-y environ un quarteron de sucre , repassez
cette eau dans une serviette pour mettre
rafraichir.

Aigre de Cedre.

Prenez un quarteron de gros citrons
que vous coupez de leur longueur avec
les zests & les pepins, levez doucement
l'endroit où est le jus, mettez le tout ensemble dans un pot de terre neuf, faites
cuire deux livres de sucre à la plume &
le mettez dans le pot où sont les citrons,
mettez votre pot sur le feu pour faire
bouillir les citrons avec le sucre jusqu'à
ce que votre sirop soit cuit au perlé,
après vous le passerez dans un tamis, &
le serrerez dans des bouteilles quand il

fera à demi-froid ; lorfque vous vou
lez vous en fervir , vous en mettez l
quantité que vous jugez à propos dan
de l'eau que vous battez enfemble, & l
mettez rafraichir. Cette liqueur eft ra
fraichiffante, & fe peut auffi fervir gla
cée en la faifant une fois plus forte d
firop que pour boire liquide. L'on fai
un firop de limons & de cedre de l
même façon.

DES PRUNES.

OBSERVATION.

NOUS en avons d'une infinité de
fortes, tant de cultivées que de fau-
vages ; ces dernieres ne font employées
qu'en Médecine ; les efpeces de prunes
cultivées varient beaucoup & pour la couleur & pour le goût, il y en a de blanches, de rouges, de grifes, de jaunes,
de vertes, de groffes, de petites, de rondes, d'ovales & d'oblongues, elles font
plus ou moins eftimées fuivant leur bonté. Je ferai un article particulier de celles qui font les meilleures à fervir fur les
bonnes tables, ainfi que de celles dont
on fait les confitures & les pruneaux. En

général il faut que les prunes foient bien
mûres, nouvellement cueillies & avant
le lever du Soleil, que la chair en foit
tendre & bien fondante, d'un goût doux,
fucré & relevé, la peau tendre & fine,
& qu'elles quittent aifément le noyau.
Elles font rafraichiffantes, excitent l'appetit, appaifent la foif, bonnes aux jeunes gens bilieux & fanguins ; comme
elles relâchent beaucoup & fe digerent
difficilement, elles font contraires à ceux
qui ont l'eftomac foible, principalement
aux perfonnes d'un âge avancé.

Des differentes fortes de Prunes.

Le gros Damas noir eft affez connu.

La Mirabelle de deux fortes, la groffe
& la petite ; quand elle eft dans fa parfaite maturité, fa couleur eft d'un jaune
tirant fur l'ambre, fon goût eft fucré,
elle quitte le noyau.

Le gros Damas d'Efpagne.

La Reine-Claude très-eftimée ; cette
prune eft blanche & ronde, a l'eau fucrée
& quitte le noyau.

La Diaprée très-eftimée, elle eft longue, très-fleurie & quitte le noyau.

Le gros Damas de Tours, très-eftimé ;
cette prune eft hâtive, a la chair jaune
& quitte le noyau.

R iij

La Roche - Corbon est une espece de
Diaprée.

Le Perdrigon violet est une prune plus
longue que ronde, elle a l'eau sucrée
il y en a de deux sortes, une qui ne quitte
pas le noyau, & l'autre qui le quitte
cette derniere est la plus estimée.

Le Perdrigon blanc, très-estimé, très
bon ne cruë & en confiture, elle quitte
noyau.

Le Perdrigon hâtif, aussi très-estimé

La Prune de l'Isle verd ressemble a
Perdrigon violet, & quitte le noyau.

La Sainte-Catherine, très-sucrée, ex
cellente en confiture, elle est blanch
& devient d'un jaune ambré à mesur
qu'elle mûrit sur l'arbre.

L'Impératrice, très-estimée, & a l'eau
fort sucrée.

La Prune virginale, très-estimée, c'es
une prune qui quitte le noyau, elle es
blanche d'un côté, & un peu rouge de
l'autre.

La Prune mignone.

La Prune Royale est bonne, d'une eau
sucrée, grosse & ronde, d'un rouge clair
& bien fleurie.

L'Impériale violette, excellente, d'une
eau sucrée, elle est grosse, longue &
bien fleurie.

La Prune Dauphine ne quitte point le noyau, elle a cependant l'eau fort fucrée, fa couleur eft verdâtre, de figure ronde & affez groffe.

La prune de Monfieur n'eft bonne que dans les années chaudes, il faut préférer celles des terres légeres; elle quitte le noyau, elle eft groffe, ronde & violette.

La Prune de Maugeron quitte le noyau, elle eft groffe, ronde & violette.

Le Damas d'Italie a l'eau fucrée, elle eft prefque ronde, d'un violet brun & très-fleurie.

Le Drap d'or, c'eft une efpece de petit Damas qui a l'eau très-fucrée, d'un jaune marqueté de rouge.

Le Damas mufqué, petite prune qui quitte le noyau, d'un goût mufqué, plate & bien fleurie.

Le Damas à perle, ainfi nommé, parce qu'elle en a la figure, quitte le noyau, fa chair eft jaune, d'un goût fucré & de médiocre groffeur.

Les meilleures prunes pour faire des pruneaux, font celles de Sainte-Catherine & la Roche-Corbon; cependant il eft affez général que toutes les prunes qui font bonnes cruës, font auffi bonnes

pour faire des confitures, des compote
& des pruneaux.

Compotes de Prunes.

Les meilleures prunes, & presque les
seules qui sont bonnes pour compotes,
confitures, & à l'eau-de-vie, sont la Mirabelle, la Reine-Claude, le Perdrigon ; vous prenez des trois celles que
vous voulez pour faire vos compotes,
que vous piquez de plusieurs coups avec
une grosse épingle, & les mettez à mesure
dans l'eau, ensuite vous les faites blanchir
dans l'eau bouillante jusqu'à ce qu'elles
soient montées dessus, que vous les ôtez
du feu pour les laisser réfroidir dans la
même eau, que vous remettez après sur
un petit feu, couvrez-les pour les faire
reverdir, & ramolir, chacune suivant
son espece ; quand elles sont reverdies,
vous les retirez à l'eau fraîche, & mettez égouter. Sur une livre de prunes,
faites cuire au petit lissé trois quarterons
de sucre, mettez-y les prunes pour leur
faire prendre un bouillon, ôtez-les du
feu pour les mettre dans une terrine jusqu'au lendemain que vous les remettez
sur le feu pour les faire bouillir jusqu'à
ce qu'elles fléchissent sous les doigts, &
qu'elles n'écument plus ; dressez-les dans

le compotier avec le firop pardeffus.
Vous pouvez faire de cette façon une
compote affez grande pour vous fervir
plufieurs fois, parce qu'elle fe conferve.

Compote de Prunes à la Bourgeoife.

Mettez dans une poële environ fix
onces de fucre pour une livre de prunes, avec un peu d'eau ; faites-les bouillir & écumer ; mettez-y une livre de prunes prefque mûres que vous faites bouillir jufqu'à ce qu'elles fléchiffent fous
les doigts, ayez foin de les écumer ;
quand elles feront cuites, vous les dreffez dans le compotier, & faites réduire
le firop, s'il ne l'eft pas affez ; paffez-
le au tamis fur les prunes.

Marmelade de Prunes.

Prenez des prunes de celles que vous
jugerez à propos ; ôtez-en les noyaux,
& les mettez dans une poële avec
un peu d'eau ; faites-les cuire jufqu'à ce
qu'elles foient en marmelade, que vous
les mettez fur un tamis pour les paffer
au travers en les preffant fort avec une
efpatule ; remettez la marmelade dans
la poële, pour la faire deffécher fur le
feu ; faites cuire au caffé autant pefant
de fucre que vous avez de marmelade ;
mettez-la dans le fucre, & la remuez

beaucoup avec une efpatule jufqu'à ce qu'ils foient bien incorporés enfemble ; enfuite vous la remettez fur le feu, feulement pour la faire frémir, & la drefferez chaude dans les pots. Poudrez-en le deffus avec du fucre fin.

Prunes de Reine-Claude pour provifion.

Prenez de belles prunes de Reine-Claude, qui ne foient pas mûres, cependant à leur groffeur ; vous les piquerez dans plufieurs endroits avec une lardoire ou quelque chofe de femblablable ; vous les jettez dans l'eau bouillante ; quand elles commenceront à monter, il faut les retirer de deffus le feu, & les laifferez réfroidir dans la même eau jufqu'au lendemain, que vous les ferez reverdir dans la même eau, en les mettant fur un feu bien doux ; vous aurez foin qu'elle ne bouille pas, & d'y regarder de tems en tems, en les prenant fur votre écumoire ; vous les tâterez pour fçavoir fi elles commencent à fléchir fous les doigts, pour les retirer à mefure & les jetter dans l'eau fraîche ; quand elles feront reverdies, & bien rafraîchies, vous clarifierez votre fucre ; fi vous avez un cent de prunes, il faut dix livres de fucre ;

après avoir égoûté les prunes, mettez-
les dans une terrine ; verfez deffus les
deux tiers de votre fucre clarifié, il faut
laiffer les prunes dans le fucre pendant
vingt-quatre heures ; après quoi vous
les jetterez fur une paffoire ou un tamis ; remettez le fucre fur le feu, & vous
l'augmenterez du tiers de fucre clarifié,
que vous avez gardé ; faites - lui prendre au moins une douzaine de bouillons, enfuite vous le remettrez fur les prunes, pour les laiffer encore deux jours
dans le fucre, que vous les remettrez
fur un égoûtoir, pour remettre le firop
fur le feu, & lui donner une douzaine
de bouillons, que vous remettrez dans
la terrine fur les prunes, & les laiffer
jufqu'au lendemain que vous les finirez ; il faut remettre le firop fur le feu
pour le faire cuire, jufqu'à ce qu'il foit
au grand perlé, que vous y mettez les
prunes pour leur donner deux ou trois
bouillons couverts, & enfuite vous les
mettez dans les pots.

Les prunes de l'Ifle verd , fe font
de même, le Perdrigon fe confit de la
même façon , à cette différence qu'il
ne reverdit point, & qu'il faut le blanchir tout de fuite.

Prunes de Reine-Claude à l'Eau-de-Vie.

Faites reverdir des prunes de Reine-Claude de la même façon que les précédentes; lorfqu'elles feront bien égoûtées, fi vous en avez un cent, faites clarifier fix livres de fucre, que vous mettrez fur les prunes dans une terrine, & les laifferez vingt-quatre heures, enfuite vous jetterez les prunes fur un égoûtoir ou tamis, & donnerez une douzaine de bouillons au firop, que vous jetterez encore fur les prunes pour les y laiffer jufqu'au lendemain que vous égoûterez encore les prunes, & réduirez le firop jufqu'à la plume; vous jetterez une chopine d'eau-de-vie dedans, & vous y glifferez les prunes, à qui vous donnerez deux ou trois bouillons couverts, vous les revuiderez dans la terrine pour les laiffer repofer deux jours dans le firop, pour les finir, vous les égoûterez encore, & réduirez le fucre au gros boulet; mettez-y une pinte d'eau-de-vie; enfuite vous glifferez les prunes dedans pour les faire frémir un quart d'heure fur le feu, retirez-les pour les mettre dans les bouteilles.

Prunes de Mirabelle pour garder.

Prenez des prunes de Mirabelle qui soient d'un jaune clair, presque mûres, ôtez le noyau, si vous voulez ; passez-les à l'eau bouillante, & qu'elles ne fassent que frémir, il faut les retirer pour les mettre dans de l'eau fraîche ; si elles sont à noyaux, il faut les piquer toutes ; faites clarifier du sucre environ livre pour livre de fruit ; faites cuire le sucre à la plume ; mettez-y les prunes après les avoir fait égoûter pour leur faire faire deux bouillons couverts ; vous aurez soin de les bien écumer, & les mettrez dans une terrine pour les y laisser vingt-quatre heures ; si elles sont à noyaux, vous les laisserez deux jours, après vous les ferez bien égoûter sur une passoire ou tamis ; mettez le sirop sur le feu, pour le faire réduire au grand perlé ; alors vous y glisserez le fruit, & le ferez cuire jusqu'à ce que le sucre soit revenu au grand perlé, que vous les ôtez du feu pour les bien écumer, & les mettre dans les pots. Il faut remarquer que tous les fruits que l'on confit avec le noyau, il faut laisser leurs queues.

Compote de Prunes de Mirabelle.

Prenez un cent de Mirabelle pre-
que mûres, que vous faites blanch
deux bouillons, & les retirez dans l'e
fraîche pour les mettre égoûter, & l
mettez enfuite dans un petit fucre lege
pour leur donner trois ou quatre boui
lons ; il faut les écumer avant que d
les mettre dans le compotier ; fi le f
rop n'étoit point affez réduit vous
remettrez fur le feu pour le rachever.

Prunes de Perdrigon confites.

Ayez la quantité que vous jugerez
propos d'employer de prunes de Perdrigon, qui ne foient pas mûres, qu
vous piquez dans plufieurs endroit
avec une lardoire ; mettez-les dans une
eau bouillante pour les faire feulemen
frémir, jufqu'à ce qu'elles commencen
à fléchir fous les doigts ; enfuite vous les
retirez dans l'eau fraîche, & les mettez
égoûter ; vous les ferez confire de la
même façon que les prunes de Reine-
Claude.

Prunes confites à la Bourgeoife.

Choififfez de bonnes prunes pref-

que mûres, comme Perdrigon, Mirabelle, Reine-Claude, celles que vous
voudrez, piquez-les avec une lardoire
dans plusieurs endroits ; faites cuire à
la grande plume autant pesant de sucre que vous avez de prunes ; mettez
les prunes dans le sucre, & les faites
bouillir sept ou huit bouillons, en remuant toujours la poële, que vous
tenez par les deux anses, jusqu'à ce
qu'elles soient cuites, & le sucre
réduit en sirop ; ayez soin de les
bien écumer ; quand elles seront à demi froides, vous les mettrez dans les
pots que vous ne couvrirez que lorsqu'elles seront tout-à-fait froides.

Prunes confites sans noyaux.

Prenez des prunes presque mûres, de
celles qui quittent facilement le noyau ;
faites une incision avec un petit couteau
à la pointe de chaque prune, & poussez
le noyau du côté de la queue pour le
faire sortir ; après que vous aurez préparé vos prunes, faites clarifier autant
pesant de sucre que de fruit ; mettez les
prunes dans le sucre, & les remuez
toujours sur le feu, pour les empêcher
de bouillir, & qu'elles ne fassent que
frémir ; ensuite vous les ôtez du feu ;

quand elles feront froides, mettez-les
égoûter fur un tamis; remettez le fucre
dans la poële, pour le faire cuire au
grand liffé; remettez les prunes dans le
fucre pour leur faire prendre aux environs de dix bouillons couverts; écumez-les à mefure; enfuite vous les mettez à l'étuve jufqu'au lendemain que
vous les égoûtez fur des feuilles de cuivre; poudrez-les de fucre fin, & mettez fécher à l'étuve; vous pouvez garder ces prunes au liquide, & ne les
mettre au fec, que lorfque vous en aurez befoin. Les prunes que l'on peut
mettre de cette façon, font, la prune
Royale, la prune de Monfieur, le Perdrigon violet, la prune de l'Ifle-verd,
la prune de Maugeron, le Damas d'I-
talie, & le Damas mufqué.

Pâte de Prunes.

Otez le noyau à de bonnes prunes,
& les mettez dans une poële, avec un
peu d'eau, il faut les faire cuire jufqu'à
ce qu'elles foient en marmelade, que
vous les paffez au travers d'un tamis,
en les preffant fort avec une efpatule;
mettez cette marmelade dans la poële
pour la faire deffécher fur un moyen feu;
faites cuire au caffé autant pefant de fucre

que

que vous avez de marmelade; mettez-la
dans le fucre, & la travaillez avec l'efpatule, jufqu'à ce qu'ils foient bi**en** incorporés ; remettez-les fur le feu en remuant
toujours, feulement pour les faire frémir ; enfuite vous la dreſſerez dans les
moules à pâte que vous mettrez fécher
à l'étuve. Si vous voulez faire des pâtes
dans le tems hors de la faifon, prenez
de la marmelade de prunes, que vous
délayez dans du fucre cuit à la grande
plume ; mettez-la fur le feu pour la
faire frémir, en la remuant toujours ;
dreſſez dans les moules pour faire fécher à l'étuve.

Prunes en furtout.

Faites cuire autant de livres de fucre au grand perlé que vous employez
de livres de prunes; mettez-les dans
le fucre pour leur donner deux bouillons ; ôtez-les du feu pour leur donner
le tems de jetter leur eau ; enfuite vous
les remettez fur le feu pour les faire
cuire, jufqu'à ce que le fucre foit revenu au grand perlé ; mettez-les dans
une terrine à l'étuve jufqu'au lendemain que vous les mettez égoûter fur
des feuilles de cuivre ; prenez trois
prunes, ôtez le noyau à deux, & les

S

appliquez fur celle qui a le noyau, il
faut l'entourer de façon qu'elles ne paroiffent non faire qu'une ; roulez - les
dans le fucre fin, pour les remettre fur
des feuilles de cuivre, que vous mettrez
fécher l'étuve ; il faut les conferver
dans un endroit fec , dans des boëtes
garnies de papier blanc. Vous obferverez de laiffer la queuë à celle qui refte
avec le noyau.

Clarequets de Prunes.

Pelez & ôtez le noyau à des prunes
bien mûres de Perdrigon, de Reine-
Claude, ou de Mirabelle, celles que
vous voudrez ; mettez-les dans une
poële avec un peu d'eau pour les faire
bouillir doucement fept ou huit bouillons , enfuite vous les pafferez dans un
tamis pour en tirer tout le jus des prunes;
faites cuire au caffé autant de fucre que
vous avez de jus, mettez-y votre jus
ou décoction pour les faire cuire jufqu'à
ce que vous ayez une gelée qui tombe
en nape de l'écumoire, & que la nape
tombe nette , vous la verferez tout de
fuite dans les moules à clarequets que
vous avez pofés fur des feuilles de cuivre, mettez-les à l'étuve , pour les faire
prendre avec un feu moderé.

Prunes tappées.

Prenez des prunes de Reine-Claude presque mûres, ou d'autres, pourvû qu'elles soient bonnes & qu'elles quittent le noyau ; faites-leur une incision du côté de la queuë pour faire sortir le noyau, en le poussant par l'autre côté avec la pointe d'un couteau ; mettez-les dans un sucre clarifié, il en faut une demie livre pour une livre de prunes, remettez-les sur le feu avec le sucre pour les empêcher de bouillir, il faut qu'elles ne fassent que fremir ; ensuite vous les ôtez du feu pour les mettre dans une terrine jusqu'au lendemain, que vous égouterez le sucre dans une poële pour le faire cuire au grand lissé ; remettez-les prunes dans le sucre pour leur faire prendre sept ou huit bouillons couverts, il faut les écumer à mesure ; remettez-les à l'étuve jusqu'au lendemain, que vous les égouterez de leur sirop, & les dresserez sur le côté, sur des grilles, pour les mettre sécher à l'étuve ; quand elles seront séches d'un côté, vous les retournerez de l'autre, elles s'applatiront d'elles mêmes sans qu'il soit besoin de les tapper, vous les conserverez dans un endroit sec dans des boëtes garnies de papier blanc.

DE L'ANGELIQUE.

OBSERVATION.

C'EST une plante de la hauteur d'une coudée, de couleur brune ou verd obscur, ses bouquets sont garnis de fleurs blanches, sa graine menue & plate comme une lentille, sa racine est grosse comme un réfort, & a plusieurs cuisses de branches. Nous en avons de deux sortes, la cultivée & la sauvage, elles sont toutes les deux d'un goût piquant, & de très-bonne odeur, principalement la cultivée. On coupe les tiges de cette plante quand elles sont de bonne grosseur, avant qu'elles soient montées en graines, pour s'en servir comme il sera expliqué ci-après ; on peut en avoir de fraîche cueillie trois fois l'année, au Printems, en Eté, en Automne. On en confit au sucre la côte & la semence, cette confiture est bonne pour la poitrine & pour garantir du mauvais air. Sa racine mise en poudre est bonne pour les défaillances de cœur.

Angelique au liquide.

Faites blanchir des cardons d'angelique jufqu'à ce qu'ils fléchiffent fous les
doigts, vous les retirez du feu & les
laiffez dans la même eau pour qu'ils fe
reverdiffent; enfuite vous les jettez dans
l'eau fraîche; quand ils feront égoutés,
il faut les mettre dans une poële avec
autant pefant de fucre clarifié pour leur
faire prendre environ quatorze ou quinze bouillons; après les avoir écumés, il
faut les mettre dans une terrine jufqu'au
lendemain que vous les retirez du fucre;
remettez le fucre dans une poële pour
le faire recuire jufqu'au petit perlé, remettez les cardons dans la terrine & le
fucre pardeffus pour les y laiffer encore
trois jours, que vous les mettez égouter, & remettez le fucre fur le feu pour
le faire cuire jufqu'au grand perlé, remettez les cardons dans le fucre pour
leur donner quatre bouillons; quand ils
feront à demi-froids vous les mettrez dans
les pots.

Angelique en compote.

Coupez par morceaux des cardons
d'angelique, ôtez-en la peau qui eft deffus, & les faites cuire dans l'eau jufqu'à

ce qu'ils fléchissent sous les doigts, vo
les ôtez du feu, & les laissez dans
même eau pour qu'ils se reverdissent, e
suite vous les retirez à l'eau fraîche
les mettez égouter, faites clarifier tro
quarterons de sucre pour une livre d'an
gelique, mettez-la dans le sucre pou
lui donner une douzaine de bouillons
ôtez-la du feu pour l'écumer, il faut l
laisser quelques heures dans le sucre, en
suite vous lui donnerez encore quelque
bouillons jusqu'à ce que votre sirop ai
la consistance ordinaire d'une compote
& la dresserez dans le compotier.

Si vous voulez faire une compote d'angelique dans le tems hors de la saison,
vous prenez de celle qui est confite au
liquide, & la mettez dans une poële
avec de son sirop & un peu d'eau pour la
faire décuire un bouillon, mettez l'angelique dans le compotier & redonnez
encore quelques bouillons au sirop après
l'avoir écumé, vous le verserez sur l'angelique.

Angelique au sec.

Mettez confire de l'angelique de la
même façon que celle qui est au liquide;
quand vous l'aurez finie, laissez-la dans
le sirop jusqu'au lendemain que vous la

mettrez égouter, & enfuite poudrez-la
partout avec du fucre fin pour la mettre
fécher à l'étuve fur des feuilles de cuivre ;
lorfqu'elle fera bien féche, il faut la ferrer dans une boëte garnie de papier
blanc.

Effence d'Angelique.

Mettez dans un mortier, pour piler
très-fin, une livre d'angelique, une demie once d'anis, un gros de girofle, un
demi-gros de macis, deux gros de canelle, deux gros de coriandre; pilez le
tout enfemble, & le mettez enfuite dans
deux pintes d'eau-de-vie pour le faire infufer vingt-quatre heures, que vous mettrez après le tout enfemble dans l'alambic
pour le faire diftiler, comme il eft dit à
l'article de la diftilation ; il faut conferver cette effence dans des bouteilles bien
bouchées : elle vous fervira à donner le
goût d'angelique à ce que vous jugerez
à propos.

DES FIGUES.

OBSERVATION.

CE fruit, qui, par sa grosseur & sa figure, ressemble assez à une poire, se cultive dans les climats chauds & dans les temperés, mais avec cette difference que dans les premiers il est d'un meilleur goût que dans les autres. C'est sans doute parce que l'activité des rayons du Soleil exalte ses principes, & lui communique le juste mélange de sels & de souffre qui décident de sa saveur. C'est aussi ce qui procure aux Habitans des Pays chauds l'avantage de faire confire & sécher une grande quantité de figues, qu'ils font passer dans les lieux où elles font moins bonnes, ou plus rares ; mais quoique celles qui croissent dans les climats temperés soient inferieures à celles-là en bonté, elles ne laissent pas de passer pour un très-bon fruit qui se sert sur les meilleures tables. Elles se mangent ordinairement au commencement du repas, & tiennent leur place dans le rang des hors-d'œuvres. On en voit en Eté & en Autonne. Les

premieres

premieres qui paroiſſent à la fin de Juin,
& que l'on appelle *Figue-Fleurs*, ſont
ſuccedées par d'autres juſqu'au mois
d'Octobre. Celles d'Automne ſont
plus délicates & meilleures que les autres, parce qu'elles ont eſſuyé les
chaleurs de l'Eté qui en ont épuré
le ſuc. On en compte de pluſieurs eſpeces, dont les meilleures ſont les groſſes blanches, de deux ſortes ; les unes
longues, & les autres rondes ; les premieres, ſurtout en Automne, ſont préferées pour le goût, elles ſont moins ſujettes à crever du côté de l'œil, & à perdre par-là leur parfum & leur douceur. Les rondes réſiſtent moins aux
pluyes chaudes de l'Eté qui les gonfle,
& ſouvent les font crever. En général
il faut choiſir les figues, bien mûres,
molles, d'un goût ſucré & ſuculentes ;
celles qui ont la peau fine & délicate
ſont plus aiſées à digerer, elles adouciſſent les âcretés de la poitrine, appaiſent la ſoif & ſont eſtimées propres
à emporter la pierre des reins ; l'excès
de ce fruit cauſe des crudités & des
vents, & peut être contraire à ceux
qui ſont ſujets à la colique ; les figues
ſeches ſe digerent plus facilement que
les vertes ; elles ſont encore bonnes

T

pour faire des gargarismes pour les ma
de la bouche & de la gorge, & sont so
vent employées en Médecine.

Figues confites au liquide.

Faites bouillir environ douze boui
lons dans de l'eau, des figues à moiti
mûres, que vous aurez piquées du côt
de la queuë avec la pointe d'un couteau
ensuite vous les retirez du feu, & le
laissez dans la même eau, vous aure
soin de les couvrir pour les faire rever
dir ; quand elles seront à demi-froides
il faut les mettre dans l'eau fraîche, &
les faire égouter. Faites cuire au perl
autant pesant de sucre que vous avez d
figues, mettez les figues dans le sucr
pour leur donner cinq bouillons couverts,
ôtez-les du feu pour les écumer, & ensuite versez-les doucement dans une terrine pour les mettre jusqu'au lendemain
à l'étuve, après vous coulerez le sucre
dans une poële pour le faire recuire environ douze bouillons, & le verserez
tout chaud sur les figues, que vous remettrez encore à l'étuve jusqu'au lendemain que vous ferez recuire le sucre au
grand perlé, & y mettrez alors vos figues dedans pour leur faire prendre deux
bouillons, & les mettrez ensuite dans

les pots quand elles feront à demi-
froides.

Figues confites au fec.

Après avoir fait confire des figues de
la même façon que les précédentes,
laiffez-les tout-à-fait réfroidir dans leur
firop, & les mettez égouter la queuë en
haut fur des feuilles de cuivre, poudrez-
les partout de fucre fin & les mettez fécher à l'étuve. Vous pouvez en tirer
au fec à mefure que vous en avez befoin,
en prenant de celles qui font confites au
liquide ; pour lors, fi le firop étoit trop
pris, vous faites chauffer de l'eau dans
un poëlon ou dans le vaiffeau que vous
voudrez, mettez-y votre pot à confiture pour le faire chauffer comme au
bain-marie ; quand le firop fera liqueffé,
vous en tirerez les figues pour les mettre
égouter fur des feuilles de cuivre, poudrez-les de fucre & faites fécher à l'é-
tuve.

Figues vertes au naturel.

Les figues crues, quand elles font
bien mûres, fe fervent pour hors-d'œu-
vre au commencement du repas ; dreffez
fur des affiettes, des feuilles de vignes
deffous, & entourez-les de petits morceaux de glace très-claire.

T ij

DES MELONS.

OBSERVATION.

DEux qualités concourent à form
un bon melon, un goût vineu
& en même-tems fucré, & comme ell
fe trouvent rarement réunies, de-là na
la difficulté de trouver des melons q
les poffedent. On a à la verité quelqu
indices pour les connoître, mais fur le
quels on ne doit pas beaucoup compte
& pour l'ordinaire le hazard a plus d
part que la connoiffance au choix heu
reux que l'on fait. Cependant à la fa
veur de ces marques, on peut forme
des conjectures fur la bonté d'un melon
& fe tromper moins fréquemment. U
melon eft bon à cueillir quand la queu
femble vouloir s'en détacher, qu'il jau
nit en deffous, que le petit jet qui eft a
nœud fe détache, qu'on lui trouve de
l'odeur en le fleurant; c'eft ordinaire
ment le point de maturité de ceux que
l'on veut manger promptement; on le
met enfuite dans un feau d'eau de puîts,
ou avec de la glace pour le faire rafraî
chir. Ceux que l'on ne veut manger que

dans quelques jours ou tranſporter au
loin , doivent être cueillis auſſi tôt qu'ils
commencent à ſe tourner , ils achevent
après de ſe mûrir, ils ont même un goût
plus agréable , parce que s'étant repoſés
pluſieurs jours hors du ſoleil , le frais
qu'ils ont pris en ſe mûriſſant plus doucement, rend leur chair d'un meilleur
goût. On peut juger de leur bonté quand
ils ſont d'une écorce bien brodée, & de
couleur ni trop jaune, ni trop verte, la
queuë courte & groſſe, de figure plus
longue que ronde, & plus gros dans le
milieu qu'aux deux extrêmités, d'une
odeur de poix ou de godron ; il faut préferer ceux qui ſont les plus lourds, & qui
paroiſſent plus pleins en les faiſant ſonner
en frappant du doigt deſſus, de même
ceux qui réſiſtent ſous le pouce en l'appuyant un peu. Voilà toutes les marques
auſquelles on peut juger de la bonté
d'un melon, s'il ne répond point à l'eſ-
perance qu'on en avoit conçue, il n'eſt
point d'autre moyen que de le prendre
à la coupe , & d'en décider par le goût.

Sa chair eſt rafraîchiſſante , donne de
l'appetit, appaiſe la ſoif, & excite l'u-
rine. On prétend qu'il eſt contraire aux
perſonnes ſujettes à la colique, & que
l'excès cauſe ſouvent des fiévres & des

diſſenteries ; que d'ailleurs , il n'en fa
pas manger ſans boire du vin , par
qu'il eſt chargé d'humidités groſſieres
viſqueuſes qui le rendent de difficile d
geſtion.

DES POIRES.

OBSERVATION.

NOUS n'avons point de fruits qu
nous fourniſſent une décoration
plus variée pour les deſſerts que les poi
res, le nombre des eſpeces differente
en eſt ſi grand , que l'on ne peut faire
connoître leur qualité qu'en les diſtin-
guant chacune dans ſa Saiſon, avec les
uſages que l'on en peut faire ; l'Eté ,
l'Automne & l'Hyver , nous en fourniſſent abondamment pour diverſifier le
ſervice de toutes ſortes de bonnes tables.

En général, les poires different beaucoup en groſſeur , en figure, en couleur,
en odeur & en goût. Il faut les choiſir
bien mûres , bien nourries , & d'un
goût doux & agréable. La Normandie
eſt le Pays où il en croît le plus ; mais
elles y ſont ordinairement d'un goût ſi
âpre & ſtiptique , que leur uſage n'eſt

bon qu'à faire de l'excellent cidre de poirée, principalement celui d'Isigny qui est le plus estimé. La qualité des poires crues est d'exciter l'appetit & fortifier l'estomac, mais elles contiennent un suc épais chargé de parties terrestes, qui les rend contraires à ceux qui sont sujets à la colique, il faut n'en manger qu'après les autres alimens, parce qu'autrement elles pourroient s'arrêter trop long-tems aux premieres voyes & empêcher les alimens de passer. Toutes celles qui sont cuites, ou préparées avec le sucre, sont plus saines, & plus aisées à digerer. On prétend que leurs pepins sont propres pour tuer les vers.

Des Poires d'Eté.

LA fin de Juin, ou le commencement de Juillet, est ordinairement le tems où les poires commencent à paroître ; la premiere que nous ayons est le *Petit Muscat* ; c'est une petite poire, quand elle est bien mûre, qui est d'un goût excellent, dont l'odeur est musquée, & son eau très-relevée ; elle est ordinairement bien mûre, quand elle est d'un petit jaune transparent, qui se découvre sur un roux gris.

Le *Citron des Carmes*, qui est aussi

T iiij

une très-bonne poire, vient immédia
ment après.

La *Poire à la Reine*, autrement
"*Muscat Robert* ou *Poire d'Ambre*,
de la grosseur du petit Muscat, ma
plus jaune, d'un goût plus relevé,
fort tendre.

Le *Beau - Présent*, paroît aussi
mois de Juillet.

La *Royale d'Eté*, ou la *Robine*, e
une petite poire cassante, qui vient pa
petits bouquets; elle a l'eau sucrée,
un goût de musc, qui plaît beaucoup,
maturité ordinaire est au mois d'Aou

L'*Orange musquée*, ainsi nommée, parc
qu'elle a la figure d'une orange, est grosse
colorée, a la peau tachetée de placard
noirs, sa maturité est vers la mi-Août; elle
est sujette à cotonner, quand elle n'est pa
cueillie à propos. Celles qui viennen
dans les terres legeres, sont meilleures
que celles des terres froides & humides.

La *Cuisse - Madame*, est une poire
rouge & jaune, longuette, qui a
l'eau fort sucrée, & un peu musquée,
principalement quand elle est bien mûre; ce qui se connoît à son coloris jaune, principalement du côté de la queue.
Sa maturité est au mois de Juillet.

Le *Petit - Blanquet* ou *Blanquette*, est

une poire plus longue que ronde, qui
a la chair caffante & tendre, la peau
fort liffée & blanche, & quelquefois un
peu colorée du côté du Soleil; fon eau eft
très-fucrée; quand elle trop mûre, elle eft
fujette à être cotonneufe, ce qui arrive
à tous les fruits d'Eté, fi l'on n'a pas
foin de les cueillir, quand on leur trouve une facilité à les détacher de l'arbre,
fans attendre leur chute naturelle.

Nous avons encore le *Gros-Blanquet*,
& le *Petit-Blanquet mufqué*, qui font à
peu de chofe près femblables au premier; leur maturité ordinaire eft le mois
de Juillet.

L'*Amiré mufqué*, l'*Amiré de Tours*,
l'*Amiré Joannet*, font dans leur maturité à la mi-Août; elles ont un goût
fucré & mufqué.

La *Poire fans peau*, reffemble au
Rouffelet, ce qui fait que quelques-
uns l'appelle *Rouffellet - Prime*, & d'autres *Fleur de Figue*, fa maturité eft vers
la fin de Juillet, fon eau eft fucrée, fa
figure longuette, & d'un coloris rouf-
fâtre.

La *Belliffime* ou *Suprême*, eft une
poire groffe comme la Blanquette, d'un
goût affez relevé, & d'un jaune fouetté
de rouge, elle eft fujette à cotonner,
fi on la laiffe mûrir fur l'arbre.

Le *Bon Chrétien d'Eté musqué*, est une poire jaune, marquetée de rouge, lorsque le Soleil a frappé dessus, longue & d'une grosseur raisonnable; elle est d'un parfum agréable, cassante, & d'une eau sucrée; sa maturité est au mois de Septembre.

Le *Bon Chrétien d'Eté*, autrement *Graciol*, est une grosse poire qui a l'eau sucrée; elle est longue, jaune & lissée, elle se mange au mois d'Août.

Le *Rousselet de Reims*, qui est aussi du mois d'Août, est une poire médiocrement grosse, & très-estimée pour son goût de musc, & son eau sucrée.

La *Fondante de Brest*, autrement l'*Inconnue Chanceau*; cette poire est aussi du mois d'Août; elle a l'eau sucrée & relevée, de figure plus longue que ronde, & fouettée de rouge & de jaune.

L'*Orange rouge*, est une poire du commencement d'Août; elle est d'un rouge de corail; sa chair est cassante, & fort sucrée; il faut la cueillir un peu verte, plus mûre elle est sujette à cotonner.

La *Bergamotte d'Eté*, que l'on nomme encore le *Milan d'Eté*, est une poire qui mûrit à la mi-Août, elle est très-estimée, d'une eau sucrée & a assez de rapport à la Bergamotte d'Automne.

Le *Muscat Robert*, est à peu près de la grosseur du Rousselet; sa chair est jaune, tendre & sucrée.

La *Poire Bourdon*, ressemble beaucoup à la précédente; il faut la manger un peu verte, parce que quand elle est trop mûre, elle noircit en dedans, sa maturité est sur la fin de Juillet.

La *Poire d'Epargne*, est plus estimée pour la beauté de sa couleur rouge, que pour son goût; elle est assez grosse & fort longue..

La *Cassolette*, qui porte encore différens noms en diverses Provinces, est une poire de couleur grisâtre, un peu longue, très-estimée pour la bonté de son goût, sa chair est tendre & cassante, son eau sucrée & parfumée.

Le *Rousselet*. Il y en a de deux sortes; le gros & le petit. Ce dernier est le plus estimé; sa maturité est sur la fin d'Août, sa couleur est d'un rouge obscur d'un côté, roussâtre de l'autre, & quelques endroits verdâtres. C'est une poire qui a l'eau sucrée & parfumée, la chair tendre & fine; pour la manger crue, c'est un point essentiel de la prendre dans sa bonne maturité; trop mûre, elle mollit promptement; celles qui ne le font pas affez, n'ont point de goût; il faut les cueillir un peu vertes, deux ou trois jours après elles feront dans leur bonté. On fait du Rouffelet tel ufage que l'on veut, il conferve partout la bonté de fon goût.

Le *Salveati* approche du goût de la Royale, fa chair tendre, fine, & fon eau fucrée la font eftimer; c'eft une poire affez groffe & ronde, d'un coloris jaune, blanc & roux, quelques-unes ont des placards rouges, ces dernieres ont la peau plus rude que les premieres.

Il y a encore beaucoup d'autres fortes de poires d'Eté, comme le Parfum d'Eté, le Caillot Rofa, la Poire de Monfieur, la Franchipane, le Jafmin, la Poire Rofe, les Poires de Valées, & beaucoup d'autres, dont la defcription feroit ennuyeufe & peu intereffante.

Compote de poires d'Eté.

Prenez les poires que vous jugerez à propos, les groffes fe coupent par la moitié, & les petites fe fervent entieres; après les avoir fait blanchir dans l'eau bouillante jufqu'à ce qu'elles fléchiffent un peu fous les doigts, vous les mettez dans l'eau fraîche, vous en ôtez propre-

ment la peau, & les remettez à mesure
dans d'autre eau, ensuite vous les mettez dans du sucre clarifié sur un petit feu
pour les faire frémir jusqu'à ce qu'elles
ayent jetté leur eau, après vous les
poussez à plus grand feu jusqu'à ce qu'elles soient cuites; ayez soin de les bien
écumer; vous les dresserez dans le compotier; si le sirop est trop clair, il faut
le faire bouillir quelques bouillons pour
le faire réduire, passez-le au tamis sur
les poires.

Compote de Poires de Bon-Chrétien.

Coupez par la moitié des poires de
Bon-Chrétien, faites-les blanchir à l'eau
bouillante, jusqu'à ce qu'elles fléchissent
sous les doigts, que vous les mettez dans
l'eau fraîche pour les peler proprement,
& les mettez à mesure dans une eau
claire; si vous n'en faites que pour une
compote il suffit d'un quarteron de sucre,
que vous faites clarifier, mettez-y les
poires avec un jus de citron pour les
rendre blanches, faites-les bouillir jusqu'à
ce qu'elles soient cuites, & les dressez
ensuite dans le compotier avec le sirop
pardessus.

Compote de Poires d'Automne.

Prenez du Beurré, qui ne foit pas trop mûr ; il faut les faire blanchir , & les retirer dans l'eau fraîche, vous ferez une eau de citron pour les mettre dedans; quand on n'a pas de citron l'on prend du verjus ; il faut les parer proprement, (c'eft la beauté d'une compote,) & les mettre dans du fucre clarifié pour leur donner trois ou quatre bouillons couverts, vous les écumez bien , & les mettez dans une terrine que vous couvrez de papier blanc, jufqu'à ce que vous les dreffiez dans le compotier. La poire de Doyenné fe fait de même, à cette difference qu'elle ne doit pas être fi mûre.

Compote de Poires d'Hyver.

Prenez des poires de Bon-Chrétien d'Hyver, ou de la Virgouleufe, elles fe font toutes les deux de même, il faut les faire blanchir jufqu'à ce qu'elles commencent à fléchir fous les doigts, que vous les retirez à l'eau fraîche pour les parer & les mettre à mefure dans une eau de citron; vous les ferez cuire dans un fucre clarifié comme les précedentes.

Compote de Poires grillées d'Hyver.

Ayez des poires de celles que vous jugerez à propos, comme d'Armenie, de Franc-Réal, de Fusée, de Livres, & autres poires à cuire, elles ne font toutes bonnes qu'à griller dans un fourneau bien allumé ; vous les jettez dedans pour les griller le plus également que vous pourrez ; pour qu'elles foient bien grillées, il faut que la peau fe leve aifément en les frottant dans de l'eau, enfuite vous les fendez en deux pour en ôter le coeur, & vous les remettez dans de l'eau pour les bien laver encore ; à ces fortes de poires il ne faut que du fucre de bon tirage ou de bon firop ; quand on n'en a pas, l'on y met du fucre à l'ordinaire avec un peu de canelle, il faut qu'elles bouillent à grande eau, & les couvrir pendant qu'elles cuifent.

Compote de Poires de Martin-Sec.

Coupez la queuë à moitié, & la ratiffez, à des poires de Martin-Sec, ôtez-en la tête, & les lavez bien ; il faut les mettre dans de l'eau & du fucre avec un peu de canelle, fi vous l'aimez ; mettez-les fur le feu & les couvrez, elles en cuiront mieux, vous aurez foin d'y regarder

de tems en tems; quand elles fléchiront
beaucoup sous les doigts, vous les retirerez pour les mettre dans une terrine jusqu'à ce que vous les serviez.

Vieille compote grillée au Caramel.

Quand on a des compotes blanches
qui sont vieilles faites, il faut les faire
griller dans leur sirop, c'est-à-dire,
les réduire au caramel, vous les mettez
dans une poële avec leur sirop pour les
faire bouillir; quand le sirop est assez
réduit, & qu'il commence à prendre
couleur, vous tournez doucement la
poële sur le feu pour leur donner également une couleur de caramel grillé,
vous aurez soin de les tenir le plus blondes
que vous pourrez, c'est-à-dire, que le
caramel ne soit pas trop brûlé, ensuite
vous les ôtez du feu & les retirez une
à une en les retournant avec une fourchette dans le caramel, pour les mettre
sur une assiette; quand vous voyez que
votre caramel se refroidit, il faut le remettre sur le feu jusqu'à ce que vous
ayez ôté les poires de la poële, ensuite
vous mettez l'assiette sur le feu pour faire
détacher les poires qui sont colées sur
l'assiette, vous prendrez les poires avec
une fourchette pour les dresser dans le
compotier,

compotier, comme l'on dreſſe une compote à l'ordinaire. Les vieilles compotes
de pommes blanches, ſe font de la même
façon, excepté qu'il faut prendre une
aſſiette qui entre dans la poële; en ôtant
les pommes de deſſus le feu, vous les
retournez ſur l'aſſiette comme ſi vous
retourniez une aumelette, enſuite vous
mettrez un peu d'eau ſur l'aſſiette pour la
mettre ſur le feu, & faire détacher la
compote que vous gliſſerez dans le compotier; s'il eſt d'argent, il faut le mettre
ſur de la cendre chaude juſqu'à ce que
vous ſerviez; & s'il eſt de porcelaine,
vous aurez ſoin de le tenir à l'étuve.

Compote à la Provençale.

Mettez griller ſur un bon fourneau
des poires à cuire, & les jettez à meſure dans de l'eau pour leur ôter la
peau; après les avoir bien lavées, &
fait égoûter, coupez-les en deux, ôtez-
en le cœur, mettez-les dans une poële
avec de l'eau, du ſucre & deux zeſts de
citron, couvrez la poële pour les faire
cuire à petit feu juſqu'à ce qu'elles fléchiſſent ſous les doigts; quand elles ſeront cuites, & le ſirop aſſez réduit,
ôtez les zeſts de citron, ſervez chaudement dans un compotier.

V

Compote à la Cardinale.

Prenez quatre grosses poires à cuire coupez-les par quartiers, & les pelez proprement, ôtez-en les cœurs, mette les poires dans un pot de terre bien propre & bien couvert, avec un quarteron de sucre, un verre d'eau, deux cloux de girofle, un petit morceau de canelle, faites cuire votre compote à petit feu seulement entourée de cendre chaude pour qu'elle bouille très-doucement ; à moitié de la cuisson, vous y mettrez un verre de bon vin rouge, rachevez de les faire cuire jusqu'à ce qu'elles fléchissent beaucoup sous les doigts, vous les dresserez dans le compotier, & le sirop par-dessus pour les servir chaudement, il faut peu de sirop à cette compote ; s'il y en avoit trop, il faut le faire réduire sur le feu pour qu'il n'en reste seulement que pour arroser les poires. Si vous voulez faire des compotes de poires entières avec leur peau, vous en prendrez de moyenne grosseur que vous ferez cuire de la même façon.

Marmelade de Poires.

Faites blanchir des Poires de Rousselet dans de l'eau jusqu'à ce qu'elles flé-

chissent sous les doigts , que vous les
retirez à l'eau fraîche pour leur ôter la
peau, prenez-en la chair que vous mettez
sur un tamis pour la passer au travers en
la pressant fort avec une espatule ; quand
elle sera toute passée , mettez-la dans
une poële pour la faire dessecher sur le
feu, faites cuire à la grande plume autant
pesant de sucre que vous avez de poires
dessechées , mettez votre marmelade
dans le sucre pour les bien mêler ensemble , ensuite vous la remettrez sur le feu
seulement pour la faire fremir en la remuant toujours avec l'espatule ; ôtez-la
du feu ; lorsqu'elle sera à demi froide ,
vous la mettrez dans les pots , & jetterez un peu de sucre fin par-dessus , il ne
faut les couvrir que quand la marmelade
sera tout-à-fait froide.

Poires de Rousselet de Reims séchées.

Prenez un cent plus ou moins de bonnes Poires de Rousselet presque mûres ,
coupez un peu le bout de la queuë , &
ratissez légerement ce qui en reste ; pelez les poires de la queuë en en-bas, & les
jettez à mesure dans de l'eau fraîche ;
vous faites bouillir de l'eau , & y mettez les poires pour leur donner deux ou
trois bouillons jusqu'à ce qu'elles flé-

chissent sous les doigts, que vous le
retirez dans de l'eau fraîche , & faite
égouter ; mettez quatre pintes d'ea
dans un vaisseau , avec deux livres d
sucre ; le sucre étant fondu, mettez-
toutes vos poires pour les y laisser un
heure , vous les retirez pour les range
la queuë en haut sur des clayons, pou
les mettre passer la nuit dans un fou
doux, d'une chaleur comme quand on
vient de tirer le pain , le lendemain vous
retirez les poires pour les remettre une
demie heure dans cette eau sucrée ,
après vous les retirez pour les remettre
sur des clayons, & sécher au four comme le jour précedent , vous continuerez
de cette façon encore deux jours , ce
qui fera en tout quatre jours ; à la quatriéme fois , vous ne les retirez point du
four qu'elles ne soient tout-à-fait séches ;
ensuite vous les mettrez dans des boëtes
pour les conserver dans un endroit sec.

Poires de Doyenné séchées.

La Poire de Doyenné qui est d'Automne, comme elle ne se conserve pas
long-tems , & qu'elle est aussi très-bonne quand elle est séchée, l'on en pré-
pare pour les conserver, il faut leur couper le bout de la queuë, & les peler de la

queuë en en-bas, pour les mettre à mesure
dans de l'eau; si elles sont tout-à-fait dans
leur maturité, vous ne les ferez point
blanchir; sinon, vous leur donnerez
deux ou trois bouillons jusqu'à ce qu'elles
commencent à fléchir sous les doigts,
que vous les remettez dans l'eau fraîche,
& ensuite égouter; sur deux pintes d'eau,
vous y mettrez une livre de sucre; lorsqu'il sera fondu, vous y mettrez les poires, & observerez la même façon pour
les faire sécher que pour les poires précedentes.

Compote de Poires séchées.

Vous prenez les poires que vous jugez à propos, de Rousselet ou de
Doyenné, de celles qui sont séchées;
mettez-les dans une eau claire & tiéde,
laissez-les dans cette eau jusqu'à ce
qu'elles soient bien revenues; ensuite
vous mettez un peu de sucre dans la
même eau, que vous mettez sur le feu
avec les poires, pour leur donner deux
ou trois bouillons; quand elles sont cuites
& revenues dans leur naturel, vous les
dressez dans le compotier, redonnez
encore quelques bouillons à votre sirop
jusqu'à ce qu'il ait la consistance qu'il
faut, passez-le au tamis sur les Poires.

Pâte de Poires.

Ayez des poires de l'espece que vous voudrez, pourvû qu'elles soient bonnes; faites-les blanchir jusqu'à ce qu'elles fléchissent sous les doigts, retirez-les à l'eau fraîche pour les peler, & n'en prendre que la chair, que vous passez dans un tamis en les pressant avec une espatule pour faire passer le tout ; mettez cette marmelade dans une poële pour la faire dessecher ; faites cuire autant de sucre à la grande plume, mettez-y la marmelade pour les délayer jusqu'à ce qu'ils soient bien incorporés ensemble ; remettez sur le feu seulement pour faire fremir, & versez ensuite dans les moules à pâte, que vous ferez sécher à l'étuve.

Pâte grillée.

Prenez de grosses poires, suivant la quantité que vous voulez faire de pâte ; mettez-les sur un fourneau bien allumé, vous aurez soin de les retourner à mesure pour les faire griller également, ôtez-les du feu & les essuyez avec un torchon blanc pour faire tomber tout ce qui peut y avoir de brûlé, prenez toute la chair qui est grillée, & ce qu'il y a de plus cuit, que vous mettez sur un tamis

pour le paſſer au travers en le preſſant
avec une eſpatule; mettez cette marmelade dans une poële pour achever de la
faire deſſecher ſur le feu, en la remuant toujours juſqu'à ce que vous
voyez qu'elle quitte la poële, que vous
la retirez; faites cuire autant peſant de
ſucre à la grande plume que vous avez
de marmelade, mettez-la dans le ſucre;
vous finirez votre pâte de la même façon que la précedente.

Poires confites au liquide.

Les poires que l'on prend pour confire au liquide doivent être d'une eſpece
point trop fondante, ni trop dure à cuire,
celles qui ſont les meilleures & ſe ſou-
tiennent le mieux, ſont le Rouſſelet &
le Blanquet, il faut préferer le premier
pour la bonté de ſon goût, & le dernier qui eſt le plus hâtif eſt préferé pour
ſa blancheur; celles que vous prendrez,
il faut les piquer par la tête juſqu'au
cœur, & les mettre enſuite dans de l'eau
bouillante pour les faire blanchir juſqu'à
ce qu'elles commencent un peu à fléchir
ſous les doigts, que vous les retirez dans
l'eau fraîche pour les peler proprement,
& les remettre à meſure dans d'autre eau;
prenez autant peſant de ſucre que vous

avez de poires, faites-le clarifier, &
mettez votre fruit pour le faire cuire e
viron une trentaine de bouillons; ôte
les du feu pour les mettre dans une t
rine, pour les y laisser vingt-quatre he
res, ensuite vous les mettez égouter f
un tamis pour faire cuire le sucre au sir
remettez les poires dans le sucre po
leur faire prendre trois ou quatre boui
lons, & laissez-les encore dans le suc
jusqu'au lendemain que vous les reme
trez égouter, & ferez recuire le suc
jusqu'au petit perlé; après avoir rem
les poires dans le sucre pour leur donne
deux bouillons, vous réiterez la mêm
chose jusqu'au lendemain que vous le
rachevez, il faut les retirer de leur siro
pour le faire cuire au grand perlé, reme
tez-y les poires pour achever de les fair
cuire, en leur donnant au moins hui
bouillons, jusqu'à ce que le sucre soit a
grand perlé; quand elles feront finies &
à moitié froides, mettez-les dans le
pots. Toutes ces poires se mettent a
tirage, & on en fait des compotes pou
l'Hyver en leur faisant un petit sirop.

Poires confites au sec.

Préparez des poires de celles que vou
jugerez à propos, pour les confire de la
même

même façon que les précedentes ; quand
elles feront finies, vous les laifferez dans
leur firop jufqu'au lendemain que vous
les retirez fur des feuilles, pour les faire
égouter ; poudrez-les partout avec du
fucre fin paffé au tambour , que vous
mettez avec un fucrier ; faites-les fécher
à l'étuve ; lorfque le deffus fera fec ,
mettez-les fur un tamis du côté qu'elles
feront féchées, pour les repoudrer de
la même façon de l'autre côté , & racheverez de les faire fécher ; quand elles
feront froides , vous les ferrerez dans
des boëtes garnies de papier blanc, avec
des morceaux entre les poires pour les
conferver. Il faut les tenir dans un endroit fec. Vous mettez des poires au fec
de la même façon de celles que vous
confervez liquides dans des pots.

Gelée de Poires.

Prenez la quantité de poires que vous
jugerez à propos, fuivant ce que vous
voulez faire de gelée , n'importe de
quelles efpeces, pourvu qu'elles foient
bonnes ; après les avoir pelées , vous les
coupez par morceaux & les mettez dans
une poële avec un peu d'eau pour les faire bouillir jufqu'à ce qu'elles viennent
en marmelade , mettez-les fur un tamis

X

fin pour faire paſſer au travers le plus
jus que vous pourrez ; ſur une chopi.
de ce jus, faites cuire une livre de ſuc
au caſſé, mettez-y le jus des poires po
lui faire faire quelques bouillons av
le ſucre ; vous connoîtrez que votre g
lée eſt faite , lorſqu'en la levant ave
l'écumoire, elle tombe en nape, ôte
la du feu pour la mettre dans les pots
vous ne les couvrirez que quand ils ſe
ront tout-à-fait froids : ordinairement le
gelées de poires ſont fort peu d'uſage.

Gelée rouge de Poires.

Pelez des poires que vous coupez pa
morceaux , & les mettez dans une poël
avec un verre d'eau de cochenille pré
parée & un verre de vin rouge , faites
les cuire à petit feu juſqu'à ce qu'elle
ſoient en marmelade, mettez-les ſur un
tamis pour en égouter le plus de jus que
vous pourrez ; ſur une chopine de ce jus
faites cuire une livre de ſucre au caſſé
& racheverez votre gelée de la même
façon que la précedente.

Poires à l'Eau-de-vie.

Faites blanchir à l'eau bouillante des
poires de Rouſſelet preſque mûres, après
les avoir piquées dans deux ou trois en-

droits ; vous connoîtrez qu'elles font
affez blanchies , quand elles fléchiront
un peu fous les doigts, vous les mettrez dans l'eau fraîche pour les peler proprement ; ayez d'autre eau fraîche dans
une terrine , où vous preffez le jus d'un
citron entier , pour conferver la blancheur des poires , que vous mettez à
mefure que vous les pelez dans cette eau
de citron ; faites clarifier la moitié pefant de fucre que vous avez de poires,
mettez-les dans le fucre pour leur donner
neuf ou dix bouillons couverts , ayez
foin de les écumer à mefure & avant que
de les mettre dans la terrine avec leur fucre pour les y laiffer vingt-quatre heures,
remettez-les enfuite fur un bon feu pour
leur donner fix ou fept bouillons, & les
remettrez encore dans une terrine pour
les y laiffer jufqu'au lendemain que vous
les racheverez ; alors il faut les retirer
doucement du fucre avec une écumoire
pour les mettre fur un plat , mettez le
fucre fur le feu pour le faire bouillir
fept ou huit bouillons ; remettez-y doucement les poires pour les faire bouillir
trois ou quatre bouillons , ôtez-les du
feu , rachevez de les écumer en levant
le peu d'écume qu'il peut y avoir avec
des morceaux de papier blanc ; quand

X ij

elles feront froides , vous les ôterez du
fucre pour les mettre une à une dans des
grandes bouteille de verre ; mettez dans
la poële autant d'eau-de-vie que vous
avez de firop , faites-les chauffer pour
les bien mêler enfemble ; quand ils feront froids, mettez-les dans les bouteilles,
il faut que les poires baignent dans le firop & l'eau-de-vie.

Clarequets de Poires.

Prenez des poires mûres de celles
que vous jugerez à propos , pourvu
qu'elles foient bonnes , il faut les peler
& les couper par morceaux pour les mettre dans une poële avec deux ou trois
zefts de citron, & deux verres d'eau,
faites-les bouillir fur le feu jufqu'à ce
qu'elles foient en marmelade, que vous
les mettrez fur un tamis pour en tirer le
plus de jus que vous pourrez ; fur une
chopine de ce jus, faites cuire une livre
de fucre au caffé , mettez-y le jus des
poires pour le faire bouillir jufqu'à ce
que votre gelée tombe en nape de l'é-
cumoire , que vous la verferez dans les
moules à clarequets , mettez-la à l'é-
tuve avec un feu moderé jufqu'à ce
qu'elle foit prife. Si vous voulez en
faire de rouge, il ne faut mettre qu'un

verre d'eau pour faire la décoction des
poires, & vous y ajouterez un verre de
cochenille préparée.

Sirop de Poires.

Ayez des poires bien fondantes & de
bon goût, il faut les peler & couper par
morceaux ; mettez - les dans une poële
avec un peu d'eau , & les faites cuire
jusqu'à ce qu'elles soient en marmelade,
mettez-les sur un tamis pour les faire
égouter , & en tirer le plus de jus que
vous pourrez ; sur une chopine de ce
jus, faites cuire à la grande plume deux
livres de sucre, mettez-y le jus des poires pour lui donner quelques bouillons ;
vous connoîtrez qu'il est assez cuit, en
prenant de ce sirop avec deux doigts, &
les ouvrant de leur longueur il se forme
un fil qui ne se rompt point, vous l'ôtez
du feu pour le mettre dans des bouteilles , quand il sera presque froid ; de
cette façon vous le conserverez long-
tems ; si vous ne le voulez garder que
quinze jours , il faut y mettre la moitié
moins de sucre.

Poires de Rousselet glacées en fruit.
Voyez aux Glaces , *page* 178.

Poires au Caramel.

Mettez égouter des poires confites à l'eau-de-vie, faites-les fécher à l'étuve; vous ferez cuire du fucre au caramel, & le tenez chaudement fur un très - petit feu feulement, pour empêcher qu'il ne prenne; trempez-y une à une les poires que vous avez fait fécher à l'étuve; il faut mettre à chaque poire un petit bâton, après les avoir retournées dans le fucre vous les mettez à mefure fur un clayon, & les faites tenir en mettant le petit bâton dans la maille du clayon à fin que le caramel puiffe fécher en l'air; lorfqu'elles feront feches, vous ôterez les petits bâtons, & drefferez les poires à votre volonté.

Poires tappées.

Il faut prendre de bonnes poires, de celles qui ont une eau fucrée, que l'on met fur des clayes pour les mettre fécher au four; quand elles font à demi-feches, on les applatit avec la main, & on les remet au four pour rachever de les fécher, on les conferve de cette façon très-long-tems, elles font propres à tranfporter au loin. Cette façon eft très-commune; la meilleure pour être fervie sur les bonnes tables, est de les confire comme celles que l'on tire au sec ; avant que de les mettre sécher à l'étuve, vous les tappez pour les rendre plates. *Voyez* Poires confites au sec, *page 240.*

DES PESCHES.

OBSERVATION.

LES Pêches qui passent pour un des meilleurs fruits à manger crûs, & dont on a le plaisir de jouir long-tems, par les differentes especes qui se succedent les unes aux autres depuis la fin de Juin jusqu'au commencement de Novembre, fournissent agréablement de quoi diversifier les tables : Je ferai un article particulier du tems de leur maturité, & de la connoissance que l'on doit avoir de chaque especes, parce qu'il y en a de plus estimées les unes que les autres, & dont le goût & la beauté flatent plus agréablement. Toutes les especes differentes de pêches pourroient se réduire à deux ; l'une, de celles qui quittent le noyau ; & l'autre, de celles qui ne le quittent pas. Ces dernieres font les Pavis ; les premieres font plus

X iiij

fucculentes, d'un meilleur goût & plus aifées à digerer. Plufieurs des Anciens ont prétendu que la pêche étoit mal-faine; cependant les Modernes n'en font point le même jugement, & ils foutiennent, fondés fur l'experience, que la pêche ne peut être mal-faine que quand elle n'eft pas bien mûre, ou que l'on en mange avec excès, pour lors elle caufe des vents & des indigeftions; cet inconvenient arrive affez généralement à tous les fruits qui font agréables au goût, & même à ceux qui font les plus fains; d'où l'on peut inferer que la quantité eft plus nuifible que la qualité. Les pêches que l'on mange avec du fucre font plus aifées à digerer, parce qu'elles font dégagées du phlegme vifqueux qu'elles contiennent, de même que beaucoup d'autres fruits. En général il faut choifir les pêches bien mûres, colorées, d'une chair moëlleufe, vineufe, fucculente, & d'une bonne odeur; celles qui font liffes doivent avoir la peau fine, luifante, jaunâtre, fans aucun endroit de verd; celles qui ne font pas liffes ne doivent être que très-peu velues, c'eft une qualité qu'ont ordinairement les bonnes, furtout lorfqu'elles viennent en plein air; une marque presque certaine qu'elles sont médiocrement bonnes, c'est lorsqu'elles sont couvertes d'un long duvet. Les feuilles & les fleurs du pêcher sont purgatives, & employées pour tuer les vers. On tire une huile par expression de l'amande de la pêche, qui est bonne pour le brouissement d'oreilles.

Des differentes especes de Pêches.

L'avant-Pêche musquée, que quelques-uns appellent *avant-Pêche blanche*, est la première de toute, elle est petite & a l'eau sucrée; cependant elle est sujette à être pâteuse, ce qui fait qu'elle est plus recherchée pour sa nouveauté que pour son bon goût; elle se sert crue & souvent en compote.

La Pêche de Troyes, qui vient après, est aussi un avant-pêche, elle est plus grosse, plus ronde & plus colorée que la précedente, son goût est plus relevé, & un peu musqué, sa saison ordinaire est le mois de Juillet.

La Double de Troyes est d'un goût excellent, & médiocrement grosse.

La Pêche Mignonne, c'est une grosse pêche excellente, d'un goût sucré, plus longue que ronde, & qui a un côté plus

élevé que l'autre, elle eſt mûre vers la
mi-Août.

La Pêche pourprée eſt d'un goût très-
relevé & des plus eſtimée, elle eſt groſſe
& d'un beau rouge, elle commence à la
fin de Juillet & continue tout le mois
d'Août.

L'Aberge jaune, ainſi nommée à cauſe
que ſa chair eſt jaune, ſe mange ordinairement à la mi-Août, ſa groſſeur eſt
médiocre.

La Pêche d'Italie, qui donne vers la
mi-Août, eſt très-bonne.

La Belle - Chevreuſe, qui paroît auſſi
dans le mois d'Août, eſt aſſez groſſe,
plus longue que ronde, d'un beau rouge,
elle a l'eau douce & ſucrée.

La Pêche Bourdin, dont la maturité
eſt à la fin d'Août, a le goût vineux,
elle eſt d'une groſſeur raiſonnable.

La Perſique ſe mange vers la mi-Septembre, c'eſt une pêche de fort bon
goût, elle eſt groſſe, longue & couverte
de petites boſſes.

La Bellegarde, qui donne auſſi à la
mi-Septembre, eſt une pêche qui a peu de
rouge, elle eſt groſſe, un peu plus longue que ronde, & d'une bonne eau ſucrée.

La Pêche-Nivette, qui ſe mange vers

le même tems, est grosse, d'un beau rouge, de figure presque ronde.

Le Brugnon musqué ou *Brugnon violet*, qui se mange aussi vers la mi-Septembre, est une pêche très-estimée, principalement quand on la laisse mûrir sur l'arbre jusqu'à ce qu'elle s'en détache.

Le Pavi admirable est une grosse pêche qui est aussi de même saison.

La Belle de-Vitry, qui se mange en Septembre, a l'eau fort sucrée, elle est grosse, plus longue que ronde, & très-rouge.

La Chancelicre, qui donne vers le même-tems que la précedente, est une pêche très-estimée, d'une eau sucrée, la peau fine & chargée d'un très-beau rouge, plus longue que ronde.

La Magdeleine blanche est ronde, a l'eau sucrée & vineuse, sa maturité est au mois d'Août.

L'Admirable, très-estimée pour sa bonté, se mange au commencement de Septembre, elle est grosse, d'un beau coloris, & a l'eau fort sucrée.

La Pêche d'Andilly, se mange dans le mois de Septembre, elle est grosse, blanche en dehors & en dedans, de figure ronde & d'une eau fort sucrée.

Le Pavi rouge se mange au mois de

Septembre, il eſt très-eſtimé pour ſa beauté.

La Magdeleine rouge eſt une groſſe pê-che, d'un beau coloris, plus longue que ronde, d'un goût ſucré & vineux, ſa maturité eſt auſſi dans le mois de Sep-tembre.

La Violette hâtive, il y en a de deux ſortes, la groſſe, & la moyenne ; la der-niere eſt la plus eſtimée, & ſon goût eſt plus relevé, ſa maturité eſt à la fin de Sep-tembre.

Le Pavi rouge de Pomponne ſe mange à la fin de Septembre, c'eſt une pêche qui a un goût de muſc, elle eſt ronde. d'un rouge incarnat & d'une eau ſucrée.

Le Pavi-Magdeleine, qui vient auſſi en même-tems, eſt de même groſſeur que la petite Magdeleine.

La Violette tardive, ou *Pêche pana-chée*, donne dans le mois d'Octobre, elle eſt excellente quand l'Automne n'eſt point pluvieux.

La Royale, dont la maturité eſt au mois d'Octobre, eſt très-eſtimée, quoi-que ſa groſſeur ſoit médiocre, elle eſt de figure ronde, d'un rouge éclatant, la peau fine & l'eau ſucrée.

La Pêche de Pau, qui ſe mange auſſi au mois d'Octobre ; il y en a de deux fortes, la longue, & la ronde ; la derniere est la plus estimée ; elles sont toutes les deux très-bonnes quand les années sont seches.

La jaune tardive est très-estimée, & donne aussi au mois d'Octobre.

La Druzelle est fort estimée, elle est plus longue que ronde, & prend un beau rouge.

La Pavie-Royale est très-estimée, & se mange aussi au mois d'Octobre.

Compote de Pêches.

Coupez par moitié des pêches point trop mûres, ôtez-en le noyau & les faites blanchir deux bouillons dans l'eau bouillante seulement pour les peler proprement, ensuite vous les mettez dans du sucre clarifié faire quelques bouillons jusqu'à ce qu'elles fléchissent sous les doigts ; dressez-les dans le compotier après les avoir écumées, achevez de cuire le sirop, & le passez au tamis sur les pêches.

Compote grillée de Pêches entieres.

Faites blanchir sept ou huit pêches entieres, & point trop mûres, seulement pour en ôter la peau ; retirez-les à l'eau fraîche, & mettez égouter sur un

tamis ; faites cuire dans une poële d
fucre au caràmel ; mettez-y les pêche
pour les faire griller doucement dans l
fucre jufqu'à ce qu'elles foient mollette:
que vous les dreffez dans le compotier
mettez un peu d'eau dans la poële, ave
un peu de fucre, faites bouillir jufqu'
ce que vous ayez un firop léger, qu
vous mettrez dans le fond du compotier.

Autre compote grillée de Pêches entiere:

Mettez fur un fourneau bien allumé l
quantité de pêches que vous voulez em
ployer, qu'elles ne foient pas trop
mûres ; faites-les griller également par
tout en les retournant à mefure ; vous
les mettrez enfuite dans de l'eau fraîche
pour ôter toute la peau qui eft grillée ;
quand elles feront égoutées, il faut les
mettre dans une poële fur le feu avec de
l'eau & du fucre pour les faire cuire, &
les fervirez avec le firop paffé au tamis.

Compote de Pêches à la Bourgeoife.

Pelez des pêches fans les faire blanchir, coupez-les par la moitié, ou les
laiffez entieres ; mettez-les dans une
poële avec un peu d'eau & du fucre ;
faites cuire fur un petit feu, & couvrez

la poële avec une affiette ; quand elles
fléchiront fous les doigts, vous les drefferez dans le compotier , avec leur firop
deffus que vous paffez au tamis.

Compote de Pêches à la cloche.

Prenez un compotier d'argent, mettez du fucre fin dans le fond , arrangez
deffus la quantité de pêches qu'il en peut
tenir dans le compotier , il faut les laiffer entieres & les poudrer partout par-
deffus avec du fucre fin ; mettez le compotier fur un petit feu & un couvercle
de tourtiere deffus , avec du feu ; faites
cuire à petit feu jufqu'à ce que les pêches
fléchiffent fous les doigts, qu'elles foient
bien glacées & de belle couleur ; cette
compote fe fert chaude. Si vous voulez
en faire une fur une affiette d'argent, vous
la drefferez dans un compotier de porcelaine, & la mettrez à l'étuve jufqu'à ce
que vous ferviez.

Compote de Pêches crues.

Ayez de belles pêches bien mûres
que vous pelez & coupez par tranches ;
mettez-les dans un compotier , & les
arrangez proprement avec du fucre fin
deffus & deffous , ou un firop léger.

Compote de Pêches à l'eau-de-vie.

Prenez des pêches confites à l'eau-de-vie, que vous mettez égouter, coupez-les par tranches, & les dreſſez proprement dans un compotier; mettez dans une poële un morceau de ſucre avec de l'eau que vous faites réduire en ſirop léger, & le verſerez ſur les pêches.

Conſerve de Pêches.

Coupez par petits morceaux des pêches à demi mûres, après les avoir pelées; mettez-les dans une poële ſur un petit feu pour les faire deſſecher; quand elles ſeront bien cuites en marmelade épaiſſe, ſur ſix onces de cette marmelade, vous ferez cuire une livre & demie de ſucre à la grande plume; ôtez-le du feu, quand il ſera refroidi à moitié, vous y mettrez la marmelade, & la travaillerez avec l'eſpatule juſqu'à ce qu'elle ſoit bien incorporée dans le ſucre, & la dreſſerez enſuite dans les moules de papier; lorſqu'elle ſera priſe, vous la couperez par tablettes à votre uſage.

Glace de Pêches. *Voyez page* 167.

Pêches glacées en fruit. *Voyez p.* 176.

Marmelade

Marmelade de Pêches.

Prenez de bonnes pêches point trop
mûres, de celles que vous jugerez à propos ; ôtez-en la peau & le noyau, il
faut les couper le plus minces que vous
pourrez ; mettez-les dans une poële,
vous prendrez le fucre que vous voulez
employer pour les pêches ; trois quarterons pour une livre de pêches, ou
livre pour livre ; il faut le piler & le
mettre à mefure fur les pêches ; mettez
vos pêches avec le fucre fur un feu bien
clair, remuez toujours avec une écumoire de crainte qu'elles ne s'attachent
au fond, vous aurez foin quand elles commenceront à fe lier, de les ôter du feu pour
en écrafer tout ce qui n'eft pas fondu,
avec une efpatule fur une écumoire ; enfuite vous remettez votre marmelade fur
le feu pour lui faire faire quelques bouillons ; pour connoître fon point de cuiffon, il faut tremper légerement votre
doigt dedans, que vous appuyez contre le pouce, s'ils fe colent enfemble, la
marmelade eft faite ; l'on peut auffi faire
cette marmelade dans un chaudron bien
net fur un feu clair, la cuiffon eft fimple & belle.

Y

Pêches pelées à l'eau-de-vie.

Choisissez de bonnes pêches presque mûres, de celles que vous voudrez, que vous faites blanchir jusqu'à ce que vous puissiez aisément ôter la peau ; descendez-les du feu pour les mettre dans l'eau fraîche, & les retirez une à une pour les peler proprement, & les mettre à mesure dans d'autre eau fraîche, & ensuite égouter ; faites clarifier autant de demi-livres de sucre que vous avez pésant de livres de pêches ; mettez-les pêches dans le sucre clarifié pour leur faire prendre quatre bouillons couverts ; ôtez-les du feu pour les écumer & les mettre doucement dans une terrine avec leur sirop pour les y laisser vingt-quatre heures, ensuite vous versez doucement le sirop dans une poële pour le faire recuire environ douze bouillons, & le versez tout chaud sur les pêches que vous laissez encore vingt-quatre heures dans leur sirop ; ensuite vous les retirez une à une pour les mettre dans des bouteilles de verre à large goulot ; faites chauffer le sirop pour y mettre autant d'eau-de-vie, que vous mêlez bien ensemble sans le beaucoup chauffer ; lorsqu'il sera froid, vous le verserez sur les pêches ; si le sirop & l'eau-de-vie mêlés ensemble n'étoient point suffisans pour couvrir les pêches, il faudroit augmenter moitié l'un & moitié l'autre.

Pêches avec leur peau à l'eau-de-vie.

Essuyez doucement avec une serviette des pêches mûres pour en ôter le duvet, en prenant garde de les flétrir; sur quatre livres de pêches faites cuire au grand perlé une livre de sucre, mettez-y votre fruit pour le faire bouillir quatre bouillons en le retournant à mesure qu'il bout; ensuite vous ôtez les pêches de leur sirop, pour les mettre quand elles seront froides dans des bouteilles de verre à large goulot; mettez dans la poêle deux fois autant d'eau-de-vie que vous avez de sirop que vous mêlez bien ensemble, pour le mettre dans les bouteilles sur les pêches, que vous bouchiez d'un bouchon de liége, & d'un parchemin mouillé. Les pêches à l'eau-de-vie de cette façon se conservent plus long-tems que les précedentes.

Pêches au Caramel.

Mettez égouter des pêches confites à l'eau-de-vie pour les mettre sécher à l'étuve; faites cuire du sucre au cara-

mel que vous tenez chaudement fur u
petit feu fans qu'il bouille; prenez le
pêches une à une pour les retourne
dans le fucre avec une fourchette, vou;
y mettez en les retirant un petit bâto
pour les mettre égouter fur un clayon, i
faut mettre le petit bâton dans la maille du
clayon, afin que le caramel puiffe féche
en l'air. Vous pouvez mettre de la même
façon des pêches confites au fec.

Pavis & Pêches confits au liquide & au fec.

Prenez des Pavis prefque mûrs que
vous pelez proprement, coupez-les en
deux pour ôter le noyau; mettez de l'eau
fur le feu dans une poële; quand elle
bouillira, mettez-y les pavis pour les faire
bouillir jufqu'à ce qu'ils montent deffus, que vous les retirez pour les mettre
dans l'eau fraîche, & enfuite égouter;
faites clarifier autant de livres de fucre
que vous avez pefant de pavis, que vous
pefez après que les noyaux font ôtés;
mettez les pavis dans le fucre pour les
faire bouillir & écumer; vous les ôtez
lorfqu'ils n'écument plus, & les mettez
dans une terrine pour les y laiffer vingt-
quatre heures, que vous coulerez doucement le firop dans une poële pour le
faire cuire au grand liffé; mettez-y les

pavis pour leur donner un bouillon , & les remettez encore dans la terrine , pour les y laisser vingt - quatre heures , que vous coulez le sirop dans une poële pour le faire cuire au grand perlé ; remettez les pavis dans le sucre pour les faire cuire un bouillon , après vous les ôtez du feu pour les mettre jusqu'au lendemain à l'étuve dans leur sirop. Pour les mettre au sec , vous les mettez égouter sur des feuilles de cuivre ; poudrez-les de sucre fin en le jettant légerement avec un sucrier ; faites-les sécher à l'étuve , & les conservez dans des boëtes garnies de papier blanc dans un endroit sec. Les pêches se mettent confire au liquide & au sec de la même façon que les pavis ; ordinairement on les confit au liquide, comme je viens de l'expliquer; on les met dans les pots, pour les tirer au sec lorsqu'on le juge à propos.

Pâte de Pêches.

Coupez par petits morceaux de bonnes pêches bien mûres, après les avoir pelées , mettez-les dans une poële pour les faire cuire & dessecher ; vous mettrez moitié pesant de sucre de ce que vous avez de pêches , que vous ferez cuire à la grande plume , mettez-y vos

pêches pour les faire cuire avec le fucr
près de douze bouillons en les remuan
toujours avec l'éfpatule de crainte qu'el
les ne s'attachent, en les ôtant du feu vou
les mettrez tout de fuite dans les moule
à pâte pour les faire fécher à l'étuve.

Canelons glacés de pêches. *Voye*
page 191.

DES MEURES.

OBSERVATION.

LES meures font ordinairement dan
leur maturité au mois de Juillet juf
qu'à la fin de Septembre ; nous en avons
de deux fortes, les blanches & les noires
il n'y a que ces dernieres qui foient d'u-
fage dans les alimens ; ce fruit eft d'un
goût doux & agréable, & d'un fuc tei-
gnant en couleur de fang. Il faut les
choifir groffes, bien noires & très-mûres.
Elles fe cueillent ordinairement avant le
lever du Soleil ; elles excitent l'appetit,
adouciffent les âcretés de la poitrine, appaifent les évacuations par haut & bas,
ôtent la foif, & ne peuvent être contraires qu'à ceux qui font fujets à la colique, parce qu'elles font venteufes.

Célles qui ne font pas encore dans leur maturité, font aftreingentes, & propres pour être employées à des gargarifmes pour les maux de gorge.

Meures confites au liquide.

Faites cuire deux livres de fucre au grand perlé, mettez-y trois livres de meures qui ne foient pas tout-à-fait dans leur maturité, faites-leur prendre un petit bouillon couvert en remuant doucement la poële par les deux anfes, ôtez-les du feu pour les mettre dans une terrine & les laiffer vingt-quatre heures dans leur firop, enfuite vous coulerez le firop dans la poële pour le faire recuire jufqu'au grand perlé ; remettez doucement les meures dans le firop ; quand elles feront à demi-froides, vous les mettrez dans les pots.

Meures confites au fec.

Prenez des meures qui ne foient pas tout-à-fait dans leur maturité, faites cuire à la grande plume une demie-livre de fucre pour une livre de meures, mettez-les dans le fucre pour leur faire prendre un petit bouillon couvert en remuant doucement la poële par les anfes ; ôtez-les du feu, paffez pardeffus des petits morceaux de papier blanc, pour ôter le peu d'écume qu'il peut y avoir, & les mettez dans une terrine à l'étuve pour les y laisser vingt-quatre heures, ôtez-les de l'étuve; quand elles seront froides vous les mettrez égouter sur des feuilles de cuivre, poudrez tout le dessus de sucre fin passé au tambour, que vous jettez légerement avec un sucrier, faites sécher à l'étuve; le lendemain vous les retournerez de l'autre côté pour les poudrer aussi de sucre, & racheverez de les faire sécher.

Sirop de Meures.

Pour faire une bouteille de pinte de sirop de meures, prenez-en un petit panier qui puisse vous faire une chopine de jus, il faut mettre les meures dans une poële pour les faire fondre sur le feu, avec un demi-septier d'eau, & vous leur ferez faire sept ou huit bouillons couverts, ensuite vous les jetterez sur un tamis pour les bien égouter dans une terrine; vous aurez soin de les passer bien clair; faites clarifier deux livres de sucre & réduire au cassé; mettez-y le jus des meures, & le laissez sur le feu avec le sucre jusqu'à ce qu'ils ayent pris corps ensemble; vous observerez qu'ils ne bouillent pas;

ensuite

enfuite vous mettez votre firop dans une terrine pour le mettre à l'étuve & l'y laiffer pendant trois ou quatre jours ; il faut entretenir le feu de l'étuve, comme pour faire un candi ; vous verrez à votre firop de tems en tems avec une cuilliere ; quand il fera au perlé, il fera fait.

Sirop de Lierre terreftre.

Prenez la quantité de lierre terreftre qu'il vous faut pour en exprimer une chopine de jus, que vous pilez dans un mortier, & le paffez au travers d'un torchon blanc, ou d'une groffe ferviette ; mettez dans une poële deux livres de fucre avec la chopine de jus pour les clarifier enfemble, & les pafferez comme à l'ordinaire pour en ôter la craffe, remettez le fur le feu pour le faire réduire au perlé, comme les autres firops ; lorfqu'il fera prefque froid vous le mettrez dans des bouteilles.

Ce firop eft excellent pour les rhumes négligés, & même à guérir beaucoup de crachemens de fang ; ceux à qui le lait n'eft point contraire peuvent le couper avec ; la façon de le prendre, c'eft d'avoir du lierre terreftre feché, que vous préparez comme du thé, en place de fucre l'on y met une cuillerée de ce fi-

Z

rop. L'on trouve facilement du lierr
terreftre chez les Herboriftes, & l'on e
fait le firop dans l'Eté, parce qu'il a plu
de qualité.

DE LA BUGLOSE.

OBSERVATION.

NOUs en avons de deux fortes, la
cultivée, & la fauvage; celle qui
naît dans les jardins eft la meilleure, fes
feuilles font longues, hériffées & rudes,
fes fleurs rouges, & la graine noire, fa
racine un peu plus groffe que celle de la
Bourache; elle fleurit fur la fin de Mai
& en Juin. On fe fert de fa fleur pour
faire de la conferve; l'eau diftilée de
l'herbe purifie le fang, chaffe la mélanco-
lie, & adoucit les ardeurs de la fiévre;
les feuilles, la racine & la graine pilées
& cuites dans du vin, enfuite appliquées
chaudes, guériffent les douleurs des
reins.

Conferve de Buglofe.

Faites cuire demie-livre de fucre à la
grande plume, ôtez-le du feu un moment, enfuite vous y mettez deux gros

de fleurs de Buglofe épluchées, rèmuez quelques tours avec l'efpatule pour la mêler avec le fucre, verfez-la dans un moule de papier ; quand elle fera froide, vous la couperez par tablettes à votre ufage.

Table de vingt Couverts.

N°. 1. Repréfente une baluftrade qui regne tout autour du fruit, fait en paftillage.

N°. 2. Bordure pour mettre le fec.

N°. 3. Repréfente des parterres.

N°. 4. Place pour mettre des arbres.

N°. 5. Place des pieds d'eftaux, & autour des gazons.

N°. 6. Repréfente des butes de terre pour affeoir des Figures telles que l'on voudra.

Tous les vuides reftent en glaces, ou garnis de fable fi l'on veut.

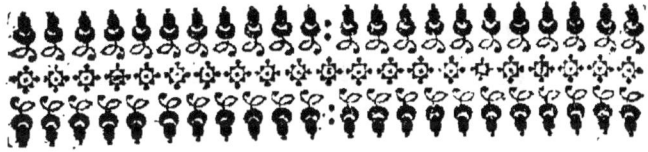

DE L'AUTOMNE.

L'AUTOMNE qui comprend les mois de Septembre, d'Octobre & de Novembre, nous donne la recolte des fruits à pepins de toutes efpeces, comme des poires de plufieurs efpeces, des pommes de plufieurs efpeces, le verjus, l'épine-vinette, les raifins de toutes efpeces, les figues de toutes efpeces, les olives de Verone, les groffes olives & pucholines d'Efpagne & de Provence, les coings, les marrons de Lyon, du Vivarets & du Mans, les châtaignes de Limoges, les noix feches de Reims, les oranges, citrons & grenades.

En fruits secs & liquides qui nous viennent de differentes Provinces.

LEs mirabelles & framboifes blanches de Metz, la grofeille blanche & fans pepins de Bar-le-Duc, le rouffelet de Reims, les pâtes d'abricots, de reine-claude, de coings confits & d'épine-vinette de Dijon, le pain-d'épice de Reims, les dragées de Verdun ; fur la fin de cette faifon, & dans l'Hyver, nous avons les bons fromages de Gruyere, de Suiffe, de Vachelin, d'Auvergne, de Roche, de Saffenage, de Roquefort, d'Hollande perfillé, de Brie, de Coulomiers, de Meaux, &c.

En fleurs, nous avons quelques fleurs d'oranges, des tricolors, des giroflées, des paffe-velours, des anemones, des tubereufes, du thim, du jafmin, & plufieurs autres fleurs, les feuilles de laurier-rofe & de vigne.

En falades, les mêmes que dans l'Eté, fur la fin de l'Automne le celeri blanchi.

Dans cette faifon nous avons encore des prunes qui fervent à faire de nouvelles compotes, de la marmelade & des pâtes.

Les pêches font encore de faifon & fourniffent auffi de quoi bien garnir une table, & à faire des compotes, outre les ufages qui font marqués à chacun dans leur article.

Les coings fervent à faire de la gelée, des compotes, des pâtes, des firops, des ratafiats.

L'épine-vinette fert pour faire de la gelée, de la conferve.

Le verjus fe met en compote, on le fait confire au liquide, & fert à faire des pâtes & de la gelée.

Le raifin fe fert crud, glacé & de differentes façons, comme il eft marqué à fon article.

Des Poires d'Automne.

L'*Angleterre*, fa maturité eft au mois de Septembre, c'eft une poire longuette, plus blanche que jaune, fort beurrée & fondante; il faut la cueillir un peu verte, parce qu'elle s'amollit aifément.

Le Beurré rouge, qui mûrit auffi au mois de Septembre, eft une poire très-eftimée, non-feulement pour fa forme, qui eft affez groffe, & la beauté de fon coloris, mais encore pour la bonté de fon goût, fa chair eft fine, fondante

& délicate, d'une eau très-sucrée ; elle a encore cette proprieté de n'être point sujette à être farineuse ni pâteuse, comme beaucoup d'autres poires tendres. Nous avons encore deux autres sortes de beurré, dont la maturité est à la fin de Septembre & en Octobre, que l'on appelle le *Beurré gris* & le *Beurré verd*, parce que le premier est de couleur grisâtre, & l'autre verdâtre, leur bonté approche beaucoup du beurré rouge, & ils sont très-estimés.

Le Messire-Jean, nous en avons de deux sortes, le doré & le gris; ce dernier se garde plus long-tems, & se mange à la Saint Martin ; le doré est d'un jaune brun, un peu plus gros & plus rond que le gris; l'un & l'autre ont le goût sucré, & seroient beaucoup plus estimés s'ils n'étoient pas sujets à être pierreux.

La Bergamotte-Crasane est une grosse poire ronde, d'un gris verdâtre, qui jaunit en mûrissant, elle est bonne en Novembre ; sa chair fondante & son eau sucrée, avec une certaine petite âcreté qu'on sent lorsqu'on la mange, la font beaucoup estimer.

La Bergamote commune est une grosse poire verte, qui jaunit en mûrissant, elle eft liffe, plate & beurrée, elle fe garde jufqu'au mois de Décembre.

La Bergamotte Suiffe eft une poire femblable aux deux précédentes, avec cette différence qu'elle eft un peu rayée de jaune & de verd, elle eft auffi très-eftimée.

Le Sucré verd eft une poire de groffeur raifonnable, plus longue que ronde, qui eft dans fa maturité à la fin d'Octobre, elle eft fort beurrée, d'une eau fucrée qui répond à fon nom, & la fait très-eftimer.

Le Martin fec eft une poire qui commence à la fin de Novembre, & fe garde jufqu'au mois de Février, elle eft plus longue que ronde, & plaît beaucoup à la vûe par fa belle couleur, qui eft d'un roux ifabelle d'un côté, & fort coloré de l'autre, fon goût n'eft pas moins eftimé, elle a une eau fucrée, & un peu parfumée, fa chair eft fine & caffante, quelques-uns lui donnent le nom de Rouffelet d'Hyver.

La Dauphine, autrement appellée *Franchipane*, fa maturité eft au mois d'Octobre, c'eft une poire fondante qui a la peau liffée & jaune, une eau fucrée, elle eft d'une bonne groffeur & plus ronde que longue.

Le Bezy-de-la-Motte se mange au mois d'Octobre, c'est une poire qui a l'eau fort sucrée, & qui est très-estimée.

Le Doyenné, la maturité est dans les mois de Septembre & Octobre, ces poires jaunissent à mesure qu'elles viennent en maturité, ce qu'il ne faut point attendre ; elles doivent être cueillies un peu vertes, parce que si l'on attend leur maturité, elles sont faciles à mollir, ou bien deviennent pâteuses ; quand elles sont mangées à propos elles sont excellentes, d'un coloris verdâtre, la peau unie, la chair fondante & l'eau sucrée. Quelques-uns les appellent encore *Beurré blanc d'Automne*, ou *poires de Neige*, & d'autres *poires Saint-Michel*.

Le petit Oing se mange en Novembre & en Décembre, c'est une petite poire qui jaunit un peu, sa chair est fine, fondante, & d'une eau sucrée.

La Verte-longue se mange au mois d'Octobre, c'est une poire de figure longue & verte, d'où elle a pris son nom ; quelques-uns l'appellent encore *Mouille-bouche d'Automne*, son eau sucrée & sa chair fine la font estimer.

La Bellissime d'Automne se mange au mois de Septembre. Pour l'avoir bonne il faut qu'elle se détache de l'arbre, elle reſſemble à la Cuiſſe-Madame, excepté qu'elle eſt plus groſſe ; c'eſt une poire qui décore bien un deſſert par ſon rouge de vermillon qui la rend très-belle ; elle eſt auſſi très-eſtimée par la bonté de ſa chair qui eſt caſſante & d'une eau fort ſucrée.

La Verte-longue Suiſſe, ou *Verte-longue panachée*, reſſemble au Martin-ſec, ſon coloris eſt d'un jaune iſabelle très-clair, ſon eau très-ſucrée, & d'un agréable parfum.

La Demoiſelle, ou *Poire de Vigne*, ſe mange vers la mi-Octobre, ſa queuë eſt extraordinairement longue ; elle eſt ronde, de moyenne groſſeur, d'un gris roux, & d'une chair beurrée, il faut la manger un peu verte, autrement elle eſt ſujette à être pâteuſe.

La Pucelle, c'eſt une poire d'une bonne eau & fondante, cependant ſujette à être pâteuſe ſi elle eſt un peu gardée ; elle reſſemble au Martin-ſec par ſa figure & par ſa groſſeur, on ne les diſtingue que par le coloris, celui du Martin-ſec eſt un peu clair d'un côté, & rouſſâtre de l'autre.

La Jalouſie ſe ſert en Novembre, c'eſt une groſſe poire griſâtre un peu pointuë vers la queuë, elle s'amollit aiſément ſi elle n'eſt cueillie un peu verte, ſa chair fondante a beaucoup d'eau.

Le Satin ſe mange en Novembre, c'eſt une poire ronde qui a la peau jaune & liſſée, elle eſt fondante & d'une eau ſucrée.

Nous avons encore l'Ambrette de Bourgogne, l'Inçonnu-Cheſneau, la Poire Chat, la Vilaine d'Anjou, l'Amadote, la Fille-Dieu, le Parfum de Berry, & pluſieurs autres qui ſont peu connues.

Du tems de cueillir les fruits, & la façon de les conſerver.

IL y a des fruits qui doivent être cueillis dans leur maturité, quelques-uns un peu auparavant, & d'autres long-tems avant qu'ils ſoient mûrs, pour être gardés juſqu'à ce qu'ils ſoient dans leur bonté, ce qu'il eſt néceſſaire de ſçavoir, parce qu'il arrive ſouvent que pluſieurs fruits bons par eux-mêmes, faute d'attention, ou manque de connoiſſance, ſont cueillis trop verds, ou trop mûrs, ce qui leur fait perdre la moitié de leur bonté.

Tous les fruits rouges, comme fraiſes, framboiſes, ceriſes, groſeilles, doivent être cueillis dans leur parfaite maturité ;

ce que vous connoiffez quand ils font doux, fucculens, d'un beau vermeil dans leur couleur. Les Abricots font bons à cueillir quand ils quittent leur queue facilement, & qu'ils ont la chair jaunâtre d'un côté, & un beau coloris de l'autre. Les prunes doivent être cueillies avec beaucoup de dexterité, en ne les prenant que par la queuë, parce que fi vous y touchez des doigts, vous enlevez la fleur qui en fait l'ornement pour l'agrément de la vûe; vous connoiffez qu'elles font bien mûres à l'odorat, & fi en les tâtant légerement elles fléchiffent fous les doigts, & que la queuë s'en détache aifement. Les figues doivent être cueillies avec la même attention que les prunes, crainte de les défleurir; vous les mettez à mefure fur le côté dans un panier entre des feuilles de vigne; on juge à les voir fur l'arbre fi elles font mûres quand elles commencent à fe rider & déchirer, ou lorfque fuivant leur efpece elles ont un violet fleuri, ou bien une couleur jaunâtre, qu'elles font moëleufes au toucher, & fe détachent aifement de l'arbre; elles ne peuvent fe garder qu'un jour ou deux au point de maturité qu'elles ont été cueillies. Les pêches ne mûriffent point hors de l'arbre comme d'autres fruits ; pour connoître leur maturité, elles doivent fléchir un peu sous le doigt du côté de la queuë, avoir une couleur jaunâtre d'un côté sans mélange de verd , & un beau coloris de l'autre , la peau douce & satinée, & tenir très-peu à la queue en les cueillant ; on peut les garder deux ou trois jours dans un endroit frais sur des feuilles de vigne , ce qui leur procurera une fraîcheur qui augmentera leur bonté. Si vous voulez les transporter, il faut choisir une voiture douce , les mettre dans un panier sur de la mousse bien séche qui n'ait point de mauvaise odeur , & les envelopper de feuilles de vigne. Les Pavis & les Brugnons doivent être cueillis plus mûrs. Les poires d'Eté ne doivent être cueillies que lorsqu'elles sont arrivées à une parfaite maturité , elles se connoissent à un beau coloris, qui dans la plûpart des especes est mêlé d'un jaune citron, & à la facilité avec laquelle elles se laissent détacher de l'arbre. On juge encore de la maturité de celles qui de leur nature sont odorantes, lorsque leur odeur frappe assez vivement l'odorat, n'attendez pourtant pas qu'elles soient trop mûres, de peur qu'elles ne soient cotoneuses. S'il est vrai en général que tous les

fruits doivent être cueillis avec
queuë ; cela eſt à obſerver ſpécialen
pour la poire à laquelle la queue t
lieu d'ornement, & pour laquelle (
une imperfection d'en manquer.
poires d'Automne ſe cueillent ordina
ment au mois de Septembre pour les n
tre dans une ſerre ſur des planches l
propres ; chaque eſpece doit être mi
part & dreſſée ſur l'œil la queue en h
juſqu'à leur maturité , ce que vous c
noîtrez à toutes ſortes de poires en
puyant le pouce auprès de la queuë ;
chair de la poire fléchit ſous le doi
c'eſt une marque qu'elle eſt mûre. Il f
peu de tems aux poires d'Automne p
acquerir leur maturité , il eſt néceſſ
de les viſiter ſouvent , de crainte que
unes venant à pourrir ne corrompent
autres, ce qu'il eſt très-néceſſaire d'c
ſerver pour tous les fruits que l'on n
dans une ſerre. On laiſſe les poires d'E
ver ſur l'arbre juſqu'à la fin d'Octob
il faut toujours choiſir un beau tems p
les cueillir comme pour toutes ſortes
fruits. Vous les mettez dans une Frui
rie hors des atteintes du froid , ſur c
tablettes dreſſées en pente où il y a
petit rebord , chaque eſpece à par
principalement celles qui ſont tombé

leur
ient
ient
'eft
Les
ire-
et-
ien
e à
aut
n-
p-
1la
,
ut
ur
ire
les
les
b-
net
y-
e,
ur
de
e-
es
n
,
s,

parce qu'elles mûriſſent plutôt que les autres. Les fruits les plus prompts à mûrir doivent être plus à la portée que les autres, les poires de Bon-Chrétien ſe conſervent ordinairement enveloppées de papier ; vous obſerverez la même choſe pour les pommes que pour les poires. On juge aſſez à la vûë de la maturité du raiſin bon à manger. Celui que l'on veut conſerver ne doit pas être tout-à-fait mûr, pour le conſerver long-tems, il faut le cueillir par un tems très-ſec, & l'attacher avec du fil & le ſuſpendre à un plancher, il faut le viſiter ſouvent pour en ôter les grains qui commencent à ſe gâter. Il ſe conſerve encore d'une autre façon qui eſt plus ſûre que la précedente ; on couche chaque grappe ſur des planches l'une auprès de l'autre ſans être trop ſerrées, & on le couvre de pluſieurs feuilles de papier colées enſemble, ou d'une nape ajuſtée de façon que l'air ne puiſſe aucunement pénetrer ſur le raiſin.

Il ne ſuffit pas de viſiter ſouvent les fruits pour les empêcher de ſe gâter, il faut encore empêcher la gelée de pénétrer dans la Fruiterie, ce qui les perd entierement, vous pouvez éviter cet inconvenient en la tenant bien fermée, de forte qu'il n'y puiſſe entrer aucun vent, & dans les grands froids vous y pouvez mettre un peu de feu dans une poële de fer.

DE L'EPINE-VINETTE.

OBSERVATION.

C'Eſt un petit fruit, long & cilindri-que, qui croit ſur un arbriſſeau qui vient dans des buiſſons, des hayes & des lieux incultes, il ſert à faire des confitures, la Médecine en fait uſage pour des ſirops, qui ſont employés dans des tiſannes rafraîchiſſantes. Il faut la choiſir très-mûre, de belle couleur rouge, & d'une aigreur réjouiſſante; ce fruit excite l'appétit, fortifie le cœur, appaiſe les vomiſſemens, rafraîchit, dé-ſaltere, eſt propre pour les hémora-gies & cours de ventre; on le tient con-traire à ceux qui ont la poitirne foible & des douleurs d'eſtomac.

Epine-Vinette confite au liquide.

Choiſiſſez de l'épine-vinette d'un beau rouge, groſſe & bien mûre; ſur deux livres, vous ferez cuire deux livres & demie

demie de fucre à la grande plume ; mettez-y l'épine-vinette, & la faites cuire
à grand feu quatorze ou quinze bouillons ; ôtez-la du feu pour la laiffer repofer une heure ; enfuite vous la remettez fur le feu pour la faire cuire jufqu'à ce que le firop ait une bonne confiftance, que vous l'ôtez du feu ; quand
elle fera à demi froide, vous la mettrez dans les pots.

Epine-Vinette confite au fec.

Ayez de la groffe épine-vinette,
d'un beau rouge, & bien mûre, que
vous laiffez en grappe ; fur deux livres,
vous ferez cuire deux livres & demie
de fucre à la grande plume ; mettez-y
l'épine-vinette pour la faire bouillir à
grand feu, environ dix à douze bouillons, vous l'ôtez du feu ; quand elle fera à demi froide, mettez-la à l'étuve
jufqu'au lendemain, que vous la mettrez
égoûter fur un tamis, & enfuite fur des
euilles de cuivre ; poudrez les grappes
vec du fucre fin paffé au tambour ;
ettez-les fécher à l'étuve.

Marmelade d'Epine-Vinette.

Mettez dans une poële deux livres
épine-vinette égrainée, avec deux

Aa

verres d'eau, que vous faites bouillir
fur le feu pour la faire crever; enfuite
vous la paffez au travers d'un tamis,
en la preffant fort avec une efpatule;
remettez dans la poële ce que vous
avez paffé, & le faites deffécher fur le
feu, jufqu'à ce que votre marmelade
foit bien épaiffe, en la remuant toujours
de crainte qu'elle ne s'attache; faites
cuire trois livres de fucre à la grande
plume, & y mettez la marmelade pour
la bien incorporer avec le fucre; lorfqu'elle fera bien mêlée, vous la remettrez fur le feu, en la remuant toujours
jufqu'à ce qu'elle foit prête à bouillir,
que vous l'ôtez; quand elle fera à demi froide, vous la mettrez dans les
pots.

Dragée d'Epine-Vinette.

Vous mettez à l'étuve pour faire fécher la quantité d'épine-vinette égrainée que vous jugerez-à-propos; quand
elle aura refté au moins dix jours à
l'étuve, & que vous la trouverez affez
féche, vous la mettrez dans des boëtes, dans un endroit fec; elle fe conferve long-tems. Lorfque vous voulez
vous en fervir pour faire des dragées,
vous en mettez dans une poële à pro-

vision, avec du sucre cuit au grand
lissé, où vous avez mis un peu de gomme arabique détrempée avec de l'eau ;
remuez toujours la poële sur un petit
feu, jusqu'à que ce sucre gommé se
soit attaché après les grains d'épine-
vinette; quand ils seront bien secs, vous
y remettrez encore de ce même sucre
pour leur donner une seconde couche,
en remuant toujours les anses de la
poële ; lorsque cette seconde couche
sera finie comme la premiere, vous leur
donnerez encore cinq ou six couches
de la même façon avec du sucre cuit
au lissé, sans être gommé comme les
deux premieres ; lorsque vous jugez
que vos dragées sont assez chargées de
sucre, vous les menez fortement sur la
fin sans les sauter, c'est ce qui les lisse ;
il faut les mettre rachever de sécher à
l'étuve ; quand elles seront bien séches,
vous les conserverez dans un endroit
sec, dans des boëtes garnies de papier.
Si vous en voulez faire beaucoup à la
fois, il faut les faire dans une bassine,
comme il se pratique chez les Confi-
seurs; parce qu'une poële à provision
ne peut servir que pour une livre à la
fois.

Glace d'Epine-Vinette.

Voyez Glace, *page* 169.

Gelée d'Epine-Vinette.

Prenez de l'épine-vinette bien mûre, de la plus belle que vous pourrez
trouver ; il faut l'égrainer, & la mettre dans une poële avec de l'eau, ce
qu'il en faut pour qu'elle puisse tremper ; donnez-lui une vingtaine de bouillons couverts, & la jettez sur un tamis
pour en exprimer tout le jus, il faut
qu'elle cuise à grand feu pour l'empêcher
de noircir, & vous aurez soin de la bien
passer pour la rendre claire ; vous mesurerez cette décoction, & mesurerez
aussi autant de sucre clarifié que vous
ferez réduire au cassé ; mettez la décoction d'épine-vinette dans le sucre pour
les faire bouillir ensemble ; au premier
bouillon, vous aurez soin de l'écumer,
& la remettrez sur le feu pour continuer
à la faire bouillir jusqu'à ce qu'en prenant de la gelée avec une cuilliere, elle
tombe en nape, & qu'elle quitte
net ; c'est une marque que votre gelée
est faite ; vous l'ôterez du feu, & la mettrez dans les pots quand elle sera un peu
refroidie. Cette gelée est merveilleuse

pour la diffenterie, très-legere, & vaut
mieux que le coing.

_____

DE L'ANIS.

J'AI parlé des propriétés de l'Anis
dans le premier volume, page 360,
auquel il faut avoir recours.

Ratafiat d'Anis.

Faites bouillir une chopine d'eau, en
la retirant du feu, mettez-y un quarteron d'anis d'Espagne, parce qu'il est
estimé le meilleur; quand votre eau sera
froide, vous la mettrez dans une cruche
avec l'anis, deux pintes d'eau-de-vie,
une livre & demie de sucre clarifié, bouchez la cruche avec un bouchon de
liége, & un parchemin mouillé, laissez
infuser pendant quinze jours, ensuite
vous passerez le ratafiat à la chausse pour
le conserver dans des bouteilles bien
bouchées.

Glace d'Anis.
Voyez Glace, page 173.

Dragées d'Anis.

Choisissez de l'anis le plus gros & le
plus doux que vous pourrez, mettez-le

quelques jours à l'étuve pour le faire
sécher, ensuite vous le mettrez sur un
tamis clair pour le cribler en le remuant
jusqu'à ce que le grain reste net sans aucune poussiere ; mettez l'anis dans une
poële à provision avec du sucre cuit au
lissé , où vous avez mis un peu de gomme arabique détrempée, remuez toujours
la poële sur un petit feu jusqu'à ce que le
sucre se soit attaché après, & que les dragées soient bien séches, ensuite vous leur
donnerez encore une couche ou deux de
sucre sans être gommé , jusqu'à ce que
vous les trouviez assez chargées de sucre. Si vous en faites beaucoup à la fois,
vous les mettrez dans une bassine , comme il est dit pour les dragées de toutes
especes.

Esprit d'Anis distillé.

Pour faire deux pintes d'esprit d'anis,
vous mettrez dans un pot très-propre,
& bien couvert, quatre pintes d'eau-de-
vie, avec trois quarterons d'anis , du
meilleur, mettez le pot sur de la cendre chaude pour tenir tiéde la liqueur qui
est dedans , ou à l'étuve pendant huit
jours ; lorsque votre anis est bien infusé , vous mettez le tout dans l'alambic
pour le faire distiller, comme il est dit

à l'article de la diftilation ; après vous le
mettrez dans des bouteilles pour vous en
fervir à ce que vous jugerez à propos ,
comme de l'eau-de-vie anifée fans fucre,
des ratafiats d'anis , &c.

DU VINAIGRE ET DU VERJUS.

Observation.

NOus avons de deux fortes de vi-
naigres, le rouge & le blanc ; ce
dernier eft le plus eftimé, principalement
celui qui eft diftilé. On peut lui donner plufieurs goûts differens , comme
celui de fureau , de jafmin , de fleurs
d'orange , de citron, d'eftragon, d'œillets , & de rofes. Pour faire le vinaigre-
rofat, vous prenez des bouteilles de
verre , que vous empliffez prefque aux
trois quarts de feuilles de rofes communes, bouchez bien les bouteilles & les ex-
pofez contre un mur au Soleil du midy
pendant trois ou quatre jours, jufqu'à ce
que vous voyez que les feuilles foient
flétries ; vous retournez les bouteilles
de tems en tems en les remuant , à fin
que les feuilles flétriffent également partout ; après vous les empliffez de bon

vinaigre blanc, en y ajoutant un peu de canelle, du girofle, une gousse d'ail, deux échalottes, vous bouchez bien les bouteilles, & les laissez exposées au Soleil un mois ou deux; après vous le tirez au clair pour le passer dans un linge; remettez-le dans les bouteilles bien bouchées. Ce vinaigre peut se conserver deux ou trois ans. Vous faites le vinaigre des autres fleurs de la même façon que celui-ci. Il faut le choisir suffisamment acide, d'une saveur piquante & agréable; lorsqu'on en use avec modération, il aide à la digestion, excite l'appetit, appaise les ardeurs de la bile, & rafraîchit; les personnes maigres, celles qui ont la poitrine foible, & qui respirent avec peine, doivent en user très-sobrement. Le verjus qui sert au même usage que le vinaigre, a les mêmes proprietés. L'on fait aussi dans les Pays où le vin est rare, des liqueurs acides qui ressemblent au vinaigre, avec la bierre, le cidre, le poiré & l'hydromel; mais elles ne sont pas si bonnes que celles qui sont faites avec le vin. Le verjus en grain est employé à l'Office pour faire differentes confitures.

Clarequets.

Clarequets de Verjus.

Délayez avec un demi-septier d'eau quatre cuillerées de marmelade de pommes, passez-la au tamis pour en tirer un demi septier de décoction, mettez-y avec un demi-septier de jus de verjus presque mûr, que vous pilez & passez au tamis, faites clarifier deux livres de sucre & réduire au cassé; en le retirant du feu mettez-y le demi-septier de jus de verjus & celui de pommes, que vous melez ensemble en les remuant avec une espatule; remettez sur le feu seulement pour faire chauffer sans faire bouillir, ensuite vous verserez votre gelée dans les moules à clarequets, que vous mettrez à l'étuve pour les faire prendre.

Verjus à oreilles.

Il faut prendre du verjus qui ne soit pas mûr, cependant à sa grosseur; vous l'ouvrez par le côté pour en ôter les pepins, les venuës ordinaires sont de trois ou quatre livres; après vous le jettez à l'eau bouillante; il faut le retirer de dessus le feu d'abord qu'il pâlit; vous aurez soin de le rafraichir un peu, & le laisserez dans son eau jusqu'à ce qu'il soit froid pour qu'il se reverdisse, &

Bb

s'il se lâchoit sans être verd, il n'y aura
qu'à le jetter dans l'eau fraiche, le sucre
le reverdira ; vous prendrez autant de
livres de sucre que vous avez de livres
de verjus, faites-le clarifier, vous garderez un tiers de ce sucre clarifié ; mettez le verjus après l'avoir retiré de l'eau
fraîche, & bien égouté, dans les deux
autres tiers de sucre clarifié, sans les
mettre sur le feu, & les laisserez jusqu'au
lendemain, que vous jetterez doucement
votre verjus sur une passoire pour l'é-
gouter ; faites cuire trois bouillons couverts le sucre, en y ajoutant celui que
vous avez gardé de la veille ; il ne faut
pas que le verjus aille encore sur le feu,
vous le remettez dans le sucre pour l'y
laisser encore vingt-quatre heures ; vous
l'égoutez la troisiéme fois sur une passoire, & donnerez trois ou quatre bouillons à votre sirop, glissez-y le verjus
pour lui faire prendre plusieurs bouillons couverts jusqu'à ce que le sucre
soit au lissé ; vous aurez soin de le bien
écumer, & le mettrez dans une terrine
avec le sirop pour le conserver tant que
vous voudrez ; lorsque vous voudrez
vous en servir, retirez le verjus du sirop, prenez les grains que vous ouvrez en deux, & en appliquez deux l'un

contre l'autre, & deux autres deſſus, un de chaque côté, mettez-les à meſure ſur un tamis pour les faire égouter & ſécher à l'étuve.

Compote de Verjus.

Otez les pepins à une livre de verjus preſque mûr, que vous mettez enſuite dans une eau prête à bouillir, il faut l'ôter du feu auſſi-tôt qu'il commence à pâlir, pour le rafraichir, & le laiſſer dans ſa même eau pour qu'il ſe reverdiſſe juſqu'à ce qu'il ſoit froid; mettez dans une poële une demie-livre de ſucre avec un demi-verre d'eau; quand il ſera fondu, mettez-y le verjus pour lui donner quelques bouillons, en l'écumant à meſure, enſuite vous l'ôtez du feu & enlevez le peu d'écume qui reſte avec des morceaux de papier blanc, dreſſez-le dans le compotier; ſi le ſirop eſt trop clair vous le ferez réduire avant que de le mettre ſur le verjus.

Compote de Verjus d'une autre façon.

Pelez légerement une livre de verjus mûr, ôtez-en les pepins, enſuite vous le mettez dans une demie-livre de ſucre cuit à la grande plume, faites-lui faire

Bb ij

quelques bouillons, & le dressez dans le compotier.

Compote de Verjus hors la saison.

Prenez du verjus confit au liquide; pour le tirer plus facilement du sirop, mettez le pot dans de l'eau chaude pour faire liquefier le sirop, retirez-en la quantité de verjus que vous voulez prendre pour faire votre compote, mettez-le dans une poële avec du sirop, un peu d'eau & très-peu de sucre ; mettez la poële sur le feu ; lorsque le verjus sera prêt à bouillir, retirez-le pour le dresser dans le compotier, donnez deux ou trois bouillons au sirop ; vous aurez soin d'ôter le peu d'écume qu'il peut y avoir avec du papier blanc, avant que de le mettre sur le verjus.

Conserve de Verjus.

Ayez la quantité de verjus mûr que vous jugerez à propos pour faire de la conserve, mettez-le dans une poële pour le faire crever, ensuite vous l'ôtez du feu pour l'écraser & en passer le plus que vous pourrez au travers d'un tamis en le pressant fort avec une espatule ; remettez dans la poële ce que vous aurez passé au travers du tamis pour le faire

deſſecher ſur le feu en le remuant toujours juſqu'à ce que votre marmelade
ſoit bien épaiſſe ; ſur un quarteron de
cette marmelade, vous ferez cuire une livre de ſucre à la grande plume ; en l'ôtant
du feu, après l'avoir remué quelques
tours, vous y mettez la marmelade que
vous travaillez bien avec l'eſpatule en
remuant toujours juſqu'à ce que le ſucre
commence à blanchir autour de la poële,
que vous dreſſez votre conſerve dans
les moules de papier ; quand elle ſera
froide, vous la couperez par tablettes à
votre uſage.

Glace de Verjus. *Voyez page 168.*

Gelée de Verjus.

Mettez dans une poële ſix livres de
verjus bien mûr avec un verre d'eau,
faites-le bouillir quelques bouillons juſqu'à ce qu'il ſoit amorti, que vous le
mettez ſur un tamis avec un plat deſſous,
preſſez-le fort pour en tirer le plus de
jus que vous pourrez ; ſur une pinte de
ce jus vous ferez cuire quatre livres de
ſucre à la grande plume, mettez le verjus dans le ſucre pour lui donner quelques bouillons ; vous connoîtrez que la
gelée ſera faite, lorſqu'elle tombera en
nape de l'écumoire, verſez-la dans les

pots, & ne la couvrez que quand elle fera tout-à-fait froide.

Marmelade de Verjus.

Egrainez fix livres de verjus prefque mûr, mettez - le fur le feu dans une eau prête à bouillir ; quand il eft monté fur l'eau , & qu'il commence à pâlir , vous le rafaichiffez un peu,& l'ôtez du feu pour le couvrir en le laiffant dans la même eau pour le faire reverdir ; s'il ne l'é- toit point affez, il faudroit le remettre chauffer dans la même eau jufqu'à ce qu'il foit affez verd, enfuite vous l'é- goutez, & paffez dans un tamis pour en tirer le plus de marmelade que vous pourrez, en le preffant fort avec une ef- patule ; mettez cette marmelade dans une poële fur le feu pour la faire deffe- cher jufqu'à ce qu'elle foit bien épaiffe, & la mettez tout de fuite fur un plat ; faites cuire au caffé autant pefant de li- vres de fucre que vous avez de marme- lade , mettez-y la marmelade pour la bien travailler avec le fucre jufqu'à ce qu'ils foient incorporés enfemble, re- mettez fur le feu en remuant toujours avec une efpatule ; quand elle fera prête à bouillir, vous la mettrez dans les pots, & ne la couvrirez que quand elle fera tout-à-fait froide.

Marmelade de Verjus d'une autre façon.

Lorsque vous aurez passé votre marmelade à travers d'un tamis, comme il est marqué dans l'article précedent, mettez-la dans une poële avec autant de sucre en poudre que vous avez pesant de marmelade, faites-la bouillir à grand feu jusqu'à ce qu'elle soit cuite, ce que vous connoîtrez en trempant légerement le doigt dedans, & l'appuyant contre le pouce, s'ils se colent ensemble, vous l'ôtez du feu pour la mettre dans les pots.

Sirop de Verjus.

Pilez dans un mortier quatre livres de gros verjus très-verd, que vous égrainez auparavant, passez-en tout le jus au travers d'un tamis en le pressant fort, après vous le passerez plusieurs fois à la chausse jusqu'à ce qu'il soit clair; sur une chopine de ce jus, vous ferez cuire quatre livres de castonnade que vous réduirez à la grande plume; mettez-y le verjus, & le faites cuire avec la castonnade sur un grand feu jusqu'à ce qu'il soit en sirop très-fort; quand il sera à moitié froid, vous le verserez dans des bouteilles que vous ne boucherez que lorsqu'il sera tout-à-fait froid.

Verjus confit au liquide.

Il faut préparer & confire le verjus de la même façon que celui qui est à oreilles, à cette différence qu'en le finissant vous lui donnerez un sirop un peu plus fort de cuisson ; quand il sera à moitié froid vous le mettrez dans les pots.

Verjus pelé confit.

Pelez proprement du gros verjus presque mûr, ôtez-en les pepins avec une petite brochette de bois très-pointuë ; mettez dans une poële autant de sucre très-fin que vous avez pesant de verjus, avec un demi-verre d'eau seulement, ce qu'il en faut pour faire fondre le sucre ; quand il sera fondu vous y mettrez le verjus pour le mettre sur le feu avec le sucre, faites-les bouillir quelques bouillons ; ayez soin de bien écumer ; il faut peu de tems pour la cuisson, ensuite vous l'ôtez du feu pour le mettre dans les pots quand il est à demi-froid.

Verjus confit au sec.

Prenez du gros verjus à moitié mûr que vous coupez de la grappe, & laissez à chaque grain un bout de queuë, fendez-le un peu par le côté avec la pointe

d'un petit couteau pour en ôter les pepins, ensuite vous le ferez confire de la
même façon que celui qui est à oreilles, à cette difference qu'à la fin de la
cuisson vous lui donnerez un sirop plus
fort, & le laisserez dans le sirop jusqu'au lendemain que vous le mettrez
égouter sur des feuilles, poudrez tout
le dessus avec du sucre fin passé au tambour, que vous jettez légerement avec
un sucrier, mettez-le sécher à l'étuve;
quand le dessus sera sec, vous le retournerez de l'autre côté pour y mettre
du sucre, rachevez de le faire sécher,
vous le conservez dans un endroit sec
dans des boëtes garnies de papier blanc.

Pâte de Verjus mêlé.

Mettez dans une poële trois livres de
verjus presque mûr, avec six pommes
de rambours franc, que vous pelez &
coupez par morceaux, avec un demi-
verre d'eau; faites bouillir le tout ensemble jusqu'à ce qu'il soit cuit en marmelade, passez-la au tamis en la pressant
fort avec une espatule pour en tirer le
plus que vous pourrez; mettez ce qui
a passé au travers du tamis dans une
poële sur le feu pour faire dessecher, &
réduire en marmelade bien épaisse que

vous tournez toujours avec l'espatule, & la mettez ensuite sur un plat ; faites cuire à la grande plume autant pesant de sucre que vous avez de marmelade, mettez-la dans le sucre pour les bien délayer ensemble en remuant toujours avec l'espatule, remettez sur le feu seulement pour faire chauffer ; quand elle sera prète à bouillir, vous la dresserez dans les moules & jetterez un peu de sucre fin dessus ; mettez sécher à l'étuve ; quand elle sera tout-à-fait seche dessus, vous l'ôterez des moules pour la repoudrer de sucre de l'autre côté, & racheverez de la faire sécher ; vous la conserverez dans une boëte garnie de papier blanc dans un endroit sec.

Pâte de Verjus.

Ayez du verjus bien mûr la quantité que vous jugerez à propos ; après l'avoir égrainé, vous le mettez dans une poële & l'écrasez avec l'espatule pour le faire crever sur le feu, ensuite vous le mettez sur un tamis pour faire passer au travers tout ce que vous pourrez, hors les pepins & les peaux ; faites dessecher sur le feu tout ce qui a passé au travers du tamis, jusqu'à ce que cela soit réduit en marmelade épaisse, que vous mettez tout de fuite fur un plat ; faites cuire à la grande plume autant pefant de fucre que vous avez de marmelade, mettez-la dans le fucre, que vous travaillez bien enfemble avec l'efpatule jufqu'à ce qu'ils foient mêlés, remettez votre pâte fur le feu en la remuant toujours ; quand elle fera prête à bouillir vous la drefferez comme la précédente, & ferez fécher à l'étuve.

DES COINGS.

OBSERVATION.

CE fruit eft de peu d'ufage dans les alimens, à moins qu'il ne foit employé avec le fucre ; fon odeur agréable, mais forte, fait qu'il caufe fouvent des maux de tête à plufieurs perfonnes ; les coings verds ont un goût fi âpre & fi ftiptique, qu'il n'eft pas poffible d'en mettre dans la bouche ; cependant ceux qui font mûrs font affez doux, mais il leur refte toujours une certaine faveur auftere qui ne peut s'en aller que par la cuiffon. Nous en avons de trois fortes, deux de cultivés, & une de fauvage, ces derniers qui font les plus petits de tous,

& qui croissent sur le coignassier sauvage dans les lieux pierreux, font peu employés ; les cultivés, tant les gros que les petits, servent à faire des confitures, des sirops & plusieurs autres choses, il faut préferer ceux qui sont petits, parce qu'ils sont plus odorans, & d'un beau jaune quand ils ont acquis leur maturité ; les gros sont plus pâles, moins odorans, & ont la chair plus molle. L'usage des coings qui ont été travaillés avec le sucre, fortifie l'estomac, excite l'appetit, aïde à la digestion, arrête le cours de ventre, les hémorragies, & empêche l'yvresse, ils ne produisent aucun mauvais effet quand on en use avec moderation. Ceux qui sont cruds causent des coliques & des indigestions.

Clarequets de Coings.

Prenez des coings des plus sains que vous pourrez trouver, il faut les bien peler & les couper par ruelles pour les mettre avec un peu d'eau, & les faire blanchir jusqu'à ce qu'ils soient en marmelade, que vous les jettez sur un tamis pour en exprimer le jus, il faut passer ce jus dans une serviette mouillée, le mesurer, & le mettre sur de la cendre chaude pour le tenir chaud ; mesurez du sucre

clarifié pour en mettre autant que de décoction de coings ; faites-le cuire & réduire au cassé, mettez dans le sucre la
décoction qui doit être chaude, faites-
les bouillir ensemble, vous ferez attention, qu'au deux ou troisième bouillon,
il faut bien écumer & regarder si votre gelée est faite, parce qu'elle se prend
aussi aisément que la groseille, ce que
vous connoîtrez quand elle tombera en
nappe de l'écumoire, que vous la verserez
dans les moules à clarequets, mettez-
les à l'étuve pour les faire prendre. Si
vous voulez en faire de rouge, vous ne
verserez que la moitié de votre gelée
blanche, vous la remettrez sur de la
cendre chaude, & vous y mettrez la
valeur d'une petite cuilliere à caffé de
cochenille, ou à bouche, suivant la
quantité que vous en aurez.

Coings confits au liquide.

Faites bouillir dans de l'eau jusqu'à
ce qu'ils fléchissent sous les doigts, des
coings jaunes & mûrs, après vous les
retirez à l'eau fraîche pour les couper
par quartiers ; il faut les peler proprement, en ôter les cœurs, & les rejetter
à mesure à l'eau fraîche ; prenez autant
de livres de sucre que vous avez de livres

de coings, pour le faire cuire au grand
liffé ; mettez les coings dans le fucre
pour les faire bouillir enfemble fur un
petit feu, vous aurez foin de les defcen-
dre de tems en tems pour les écumer ;
lorfque vous jugerez qu'ils feront affez
cuits, vous les ôterez doucement du fucre pour les mettre dans une terrine ;
achevez de faire cuire le fucre jufqu'à ce
qu'il foit au grand perlé, remettez les
coings dans le fucre feulement pour les
faire chauffer ; quand ils feront à demi-
froids, vous les mettrez dans les pots,
que vous ne couvrirez que lorfqu'ils feront tout-à-fait froids.

Coings confits à la Cardinale.

Préparez des coings de la même façon que les précedents, quand ils feront
dans le fucre, vous y mettrez fuffifamment de la couleur rouge préparée avec
de la cochenille, comme il fera expliqué à l'article des couleurs, il faut en
mettre jufqu'à ce que voyez que les
coings & le firop foient d'un beau rouge ;
lorfque vous verrez que les coings font
affez cuits, il faut les retirer du firop
pour les mettre dans une terrine ; remettez le firop fur le feu pour le faire cuire
jufqu'à ce qu'il foit au grand perlé, vous

y mettrez les coings seulement pour les faire chauffer ; quand ils seront à demi-froids , mettez-les dans les pots.

Compote de Coings à la Bourgeoise.

Mettez dans de l'eau bouillante trois ou quatre coings suivant qu'ils sont gros, faites-les bouillir jusqu'à ce qu'ils fléchissent sous les doigts, ensuite vous les retirez dans l'eau fraîche pour les couper par quartiers, les peler & en ôter les cœurs ; mettez-les dans une poële avec un peu de sucre clarifié pour leur faire prendre quelques bouillons ; quand ils seront assez cuits, vous les dresserez dans le compotier avec le sirop , & servirez chaudement.

Compote de Coings en gelée.

Prenez quatre coings, coupez-les par quartiers, ôtez-en les cœurs, & les pelez proprement, ensuite vous les arrangez dans une poële, vous y mettez un demi-septier d'eau & une demie livre de sucre ; couvrez la poële & la mettez sur un petit feu pour faire bouillir jusqu'à ce que les coings soient cuits, que vous les ôtez du feu pour les bien écumer ; dressez les coings dans le compotier l'un contre l'autre , faites recuire le ſucre juſqu'à ce qu'il ſoit réduit en ſirop, comme une gelée claire & vermeille ; mettez cette gelée ſur une aſſiette juſqu'à ce qu'elle ſoit tout-à-fait froide & bien priſe , alors vous mettrez votre aſſiette ſur un peu de cendre chaude , ſeulement pour en faire détacher la gelée , que vous gliſſez tout de ſuite ſur les coings. Cette gelée doit être naturellement vermeille, parce que les coings n'ont point été blanchis , & que vous les avez couverts en cuiſant.

Compote de Coings à la cendre.

Enveloppez dans pluſieurs morceaux de papier mouillé , autant de coings qu'il vous en faut pour faire une compote ; mettez-les dans de la cendre chaude pour les faire cuire à très-petit feu ; quand ils fléchiſſent ſous les doigts , vous les ôtez des papiers pour les couper par quartiers, les peler proprement , & en ôter les cœurs ; mettez-les dans une poële avec un demi verre d'eau , une demie livre de ſucre ; achevez de les faire cuire , ayez le ſoin d'en ôter le peu d'écume qu'il peut y avoir , avec des morceaux de papier ; dreſſez dans le compotier; ſi le ſirop n'a point aſſez de conſiſtance , vous lui ferez faire encore quelques bouillons pour

le

le faire réduire ; verfez-le fur les coings ,
il faut fervir cette compote chaude.

Marmelade de Coings.

Faites cuire dans de l'eau bouillante
des coings entiers jufqu'à ce qu'ils fléchiffent fous les doigts ; enfuite vous les
retirez dans de l'eau fraîche , & les mettez égoûter , vous les coupez par quartiers , les pelez & ôtez les cœurs ; paffez - en toute la chair au travers d'un
tamis , que vous mettez dans une poële
pour la faire deffécher , en la remuant
toujours fur le feu , jufqu'à ce qu'elle
foit bien épaiffe ; fur une livre de coings
defféchés , vous ferez cuire cinq quarterons de fucre à la grande plume ,
que vous mêlerez bien avec la pâte de
coings , en la travaillant avec l'efpatule ,
jufqu'à ce qu'ils foient incorporés enfemble ; remettez - la fur le feu , feulement
pour la faire frémir , en la remuant toujours , & la mettrez à demi froide
dans les pots. Si vous voulez que vô-
tre marmelade foit rouge , avant que
de la faire deffécher , il faut y mettre
de l'eau de cochenille , jufqu'à ce que
vous croyez qu'il y en ait affez ; vous
la ferez deffécher un peu plus long-
tems , parce qu'elle fera plus liquide ;

quand elle sera épaisse, comme la précédente, vous la racheverez de la même façon.

Marmelade de Coings d'une autre façon.

Prenez des coings & les faites blanchir, pour en faire une marmelade de la même façon que la précédente, excepté qu'il faut moins de sucre, livre pour livre de coings ; vous ferez des moules de papier de la largeur d'une feuille de cuivre, il faut que le bord de vos moules ne soit pas plus haut que le petit doigt ; vous aurez soin de graisser le fond des moules avec un peu de bonne huile d'olive ; lorsque votre marmelade sera faite, vous la verserez dedans & n'emplirez les moules qu'aux trois quarts de leur hauteur ; il faut l'étendre le plus également qu'il est possible ; mettez les moules sur des feuilles de cuivre pour mettre sécher à l'étuve ; vous verrez avec la main quand elle sera assez séche. Pour l'ôter de ces moules de papier, il faut les renverser sur des feuilles de cuivre pour en ôter le papier, & y poudrer un peu de sucre au travers d'un tamis fin, & laisserez sécher jusqu'à ce qu'elle se soutienne seule ; on la coupe par tablettes pour

servir sur le fruit; on en fait du bâton-
nage pour dresser en pyramide, & même on en met au candi; mais il faut
qu'elle soit plus séche, que pour la
mettre par tablettes; vous la serrez dans
des coffrets avec du papier blanc, dans
un endroit sec, sans être à l'étuve.

Sirop de Coings.

Ayez des coings bien mûrs que vous
pelez, & n'en prenez que la chair, mettez la dans un mortier pour la piler, &
en retirez le plus de jus que vous pourrez, en la tordant bien fort dans un torchon blanc, laissez-la reposer pour n'en
prendre que le clair, sur une chopine
de jus, vous ferez cuire deux livres de
castonnade à la grande plume; mettez-
y le jus ou le suc des coings, pour le
faire bouillir quelques bouillons avec
la castonnade, jusqu'à ce qu'il soit réduit en sirop fort, ou au grand perlé;
quand il sera presque froid, vous le mettrez dans les bouteilles, que vous ne
boucherez que quand il sera tout-à-fait
froid.

Gelée de Coings.

Coupez par morceaux quatre livres
de coings presque mûrs, pour les met-

tre dans une poële, avec trois pintes
d'eau; couvrez-les, & les faites cuire,
jufqu'à ce qu'ils foient en marmelade;
paffez cette décoction au travers d'un
tamis; fur une chopine de cette décoction, vous ferez cuire une livre de fucre à la grande plume; mettez le jus
avec le fucre pour les faire cuire enfemble fur un moyen feu, afin que la
gelée ait le tems de rougir; jufqu'à ce
que vous voyez qu'elle foit à fon point
de cuiffon, que vous connoîtrez en
prenant de la gelée avec l'écumoire, fi
elle retombe en nappe, vous la mettrez
dans les pots.

Ratafiat de Coings excellent.

Prenez des coings bien fains, & les
rapez; & les laiffez infufer vingt-quatre heures dans une terrine; il faut enfuite les preffer dans un torchon neuf,
pour en exprimer tout le jus; vous mefurerez ce jus, pour y mettre autant
d'eau-de-vie, pinte pour pinte; avant que
de mêler le jus avec l'eau-de-vie, vous
lui donnerez trois bouillons fur le feu,
& vous y ferez fondre votre fucre, &
mêlerez le tout enfemble pour le mettre dans une cruche; il faut un quarteron de fucre par pinte de chaque efpece;

ſi la cruche eſt de douze pintes, vous y mettrez l'écorce d'un gros citron, ou de deux petits, & un petit bâton de canelle ; ce ratafiat n'eſt point mielleux, il eſt excellent, il n'eſt point néceſſaire de le paſſer ; vous le mettez dans des bouteilles ; il s'y fait un petit dépôt, vous le changez après de bouteilles.

Pâte de Coings au naturel.

Prenez des coings bien mûrs , que vous mettez entiers dans de l'eau bouillante pour les faire cuire, juſqu'à ce qu'ils fléchiſſent beaucoup ſous les doigts ; retirez-les pour les mettre égoûter ; enſuite vous les paſſerez au travers d'un tamis, en les preſſant fort avec une eſpatule pour en tirer le plus de marmelade que vous pourrez ; mettez cette marmelade dans une poële , pour la faire deſſécher ſur un moyen feu, en la remuant toujours, juſqu'à ce qu'elle quitte la poële , que vous la retirez ; ſur trois quarterons de cette marmelade, vous ferez cuire une livre de ſucre à la petite plume ; mettez-y la marmelade que vous travaillerez avec le ſucre , juſqu'à ce qu'ils ſoient bien mêlés enſemble ; remettez la poële ſur le feu pour la faire chauffer, prête à bouillir, en remuant toujours, vous la dresserez ensuite dans les moules à pâte pour la mettre sécher à l'étuve.

Pâte de Coings à l'Ecarlate.

Faites cuire dans un four des gros coings entiers, après vous leur ôtez la peau, & les passez au travers d'un tamis, en les pressant fort avec une espatule; mettez-les dans une poële pour les faire desséc her à moitié sur un petit feu; ensuite vous les couvrez, & les entretenez chauds sur de la cendre chaude pour les faire rougir; quand ils seront rouges, vous y mettrez de la cochenille préparée, pour les rendre encore plus rouges; délayez bien cette marmelade, & la remettez sur le feu, pour rachever de la faire dessécher, jusqu'à ce qu'elle quitte la poële; faites cuire à la petite plume autant pesant de sucre que vous avez de marmelade de coings, que vous mêlez ensemble, jusqu'à ce qu'ils soient bien incorporés l'un avec l'autre; remettez sur le feu pour faire chauffer, jusqu'à ce qu'elle soit prête à bouillir, en remuant toujours avec l'espatule, dressez dans

les moules que vous mettez à l'étuve
pour faire sécher.

DE LA GUIMAUVE.

OBSERVATION.

LA Guimauve est une espece de
Mauve sauvage, qui a des feuilles
rondes, ses fleurs ressemblent aux roses,
& ses tiges sont hautes de deux coudées, sa racine est visqueuse & blanche en dedans ; on l'arrache en Septembre ; elle naît dans des lieux gras &
humides, & fleurit en Juin & Août ; elle
est estimée bonne pour la dissenterie &
le crachement de sang. Sa racine cuite
dans du vin ou de l'hydromel est admirable contre tous les maux de ventre ; l'Office fait usage de la racine pour
faire des pâtes, des conserves, des sirops, qui sont estimés pour le rhume.

Pâte de Guimauve.

Prenez une livre de racine de guimauve nouvelle, que vous ratissez & lavez,
coupez-la par petits morceaux, pour la
faire cuire jusqu'à ce qu'elle s'écrase facilement sous les doigts ; ensuite vous la

passerez dans une étamine avec de l'eau de sa cuisson; bourez-la avec une cuillie-re pour qu'il n'en reste point dans l'éta-mine; vous mettez tout ce que vous avez passé dans une poële sur le feu pour la faire dessécher jusqu'à ce qu'elle soit bien épaisse, & qu'elle quitte la poële, en la remuant toujours avec une espa-tule; faites cuire une livre de sucre à la grande plume, délayez-y la guimau-ve desséchée; tenez-la sur un feu très-doux, pendant que vous travaillez la guimauve avec le sucre pour les bien incorporer ensemble; ensuite vous dres-serez votre pâte dans des moules, que vous mettrez sécher à l'étuve.

Pâte de Guimauve d'une autre façon.

Faites une marmelade de guimauve de la même façon que la précédente; lorsque vous l'aurez desséchée sur le feu, vous la mettrez dans un mortier, avec un peu de gomme adragante, dé-trempée, & passée dans un linge; ajoû-tez-y du sucre fin, que vous mettez à mesure, que vous pilez ensemble, con-tinuez à mettre du sucre, jusqu'à ce que cela vous forme une pâte maniable; vous la retirez du mortier pour en for-mer

mer des paſtillages de guimauve de. la
façon que vous voudrez.

Conſerve de Guimauve.

Mettez cuire une livre de racine de
guimauve de la même façon qu'il a été
dit ci-devant ; quand vous l'aurez paſſé
au travers d'un tamis, faites - la deſſécher ſur le feu ; enſuite vous la mettez
dans une livre de ſucre cuit au caſſé,
que vous ôtez du feu, & travaillez la
guimauve avec le ſucre, en la remuant
toujours avec l'eſpatule, juſqu'à ce
que le ſucre blanchiſſe, & faſſe une petite glace par - deſſus, & vous verſerez
votre conſerve dans des moules de papier ; quand elle ſera froide, vous l'ô-
terez des moules pour la couper à votre
uſage, en quarré, en loſange, ou en
long, de la façon que vous voudrez.

Sirop de Guimauve.

Mettez dans un pot ou une caffetiere
bien propre, une livre de racine de guimauve ratiſſée, lavée & coupée par petits
morceaux, faites - la bouillir avec de
l'eau juſqu'à ce que la racine ſoit bien
cuite & très-gluante, enſuite vous paſſez cette eau dans un tamis en preſſant un
peu la racine pour en tirer le ſuc ; ſur un

demi-septier de cette décoction, faites cuire une livre de sucre au perlé, mettez-y le jus de guimauve que vous faites bouillir avec le sucre jusqu'à ce qu'il soit réduit en sirop, ou cuit au perlé; quand il sera à demi-froid vous le verserez dans les bouteilles, & ne les boucherez que lorsqu'il sera tout-à-fait froid.

DE LA RÉGLISSE.

OBSERVATION.

C'EST une plante qui a ses branches hautes de deux coudées, ses feuilles sont attachées deux à deux, épaisses, grasses & gommeuses au manier, sa fleur est comme celle de l'hyacinte, sa racine qui est assez connue par les usages que l'on en fait pour les tisanes, est employée à l'Office pour faire des pastilles & des pâtes pour le rhume & pour les douleurs d'estomac.

Pastilles de Réglisse pour le rhume.

Prenez un quarteron de réglisse verte, que vous ratissez & concassez, mettez-la dans une caffetiere avec un peu d'eau, faites-la bouillir jusqu'à ce qu'elle ait

rendu tout son suc, & qu'il reste peu
d'eau, passez cette eau dans un tamis
en pressant la réglisse ; mettez fondre
dans cette même eau une once de gomme
adragante ; lorsqu'elle sera fondue, vous
la passerez dans une serviette en la pressant fort ; mettez-la dans un mortier
avec du sucre fin, pilez le tout ensemble, en y ajoutant du sucre fin, jusqu'à
ce que vous ayez une pâte maniable, que
vous retirerez du mortier pour en former des pastilles de la grandeur & dessein que vous voudrez, que vous mettez
sécher à l'étuve.

Pâte de Réglisse pour le rhume.

Ayez une demie livre de réglisse verte que vous ratissez & concassez par
petits morceaux, mettez-la dans une
caffetiere avec de l'eau, deux pommes
de reinette, une poignée d'orge ; faites
bouillir le tout ensemble jusqu'à ce que
l'orge soit cuit, & qu'il ne reste qu'environ un demi-septier d'eau ; passez le tout
ensemble dans un tamis en pressant fort
avec une espatule pour en tirer le plus de
décoction que vous pourrez, faites fondre
dans cette décoction une once de gomme
adragante ; lorsqu'elle sera fondue, mettez-y une demie livre de sucre clarifié, que

vous mettez le tout enfemble fur un moyen feu pour le faire deffécher en le remuant toujours avec l'efpatule jufqu'à ce que votre pâte ne fe cole plus après les doigts, que vous la dreflerez fur des feuilles de cuivre frotées légerement d'huile, enfuite vous la couperez de la longueur du doigt, & de la largeur de demi-doigt, pour la mettre fécher à l'étuve.

DES GRENADES.

OBSERVATION.

C'EST un fruit affez connu, il eft plus recherché pour le plaifir que pour fon utilité; nous en avons de trois fortes, les premieres font douces, les fecondes aigres, les troifiémes font vineufes & tiennent le milieu entre les douces & les aigres; il faut les choifir groffes, bien mûres & chargées de grains; celles qui font douces, rafraichiffent & adouciffent les âcretés de la poitrine; les aigres excitent l'appetit, fortifient le cœur, & font employées en Médecine.

Conserve de Grenades.

Epluchez grain à grain une grosse grenade, vermeille & très-mûre, mettez tous ces grains dans un torchon blanc pour presser fort & en tirer le plus de jus que vous pourrez ; faites bouillir ce jus sur le feu & réduire à moitié ; vous avez tout prêt une livre de sucre cuit à la grande plume ; lorsqu'il est à moitié froid, vous y mêlez le jus de la grenade ; après l'avoir remué quelques tours avec l'espatule, vous dressez la conserve dans un moule de papier ; quand elle sera froide, vous la couperez par tablettes à votre usage.

Sirop de Grenades.

Ayez suffisamment de grosses grenades aigres pour en tirer tous les grains que vous écrasez, & les mettez dans une poële sur le feu pour les faire bouillir quelques bouillons, & ensuite les passer au travers d'un torchon blanc en le tordant fort pour en tirer tout le jus, faites bouillir ce jus jusqu'à ce qu'il soit réduit à moitié ; sur un demi-septier de ce jus que vous avez fait réduire, faites cuire une livre de sucre au grand perlé, mettez-y le jus pour le faire bouillir avec

le sucre environ quatre bouillons ; ôtez-
le du feu & le mettez dans les bouteilles quand il est presque froid.

Gelée de Grenades.

Pour faire une gelée de grenades,
il faut faire une décoction de pommes,
vous prenez des pommes suivant la quantité que vous en voulez faire, coupez-
les par petits morceaux pour les mettre
dans une poêle avec un peu d'eau, & les
faire bouillir à petit feu jusqu'à ce qu'elles soient en marmelade, que vous les
passerez au travers d'un tamis pour en tirer
le plus de décoction que vous pourrez,
mettez dans cette décoction des grains
de grenades bien rouges que vous aurez
émondés, faites-les bouillir ensemble un
moment, ensuite vous passez votre gelée
dans un tamis ; sur une chopine, vous
ferez cuire une livre de sucre au gros
boulet, mettez-y ce que vous avez passé au tamis, pour le faire bouillir avec
le sucre jusqu'à ce que votre gelée soit
faite, ce que vous connoîtrez si en la prenant avec l'écumoire elle retombe en
nappe d'eau, vous la verserez tout de
suite dans les pots.

Glace de Grenades. *Voyez* l'article
des Glaces, *page* 168.

DES NEFLES ET AZEROLES,

OBSERVATION.

LEs nefles font des fruits qui font peu
fervis fur les bonnes tables ; elles
ont ordinairement quatre ou cinq
noyaux ou offelets , qui font employés
en Médecine pour des compofitions
aftringentes. Il faut choifir les nefles bien
mûres , moëleufes & groffes. Elles empêchent l'yvreffe, fortifient l'eftomac, &
arrêtent le cours de ventre; quand on en
ufe avec excès , elles empêchent la coction des autres alimens, parce qu'elles
fe digerent difficilement , les feuilles &
les fleurs font employées pour faire des
gargarifmes pour les maux de gorge.

Les azeroles font affez femblables aux
nefles , excepté qu'elles font plus petites , elles ont comme elles une efpece
de couronne ; ce fruit , quand il eft mûr
eft rouge , doux & moû ; les meilleures
font celles qui croiffent dans l'Italie & le
Languedoc , leurs proprietés font les
mêmes que celles des nefles.

Dd iiij

Nefles & Azeroles au Caramel.

Ces fruits ne font prefque d'aucun ufage à l'Office, cependant fi l'on vouloit en fervir, & les donner d'une autre façon que dans leur naturel, vous leur mettez à chacun un petit bâton, faites cuire du fucre au caramel que vous tenez chaudement fur un petit feu, & y trempez l'une après l'autre des nefles ou des azeroles, que vous mettez à mefure fur un clayon, c'eft-à-dire, vous mettez les bâtons dans la maille du clayon, afin que le caramel puiffe fécher en l'air, & les fervirez enfuite fur des affiettes garnies d'un rond de papier découpé.

DES RAISINS.

OBSERVATION.

NOUS avons de trois fortes de raifins diftingués par leur couleur, les noirs, les rouges & les blancs, chaque efpece fe fubdivife encore en d'autres. Ceux qui font les meilleurs pour fervir fur les bonnes tables, dont la connoiffance eft néceffaire au Maître d'Hôtel, font le *Raifin hâtif* qui paroît le premier, que l'on appelle *Morillon noir*, plus curieux pour fa nouveauté que par fa bonté, parce qu'il paroît noir avant fa maturité, ce qui fait qu'il eft fouvent fervi ayant la peau encore fort dure, cependant il devient doux quand il eft bien mûr ; on glace de fucre ceux que l'on fert pour la nouveauté, après qu'ils ont déja paru dans leur naturel, comme cela fe pratique à l'égard de plufieurs autres fortes de fruits précoces qui ne font pas encore dans leur bonté. *Le Chaffelas* qui eft très-eftimé, comprend deux efpeces, le blanc & le rouge, tous les deux fort bons, principalement le blanc que l'on a plus communement ; & qui eft celui de tous les raifins qui fe conferve le plus long-tems. *Le Mufcat*, nous en avons de trois fortes, le blanc eft le plus eftimé, auffi excellent à manger dans fon naturel que propre à faire fécher au foleil, ou au four, & à confire ; celui qui eft d'un rouge violet n'eft pas ordinairement fi bon que le blanc ; le Mufcat noir qui eft le moins bon des trois, eft de moyenne groffeur, & d'un grain rond. *Le Bourdelais*, on l'appelle communément *Verjus*, parce qu'il ne mûrit prefque jamais entierement ; c'eft un gros raifin longuet & blanc, dont les grappes font très-groſſes, ſon uſage eſt excellent pour les compotes & confitures de ver-jus. *Le Raiſin de Corinthe* eſt d'un grain très-menu, & a la grappe fort petite, cependant il eſt très-eſtimé, parce qu'il eſt ſans pepins, & d'une eau très-douce. Il y a encore les *Raiſins de Vigne* que l'on appelle *Raiſins communs*, ils ſont réſervés à faire differentes ſortes de vins. En général, il faut choiſir les raiſins gros, bien mûrs, avec une peau mince & délicate; les raiſins nourriſſent beau-coup, adouciſſent les âcretés de la poi-trine, excitent l'appetit, & lâchent le ventre, leur uſage trop fréquent produit des vents & des coliques.

Raiſin en Chemiſe.

Prenez le raiſin que vous voudrez, pourvû qu'il ſoit mûr; le chaſſelas & le muſcat ſont les meilleurs; détachez-le par petites grappes, & les mettez tremper dans du blanc-d'œuf à moitié fouetté; enſuite vous les maniez un peu dans les mains, pour qu'il reſte peu de blanc-d'œuf; il faut tout de ſuite les mettre dans du ſucre fin, un peu chaud; quand elles auront pris ſucre partout, & qu'elles ſeront ſéches, vous les dreſ-

ferez de la façon que vous jugez à propos.

Raisinet, Confiture Bourgeoise.

Il faut cueillir, par un tems sec, le
raisin que vous destinez pour faire le
raisinet, & le garderez trois ou quatre
jours avant que de vous en servir, pour
qu'il ait le tems de s'amortir un peu ;
après l'avoir égrainé de ses grappes,
vous mettez tous les grains dans le
vaisseau que vous jugerez à propos ;
pourvû qu'il soit bien propre ; faites-
les bouillir sur un petit feu, en l'écumant à mesure, & le remuant au fond
avec l'espatule, jusqu'à ce qu'il soit diminué à moitié, & qu'il commence à s'é-
paissir ; alors vous le passerez au travers
d'un tamis, en le pressant fort avec l'espatule, pour qu'il ne reste dans le tamis
que les peaux & les grains ; remettez
sur le feu ce qui a passé au tamis, pour
le faire cuire sur un très-petit feu, en
le remuant toujours au fond, jusqu'à
ce qu'il soit réduit en sirop, que vous
l'ôterez pour le mettre dans les pots.
Si vous y voulez du sucre, vous en
mettrez la quantité que vous jugerez
à-propos, en le remettant sur le feu, a-
près l'avoir passé au tamis.

Raifin confit au liquide.

Choififfez du gros mufcat blanc, prefque mûr, détachez les grains des grappes, & leur ôtez à chacun les pepins, avec une brochette pointuë, fans faire une trop grande ouverture ; ayez de l'eau chaude dans un vaiffeau, telle que vous jugerez-à-propos, pourvu qu'elle foit bien couverte ; mettez-y votre raifin pour le laiffer jufqu'à ce qu'il foit reverdi, vous aurez foin de tenir l'eau dans la même chaleur, fans la faire trop chauffer ; après avoir retiré le raifin de l'eau, & fait égoûter, vous le mettrez dans un fucre cuit à la grande plume ; il faut autant de livres de fucre que de livres de fruit ; faites-le cuire avec le fucre jufqu'à ce qu'il foit réduit en firop ; ôtez-le du feu ; quand il fera prefque froid, vous le mettrez dans les pots.

Raifin confit fans peau.

Ayez du gros mufcat à demi mûr ; ôtezen les peaux de chaque grain, & les pepins, avec une petite brochette pointue ; faites cuire à la petite plume autant pefant de fucre que vous avez de raifin ; mettez-le dans le fucre, pour lui donner un très-petit bouillon ; ensuite vous le mettez dans une terrine, pour le laisser vingt - quatre heures dans le sucre ; après vous coulerez doucement le sirop dans une poële pour le faire cuire au grand perlé ; remettez les raisins dans le sucre pour leur donner deux ou trois bouillons; ayez soin de les bien écumer; quand ils seront à demi froid, vous les mettrez dans les pots.

Raisin confit au sec en grappes.

Prenez du gros muscat ; presque mûr, coupez - le par petites grappes ; faites cuire à la grande plume trois quarterons de sucre pour livre de raisin ; rangez toutes vos petites grappes dans le sucre; faites bouillir votre raisin deux ou trois bouillons couverts jusqu'à ce que le sirop soit au grand perlé ; descendez-le du feu, pour l'écumer avec des petits morceaux de papier; quand il sera froid, vous retirerez toutes les petites grappes pour les mettre égoûter sur des feuilles de cuivre; poudrez tous les raisins avec du sucre fin passé au tambour, que vous mettrez légerement avec un sucrier, & le mettrez à l'étuve pour le faire sécher.

Compote de Raisin Muscat.

Egrainez des raisins muscats bien mûrs, ôtez-en les pepins avec une petite brochette pointue ; pelez - les si vous le jugez - à - propos ; sur une livre de raisin , vous ferez cuire à la petite plume une demie livre de sucre; mettez-y les raisins pour leur donner quelques bouillons ; ensuite vous les descendez du feu pour les écumer avec des petits morceaux de papier blanc, que vous passez dessus ; dressez dans le compotier.

Conserve de Muscat.

Prenez une livre de raisin muscat bien mûr, égrainez-le & le mettez dans une poële sur le feu, pour lui faire rendre son jus ; passez-le au tamis, en le pressant fort avec une espatule; mettez-le jus qu'il aura rendu sur le feu pour le faire décuire, & réduire à un quart; faites cuire une livre de sucre au cassé; laissez un peu réfroidir le sucre, & y mettez le muscat que vous avez fait décuire; travaillez - le avec l'espatule, en le remuant toujours , jusqu'à ce que le sucre commence à blanchir, que vous dreſſez la conſerve dans un moule de papier ; quand elle ſera priſe , & tout-à-fait froide , vous la couperez par tablettes à votre uſage.

Pâte de Muſcat.

Egrainez trois livres de raiſin muſcat , que vous mettez dans une poële avec un demi-ſeptier d'eau ; faites bouillir un bouillon couvert , & mettez votre raiſin ſur un tamis , pour en tirer le plus de jus que vous pourrez en le preſſant fort avec une eſpatule ; enſuite vous mettrez tout ce que vous avez tiré ſur le feu pour le faire deſſécher , & réduire en marmelade épaiſſe ; ſur une livre de cette marmelade , vous ferez cuire une livre de ſucre à la grande plume ; mettez-y la marmelade de raiſin , pour les bien mêler enſemble en les remuant toujours avec l'eſpatule ; remettez ſur le feu ſeulement pour faire frémir en la remuant ; après vous la dreſſez dans les moules à pâte pour faire ſécher à l'étuve.

Gelée de Muſcat.

Mettez dans une poële ſix livres de raiſin muſcat bien mûr, que vous égrai

nez de fa grappe, avec un verre d'eau;
faites-le bouillir fix ou fept bouillons,
& le paffez enfuite au tamis pour en tirer
tout le jus; fur une chopine de ce jus,
faites cuire une livre de fucre à la grande plume; mettez-y le jus de mufcat,
pour faire bouillir avec le fucre, jufqu'à ce qu'en prenant de la gelée avec
l'écumoire, elle retombe en nappe; ô-
tez-la du feu; quand elle fera un peu
réfroidie, vous la mettrez dans les
pots.

Clarequets de Mufcat.

Coupez par morceaux trois pommes
de rambour franc, que vous mettez
dans une poële, avec un demi-feptier
d'eau, & deux livres de raifin mufcat
prefque mûr; faites bouillir enfemble
jufqu'à ce que les pommes foient en
marmelade; paffez enfuite cette décoction au tamis; fur un demi-feptier
faites cuire une livre de fucre au caffé;
mettez-y votre décoction pour les remettre fur le feu, & réduire en gelée;
faites faire deux ou trois bouillons, &
l'ôterez lorfqu'elle tombera en nappe
de l'écumoire, pour la mettre dans les
moules à clarequets, que vous mettrez
à l'étuve pour les faire prendre.

Ratafiat

Ratafiat de Raifin Mufcat.

Prenez du raifin mufcat, qui foit
très-mûr ; écrafez - en tous les grains
pour en tirer tout le jus, que vous paffez dans un tamis, en le preffant fort
avec l'efpatule ; fur deux pintes de
ce jus, que vous mettez dans une
cruche ; mettez - y avec deux pintes
de bonne eau-de-vie , une livre de
fucre, un demi gros de canelle ; bouchez bien la cruche avec un bouchon
de liége , & un parchemin mouillé ;
mettez infufer votre ratafiat au Soleil
pendant cinq ou fix jours ; enfuite vous
le pafferez à la chauffe ; lorfqu'il fera
bien clair , vous le mettrez dans des
bouteilles que vous aurez foin de bien
boucher.

Ratafiat de Mufcat mêlé.

Pilez dans un mortier quinze amandes
de noyaux d'abricots , avec une petite
branche de fenouil , une demie poignée
de coriandre , un demi gros de canelle,
le tout étant pilé, vous le mettez dans
une cruche avec trois chopines de jus de
raifin mufcat bien mûr, deux pintes d'eau-
de-vie , deux livres de fucre cuit au
grand perlé, mêlez bien le tout enfemble
Ee

dans la cruche, & la bouchez d'un bouchon de liege couvert d'un parchemin
mouillé, que vous mettrez infufer pendant trois femaines au foleil du midi,
enfuite vous le pafferez plufieurs fois à
la chauffe, s'il n'étoit pas affez clair de
la premiere, & le conferverez dans des
bouteilles bien bouchées.

Pommade pour les lévres.

Prenez une demie livre de beurre frais,
un quarteron de cire neuve jaune, une
once d'or canette, trois grappes de raifin noir, vous n'en prendrez que les
grains ; mettez le tout dans une terrine
neuve vernie, que vous ferez bouillir
jufqu'à confiftance de cuiffon, c'eft-à-
dire, quand vous verrez qu'elle fera
affez épaiffe, vous la pafferez dans un
linge blanc fans l'exprimer ou preffer;
lorfque votre pommade quittera le vafe
où vous l'avez paffée, elle fera à fa cuiffon. Cette pommade, quoique fimple,
eft très bonne, & fe garde tant que l'on
veut, la bonne façon eft d'en faire plufieurs petits pots.

DES POMMES.

OBSERVATION.

CE fruit qui est très-connu, est fort en usage parmi les alimens, principalement dans l'Hyver, tems auquel il est meilleur, parce qu'il a eu le tems de déposer son humidité cruë. Il y en a de beaucoup d'especes differentes, qui sont distinguées par leur grosseur, leur couleur & le goût, quelques-unes ont un goût de poires, ce qui leur vient des greffes que l'on a entées sur des poiriers. Nous en avons dans toutes sortes d'endroits, cependant elles sont plus communes en Normandie qu'en toute autre Province, non-seulement celles qui sont bonnes à manger, mais encore beaucoup d'autres qui ont un goût acide, & qui ne servent qu'à faire d'excellent cidre.

Dans le choix que l'on fait des pommes, il faut observer qu'elles soient assez mûres, d'un goût doux, & bien colorées. Elles sont apperitives, cordiales, rafraichissantes, appaisent la soif, excitent le crachat, & lâchent le ventre; cependant ceux qui ont l'estomac foible

Ee ij

doivent en ufer avec moderation, celles qui font cuites doivent être préferées pour la fanté à celles qui font crues.

Des differentes efpeces de Pommes.

LES premieres qui paroiffent, & qui durent peu de tems, font les *Paffepommes*, il y en a de hâtives & de tardives, de rouges & de blanches, elles ne font recherchées que pour la nouveauté, & pour en faire des compotes.

Le Rambour franc, qui eft une très-bonne pomme à mettre en compote, fe mange dans le mois d'Août, elle eft groffe, & il y en a de toutes blanches qui peuvent s'employer à demi verd, d'autres qui font rayées de rouge d'un côté, & vertes de l'autre.

La Reinette commence d'être bonne à manger cruë à la fin de Décembre, & fe conferve jufqu'au Printems, nous en avons de plufieurs efpeces, de grifes, de blanches, de vertes & de rouffes, la plus eftimée eft la reinette franche, fa couleur eft d'un jaune marqué de petits points noirs, elle a l'eau fucrée. La blanche eft celle de toutes les reinettes la moins eftimée.

La Calville qui commence en Octobre, & dure jufqu'à la fin de Février,

se divise en deux especes, la blanche qui
vient la premiere, est aussi blanche en
dedans que dehors ; la rouge vient
après, sa chair est quelquefois teinte de
rouge, ce qui lui donne une bonne
odeur de violette, & la fait estimer ;
leur maturité se connoît, si en les secouant contre l'oreille vous entendez
sonner les pepins.

La Pomme de Gorge de Pigeon est semblable à la Calville rouge, excepté
qu'elle n'est pas d'une couleur si foncée,
elle est excellente pour faire des compotes & de la gelée bien blanche ; de
toutes les Pommes, les Reinettes, les
Calvilles, & les Pommes de Gorge de
Pigeon, sont celles qui réussissent le
mieux pour les compotes.

La Pomme d'Apy est très-connue pour
sa petitesse, son joli vermillon & sa peau
unie qui ne se fane jamais ; de sorte
qu'elle se montre avec son même éclat
depuis la fin de Novembre qu'elle commence à paroître jusqu'à la fin d'Avril,
elle est bonne à manger quand il ne reste
plus de verd auprès de l'œil, ni auprès
de la queuë ; sa chair croquante d'un
certain goût de parfum la fait très-esti-
mer, sa peau est si fine, qu'à peine l'ap-
perçoit-on, elle se mange avec la pom-

me, & contribue encore à l'agrément de son goût.

Le Chantigner est une bonne pomme, d'une substance ferme & agréable, sa couleur est d'un blanc rayé de rouge.

Le Courpendu se mange depuis Décembre jusqu'au commencement d'Avril, nous en avons de deux sortes, de rouge & de blanc, qui sont tous les deux très-bons, d'une eau relevée, & la chair fine.

Le Fenouillet, ainsi appellé, parce que quand on le mange il a un goût de fenouil, est bon à servir depuis Décembre jusqu'à la fin de Mars; il y en a de trois sortes, l'une d'un gris roussâtre qui approche de ventre de biche, une jaune, & l'autre blanche.

La Pomme d'Or d'Angleterre qui est très-estimée, est semblable à la pomme d'Apy, & même plus recherchée pour son bon goût, les meilleures nous viennent du côté du Rhône.

La Violette se peut manger aussi-tôt qu'elle est cueillie, & dure jusqu'à la fin de Janvier, c'est une grosse pomme ronde, qui est fort bonne, sa couleur est d'un rouge rayé de violet, sa chair est blanche, fine & d'une eau sucrée.

Nous avons encore le Petit-Bon, le

Francatus, la Lazarelle, les Orgerans, la pomme de Glace, la Jerusalem, & beaucoup d'autres qui ne sont bonnes qu'à sécher, ou pour mettre cuire au four.

Clarequets de Pommes.

Prenez un demi quarteron de pommes de reinettes tendres, & qui ne soient point tachées, pelez-les légerement, & qu'il ne reste point de peau ; il faut les couper bien minces & les laver dans trois ou quatre eaux en les frottant avec les mains pour en faire sortir la crasse ; mettez-les dans une pinte d'eau, sur un grand feu, vous aurez soin de les couvrir d'un rond de papier ; quand l'eau en sera réduite aux trois quarts & plus, vous les jetterez sur un tamis que vous mettrez sur une terrine ou un plat pour en recevoir le jus ; passez ce jus à la chausse ou dans une serviette mouillée, vous tremperez votre doigt dedans, & vous verrez si vous la sentez assez gluante, elle sera assez forte, il faut mesurer cette décoction afin de vous régler pour mettre autant de sucre clarifié, que vous reduirez au cassé ; mettez-y votre décoction que vous aurez eu soin de tenir sur de la cendre chaude, versez-la doucement afin de décuire le fucre, mettez votre gelée fur le feu ; au premier bouillon, vous l'ôterez pour l'écumer, remettez-la fur le feu pour faire deux ou trois bouillons couverts ; pour connoître fa cuiffon, trempez-y une cuilliere d'argent ; fi elle tombe en nape, & qu'elle quitte net, c'eft une marque qu'elle eft bien, vous la retirez pour la mettre dans les gobelets à clarequets.

Compote de Pommes de Reinette à la Bourgeoife.

Coupez par la moitié fept ou huit pommes, dont vous ôtez les cœurs, piquez dans plufieurs endroits le deffus de la peau avec la pointe du couteau ; après les avoir mifes un moment dans l'eau, vous les mettez dans une poële fur un petit feu avec environ un quarteron de fucre & deux verres d'eau ; faites-les cuire jufqu'à ce qu'elles fléchiffent beaucoup fous les doigts, que vous les retirez pour les dreffer dans le compotier ; donnez encore quelques bouillons à votre firop, que vous pafferez au tamis fur les pommes.

Compote blanche de Reinette.

Ayez fept ou huit pommes de reinette que

que vous coupez par la moitié , ôtez-en
les cœurs & les pelez proprement pour
les mettre à mesure dans de l'eau, ensuite
vous les mettez dans une poële avec
deux verres d'eau , deux ou trois tranches de citron , un quarteron de sucre ;
faites cuire à petit feu jusqu'à ce que les
pommes fléchissent beaucoup sous les
doigts, que vous les dressez dans le
compotier ; passez le sirop au tamis, &
le faites réduire sur le feu jusqu'à ce que
le sucre vienne au grand lissé, que vous
le versez sur les pommes.

Compote de Pommes en gelée.

Mettez dans une poële huit pommes
de reinette coupées par petits morceaux , avec la moitié d'un citron en
tranches, & une pinte d'eau ; mettez-les
sur le feu pour les faire cuire jusqu'à ce
qu'elles soient presqu'en marmelade,
que vous les passez au travers d'un tamis pour en recevoir la décoction, que
vous mettez dans la poële avec une livre de sucre clarifié , huit pommes de
reinette coupées par moitié , les cœurs
ôtés, & pelées proprement ; faites bouillir les pommes avec le sucre clarifié &
la décoction , jusqu'à ce qu'elles fléchissent beaucoup sous les doigts , en-

Ff

fuite vous les dreffez dans le compotier, paffez le firop au tamis, & le remettez fur le feu pour le faire réduire
jufqu'à ce qu'en le prenant avec une
cuilliere, il tombe en nappe & quitte net,
ôtez le du feu pour le verfer fur une affiette, ce qui vous fournira une belle gelée;
quand elle fera prife, il faut mettre l'affiette fur un feu doux, feulement pour
faire détacher la gelée, que vous glifferez fur les pommes qui font dans le
compotier. Ordinairement ces pommes
fe mettent entieres, parce qu'elles en
font plus belles.

Compote de Pommes à la cloche.

Otez les cœurs à fept ou huit pommes
de reinette en les perçant avec une vuidelle de fer-blanc que vous paffez au
travers de la pomme, en commençant
par le côté de la queue, ou avec un
petit couteau; il faut prendre garde de
les caffer, enfuite vous mettez les pommes fur un compotier d'argent, ou fur
une affiette, avec du fucre fin deffus &
deffous, mettez le compotier fur un très-
petit feu, couvrez-les d'un couvercle
de tourtiere avec du feu deffus, faites-
les cuire à petit feu; lorfqu'elles fléchiront fous les doigts, & qu'elles feront bien

glacées, vous les servirez chaudement ; si vous voulez les servir dans un compotier de porcelaine, vous les glisserez dedans, & les tiendrez chaudement à l'étuve jusqu'à ce que vous les serviez.

Compote de Pommes farcies.

Prenez six belles pommes de reinette que vous pelez & vuidez avec une vuidelle ou un petit couteau, mettez-les dans de l'eau fraîche avec un jus de citron pour les tenir blanches, faites cuire une demie livre de sucre clarifié que vous ferez réduire à la grande plume, mettez-y cuire les pommes ; vous aurez soin qu'elles ne se lâchent point ; lorsqu'elles seront cuites, vous les dresserez dans le compotier ; quand elles seront froides, il faut les farcir, c'est-à-dire, les remplir d'une marmelade d'abricots ou de telle confiture que vous voudrez ; vous racheverez de faire cuire le sirop jusqu'à ce qu'il soit en gelée, que vous le mettrez sur une assiette jusqu'à ce qu'il soit froid ; lorsque vous voudrez servir, faites chauffer l'assiette sur le bord d'un fourneau, seulement pour en faire détacher la gelée que vous glissez sur les pommes.

Vieille compote de pommes grillées au caramel.

Lorſque l'on a des vieilles compotes blanches, que l'on veut changer, il faut les faire griller dans leur ſirop, c'eſt à-dire les réduire au caramel, vous tour-nez la poële doucement ſur le feu pour leur donner une couleur de caramel gril-lé; ayez ſoin de les tenir le plus blondes que vous pourrez en prenant garde que le caramel ne ſoit pas trop coloré; quand elles ſeront de belle couleur, mettez une aſſiette dans la poële ſur les pom-mes, renverſez-les deſſus de la même façon que ſi vous retourniez une aume-lette, vous mettrez un peu d'eau ſur vo-tre aſſiette, que vous mettrez un moment ſur le feu, ſeulement pour faire déta-cher la compote, que vous gliſſerez dans le compotier, s'il eſt d'argent vous le mettrez ſur des cendres chaudes; s'il eſt de porcelaine, vous aurez ſoin de le tenir à l'étuve.

Compote de Rambour, de Calville & autres.

Vous faites des compotes de pommes de rambour, de calville & autres de la même façon que celles de reinette, à cette différence qu'il ne faut point les peler, parce que ces pommes n'ont point affez de confiftance pour fe foutenir fans leur peau, & fe mettent tout de fuite en marmelade, il faut peu de tems pour les cuire, elles fe mettent en compote grillée, en compote à la Bourgeoife, & en compote à la cloche.

Gelée rouge de Pommes.

Prenez la quantité de pommes de reinette que vous jugerez à propos ; coupez-les en petites tranches minces, & les mettez dans une poële, avec un peu d'eau, un verre de cochenille préparé ; couvrez la poële, & faites cuire les pommes jufqu'à ce qu'elles foient en marmelade ; enfuite vous paffez les pommes au travers d'un tamis pour en tirer le plus de jus que vous pourrez ; fur une chopine de ce jus, faites cuire une livre de fucre au gros boulet ; mettez-y le jus des pommes que vous faites bouillir, jufqu'à ce qu'en prenant de la gelée avec l'écumoire, elle retombe en nappe, que vous la retirez du feu, pour la mettre dans les pots.

Gelée blanche de Pommes.

Pelez les pommes que vous voulez
employer, & les coupez par petits morceaux pour les mettre dans une poële,
avec un peu d'eau, & la moitié d'un citron en tranches ; faites - les bouillir à
petit feu, fans les couvrir, jufqu'à ce
qu'elles foient en marmelade ; enfuite
vous les paflerez au travers d'un tamis,
pour en tirer le plus de jus que vous pourrez, & la finirez comme la précédente.

Gelée de Pommes de Rouen.

Ayez la quantité de pommes de reinette tendres, fans être tachées, fuivant ce que vous voulez faire de gelée ; pelez-les légerement, & les coupez très-minces ; enfuite vous les lave-
rez dans trois ou quatre eaux, en les
frottant avec les mains pour en ôter la
craffe ; mettez-les dans une poële avec
de l'eau, & les couvrez avec un rond
de papier ; fi vous avez un demi cent de
pommes, il faut deux pintes d'eau ; faites - les bouillir à grand feu, jufqu'à ce
que l'eau foit réduite aux trois quarts ;
que vous jetterez les pommes fur un tamis, & une terrine deffous pour en recevoir le jus ; enfuite vous paflerez ce jus

dans une serviette mouillée ; pour que
votre décoction soit assez forte, il faut
qu'elle soit gluante en la tâtant avec les
doigts ; après l'avoir mesurée vous la
tiendrez sur de la cendre chaude ; mettez dans une poële autant de sucre clarifié que vous avez de décoction ; faites-
le réduire au cassé ; mettez-y la décoction, que vous verserez en douceur
pour décuire le sucre ; au premier bouillon, il faut l'écumer, & la remettre
sur le feu, faire deux ou trois bouillons
couverts ; trempez-y une cuilliere d'argent ; si la gelée tombe en nappe, &
qu'elle quitte net, c'est une marque
qu'elle est faite.

Marmelade de Pommes.

Mettez dans de l'eau bouillante la
quantité de pommes de reinettes que
vous jugerez à propos ; faites-les cuire
jusqu'à ce qu'elles commencent à fléchir
sous les doigts, que vous les retirez
dans de l'eau fraîche pour leur ôter la
peau ; prenez-en la chair, que vous
mettez sur un tamis pour la faire passer
au travers, en la pressant fort avec une
espatule ; mettez ce qui a passé dans
une poële sur le feu, pour le faire dessécher jusqu'à ce qu'elle soit en mar-

melade bien épaisse ; sur une livre de
cette marmelade, vous ferez cuire une
livre de sucre à la grande plume ;
mettez-y la marmelade, que vous remuez bien ensemble, jusqu'à ce qu'elle
soit incorporée avec le sucre, remettez
sur le feu seulement pour la faire frémir, en la remuant toujours, & la dresserez dans les pots ; quand elle sera à
moitié froide, vous jettez un peu de
sucre en poudre dessus, & ne la couvrirez que lorsqu'elle sera tout-à-fait
froide.

Sirop de Pommes.

Coupez par petits morceaux la quantité de pommes de reinette que vous
voudrez ; mettez-les dans une poële,
avec très-peu d'eau, faites-les cuire
jusqu'à ce qu'elles soient en marmelade ; après vous les passerez au tamis
pour en tirer le plus de jus que vous
pourrez ; sur une chopine de ce jus,
faites cuire deux livres de sucre à la
grande plume ; mettez-y le jus des pommes pour le faire bouillir, jusqu'à ce
qu'il soit en sirop fort, & le mettrez
dans les bouteilles, quand il sera presque froid. Ce sirop peut se garder long-
tems.

Sirop de Pommes au Clayon.

Pelez de bonnes pommes, de celles que vous voudrez, que vous coupez en petites tranches très-minces, vous mettez un clayon d'ozier sur une terrine bien propre, arrangez-y dessus une couche de tranches de pommes ; mettez sur les pommes du sucre fin suffisamment ; vous remettrez ensuite une couche de pommes, & une de sucre fin, & continuerez de cette façon jusqu'à la fin, en finissant par le sucre ; couvrez-les avec un plat, & les portez à la cave jusqu'au lendemain, pour que l'humidité fasse fondre le sucre, & se mêle avec le suc des pommes, qui passera au travers du clayon, & dégoûtera dans la terrine ; vous en prendrez le sirop pour vous en servir à ce que vous jugerez à propos ; ●ne faut pas le garder, parce qu'il ne peut pas se conserver.

Sirop de Pommes au Bain-Marie.

Mettez dans un pot de terre très-propre & bien bouché, une douzaine de pommes de reinette, coupées par petits morceaux, avec une livre & demie de sucre fin, & deux cuillerées

d'eau feulement pour faire fondre le
fucre ; remuez-bien le tout enfemble ;
bouchez le pot avec fon couvercle,
de la pâte autour, faite avec de l'eau
& de la farine ; mettez-le bouillir au
bain-marie, l'efpace de trois heures ;
après vous le retirez ; découvrez le pot
pour·y preffer le jus de la moitié d'un
citron ; remuez le firop & le recouvrez,
laiffez-le réfroidir fans le remuer, pour
que le citron faffe tomber la craffe au
fond du pot ; enfuite vous le pafferez
au travers d'un tamis, en le verfant en
douceur pour ne le point troubler, &
le mettrez dans des bouteilles, pour
vous en fervir au befoin.

Pommes tapées.

Pour faire des pommes tapées, il
faut choifir tout ce qu'il y a de plus
beau en reinette, & fans tache ; la faifon eft au mois de Janvier ; vous leur
faites fix incifions légerement, dans
toute l'étendue de la pomme, d'égale
diftance ; mettez-les au four fur un plat
d'argent, ou un plateau de cuifine ; vous
obferverez que le four ne foit pas trop
chaud, & qu'elles puiffent cuire fans
être brûlées ; vous les ôtez du four, &
les applatiffez de l'épaiffeur de deux

écus; poudrez-les des deux côtés avec
du sucre fin passé au tambour; remettez-les au four pour les laisser passer le reste de la nuit ou de la journée,
vous les retirez pour les poudrer encore de sucre fin, & les mettez à l'étuve,
pour les tenir séchement; elles se servent ordinairement sur des assiettes,
avec un rond de papier découpé; elles
peuvent vous servir de compote ou
d'assiette. Cette façon de pommes a
fait les délices du Roi, de la Reine, &
de toute la Cour.

Pâte de Pommes.

Pelez une douzaine de pommes de
reinette, n'en prenez que la chair, que
vous mettez dans une poële, avec un
verre d'eau; faites-les cuire à petit
feu jusqu'à ce qu'elles soient en marmelade; passez-les au travers d'un tamis, &
les remettez sur le feu pour les faire
dessécher, jusqu'à ce qu'elles quittent la
poële; il faut toujours les remuer sur la
fin, de crainte qu'elles ne s'attachent;
pesez cette pâte, pour faire cuire autant
pesant de sucre à la grande plume; délayez les pommes avec le sucre jusqu'à
ce qu'ils soient bien incorporés ensemble; remettez cette pâte sur le feu seu-

lement pour la faire frémir, en la remuant toujours, & la dresserez toute chaude dans les moules à pâte, que vous mettrez sécher à l'étuve.

Table de quarante à cinquante couverts servie à vingt-une pieces, les trois milieux peuvent servir de dormans.

N°. 1. Représentation du Palais de Circé, qui métamorphose les Compagnons d'Ulysse en pourceaux.

N°. 2. Place des Colonnes.

N°. 3. Les dégrés du Palais.

N°. 4. Trône de Circé.

N°. 5. Des pieds d'esteaux, les contours du numero 5 font des Parterres.

N°. 6. Tous les petits ronds qui font les numeros 6 font les places des arbres; ces arbres se font chez les Fleuristes.

N°. 7. Tous les quarrés qui font les numeros 7 représentent des pieds d'esteaux & des vases dessus.

Les fonds font garnis de differens sables, l'on peut laisser la glace dans son naturel si l'on veut, les bordures font pour mettre du sec si l'on veut; à l'égard des compotiers qui font autour, l'on en met le nombre que l'on juge à propos.

L.Le Grand sc.

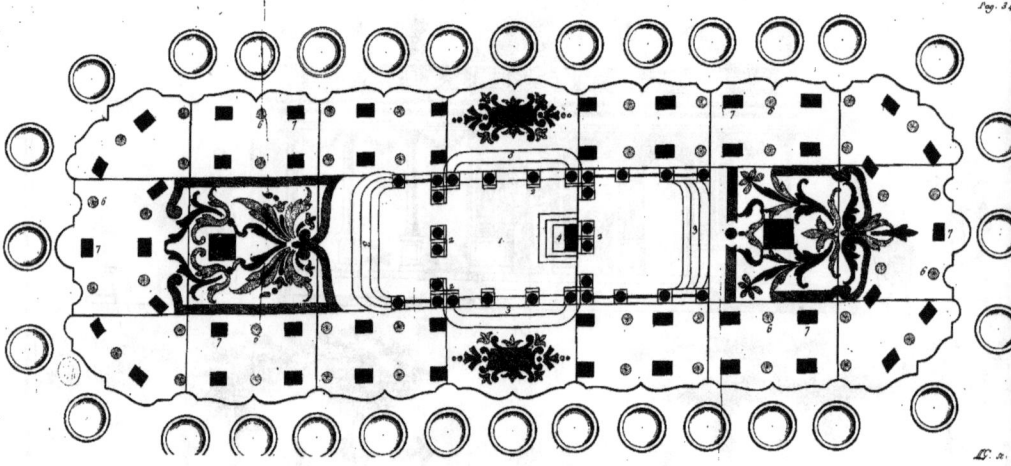

DE L'HYVER.

L'HYVER qui comprend les mois de Décembre, Janvier & Février, nous fait joüir des provisions de l'Automne, comme des poires de plusieurs especes, des pommes de plusieurs especes, des marons, des olives, des oranges douces de Portugal, de la Chine & de Provence, des oranges aigres, des citrons, des cedres, des limons, des poncires.

En salades, nous avons le celeri, la chicorée ordinaire, la chicorée sauvage, la blanche & la verte, les cornichons confits, les salades d'anchois, des petits oignons blancs, des filets de poissons cuits, des salades de ton mariné, des betraves, quelquefois de la petite laituë avec sa fourniture, des olives, des pucholines.

Le travail de cette Saison consiste à faire toutes sortes de compotes de poires, de pommes, de marons, de zests d'oranges, de citrons, de cedres, de pon-

cires , de limons ; on en fait confire
pour les servir au sec , au liquide , comme aussi des marmelades , des conserves , des pâtes ; le peu de fruit que nous
avons , fait qu'il faut avoir recours à
divers sortes d'ouvrages de sucre qui se
peuvent faire toute l'année ; comme des
biscuits , des pastilles , des amandes de
divers sortes , du caramel , des candis ,
des meringues , des massepains , des macarons , des gaufres, qui avec le secours
des confitures que l'on a faites dans l'Eté
& l'Automne , fournissent pour garnir
toutes sortes de bonnes tables.

Des Poires d'Hyver.

LA *Marquise* se mange en Novembre , c'est une poire semblable au
Bon-Chrétien d'Hyver , elle est fondante & beurrée , verte quand on la
cueille , elle jaunit en mûrissant , son
eau est sucrée & musquée.

L'*Ambrette* se mange au mois de Décembre , elle est ronde , sa couleur grise
dans les terres fortes, & blanchâtre dans
les terres légeres; c'est une poire fondante & d'une eau sucrée.

La *Louise-Bonne* se mange en Novembre , & dure jusqu'à la fin de Décembre,
il y en a de deux sortes, la grosse & la

petite, la derniere eſt la plus eſtimée, ſon coloris eſt verdâtre & un peu tacheté , elle blanchit en mûriſſant, ce qui n'arrive point à la groſſe ; quand elle fléchit ſous le pouce en l'appuyant auprès de l'œil, elle eſt à ſon point de maturité , ſon eau eſt ſucrée & d'un goût relevé.

La Bergamotte d'Hyver ſe mange en Décembre, & dure quelquefois juſqu'au Carême, elle eſt ſemblable à celle d'Automne , d'un goût excellent & très-eſtimé.

L'Epine d'Hyver ſe mange en Novembre & Décembre, c'eſt une belle poire plus longue que ronde , & plus groſſe que les Bergamottes, d'une peau ſatinée & d'un coloris entre verd & blanc, elle jaunit en mûriſſant, elle eſt fine & fondante , ſon eau douce & muſquée la fait très eſtimer.

L'Echaſſerie ſe mange en Novembre, & dure quelquefois juſqu'en Janvier ; c'eſt une poire très-eſtimée, elle eſt ronde en ovale, de couleur jaune, ſa chair eſt fine & beurrée, ſon eau ſucrée & muſquée.

Le Saint-Germain ſe mange depuis Décembre juſqu'à la fin de Mars; c'eſt une poire qui reſſemble au Bon-Chrétien, elle est grosse, plus longue que ronde, la peau douce & unie, d'un coloris verd tiqueté, & jaunit à mesure qu'elle mûrit, sa chair est tendre, d'une eau sucrée & très-relevée.

Le Bezy de Chaumontel se mange en Décembre; c'est une poire grosse & longue, la peau semblable à celle du Beuré gris, & d'une eau sucrée.

La Merveille d'Hyver se sert en Décembre; c'est une poire verdâtre, fondante, d'une eau sucrée, & de figure inégale.

La Virgouleuse se sert en Décembre, & dure jusqu'à la fin de Janvier; c'est une poire des plus estimée, elle est assez grosse, longue & verte, lissée & unie, qui jaunit & se fane en mûrissant, il faut la conserver sur de la mousse bien seche, qui n'ait point de mauvaise odeur, parce qu'elle est susceptible d'en prendre; sa bonne maturité se connoît, si elle obéït en la pressant en douceur avec le pouce du côté de la queuë, sa chair est d'un goût fin relevé, & d'une eau sucrée.

Le Rousselet d'Anjou, autrement *Bezy Quassoy*, se mange en Novembre; c'est une petite poire d'une peau unie & d'un coloris jaunâtre, chargée partout de rousseurs,

rousseurs, sa chair est tendre & beurrée, mais sujette à être pierreuse & pâteuse.

Le Bon - Chrétien d'Hyver, est une poire très-connuë, & qui est la plus esti-mée, non-seulement pour son goût & sa beauté, mais encore parce qu'elle est des mois entiers dans sa maturité sans se molir, ni pourrir, ce qui n'arrive point aux autres; aussi nous en avons tout l'Hy-ver, & quelquefois jusqu'aux primeurs du Printems. On en distingue de plusieurs sortes, le doré, le long, le verd, le brun, le rond, le satiné, celui d'An-gleterre, celui d'Auch; tous ces noms differens, à ce que l'on croit, marquent bien moins la difference des especes que la diversité des terroirs; comme le goût & la beauté en font le mérite, & que toutes sont également bonnes à servir cruës ou cuites, elles font honneur à un dessert; ainsi ces noms sont de peu d'im-portance pour l'Officier. Elles sont très-grosses, d'une longueur en pyramide, le coloris incarnat dans un fond jaune, d'une eau abondante, sucrée & parfu-mée, la chair assez tendre & cassante, le goût agréable & relevé.

L'Angelique de Bordeaux, ou la *Saint Martial*, se garde long-tems, & ressem-ble au Bon-Chrétien d'Hyver, excepté

G g

qu'elle eſt moins groſſe & plus plate, elle eſt caſſante, & d'une eau fort ſucrée.

La Bergamotte de Solaire ſe mange en Février & en Mars , elle eſt tachetée de noir , moins plate qu'une Bergamotte d'Automne, ſa chair eſt fondante, d'une bonne eau ſucrée.

Le Martin Sec ſe mange ordinairement avec ſa peau comme le Rouſſelet , preſ- que auſſi-tôt qu'il eſt cueilli ; c'eſt une poire très-eſtimée pour ſa beauté & ſon bon goût , ſa couleur eſt d'un roux iſa- belle d'un côté , & fort coloré de l'autre , ſa chair eſt fine & caſſante, d'une eau ſucrée & parfumée.

Le Bon Chrétien d'Eſpagne ſe mange depuis Novembre juſqu'en Janvier ; c'eſt une poire qui reſſemble au Bon-Chré- tien d'Hyver , elle eſt marquée d'un côté d'un blanc jaunâtre ; & de l'autre, d'un rouge vif taqueté de petits points noir , ſa chair eſt caſſante , d'une eau fort ſucrée.

Le Saint-Auguſtin ſe ſert en Décem- bre ; c'eſt une poire de moyenne groſ- ſeur, d'un jaune citron un peu taqueté, & terminé par un peu de rouge du côté du Soleil.

La Poire Dauphine eſt aſſez groſſe & charnue, la peau liſſée, de figure un peu ronde , & allongée vers la queuë, d'un jaune pâle, sa chair fondante, & d'une eau sucrée.

La Bonville se mange en Décembre, & dure jusqu'à la fin de Février, elle ressemble assez par sa figure & grosseur au Rousselet, la peau est satinée & lissée, d'un coloris vif d'un côté, elle jaunit en mûrissant, sa chair en est cassante, d'une eau sucrée.

Le Rousselet d'Hyver, sa chair est tendre, cassante, & d'une eau sucrée, il est un peu plus verd, & a moins de rouge que le Martin-Sec, il jaunit en mûrissant, & est bon à servir quand vous sentez une petite humidité sur sa peau, ce qui arrive aussi aux Bergamottes, sa Saison ordinaire est le mois de Février.

Nous avons encore les poires à cuire, comme la poire de Livre, le Franc Réal, la Poire de Fer, la Poire de Fusée, la Poire d'Armenie, la Poire de Chapeau, & une infinité d'autres.

Toutes les Poires qui sont bonnes à manger crues, sont aussi très-bonnes à cuire, pourvû que l'on s'en serve avant leur maturité.

DES OLIVES.

OBSERVATION.

LEs Olives font plus ou moins groffes, fuivant les lieux où elles naiffent; les plus groffes qui font comme une mufcade, font celles d'Efpagne; celles qui parmi nous font le plus en ufage, nous viennent du Languedoc & de Provence; leur groffeur eft comme celle d'un gland de chêne, de figure ovale ou oblongue. Ce fruit doit être cueilli avant fa maturité; comme il a alors un goût amer, âpre, acerbe & infuportable, on le fait paffer, en la préparant de plufieurs façons. Les Pucholines, qui font les olives les plus eftimées, font préparées de cette maniere: Vous faites une leffive avec de la cendre de bois de vigne ou de chêne, & de la chaux vive; vous y mettez tremper pendant vingt-quatre heures les olives vertes. Cette leffive diffout & atténue un fouffre falin & groffier, qui eft dans les olives, ce qui fait qu'elles prennent une couleur rouge; vous retirez après les olives de la leffive pour les mettre dans de l'eau douce, que vous avez soin de changer tous les jours pendant neuf ou dix jours, jusqu'à ce qu'elles ayent perdu l'âcreté que leur a communiqué la lessive ; vous les mettez après dans une saumure que vous faites, en mettant fondre autant de sel dans l'eau, qu'il en faut pour qu'un œuf puisse être soutenu dans la saumure, il faut un mois pour que les olives y acquierent leur degré de perfection. Celles qui sont préparées de cette façon se conservent plus long-tems ; parce que la lessive en a enlevé un souffre chargé d'acide. Quelques-uns pour ne les point mettre dans la lessive, & les manger plus promptement, les mettent dans de la piquette ; ensuite ils les font tremper dans de l'eau douce, en les changeant souvent jusqu'à ce qu'elles soient adoucies ; après ils les retirent de l'eau pour les mettre dans des pots de grès, en faisant plusieurs couches d'olives, saupoudrées de graines de tige de fenouil & de sel, & remplissant d'eau tous les vuides de ces couches ; celles qui sont préparées de cette façon, se peuvent manger huit jours après. Celles qui commencent à devenir noires sur l'arbre, ont un goût plus

exquis, étant ainſi préparées ; mais elles ne ſe conſervent pas ſi long - tems
que les pucholines qui ont été leſſivées.
Il faut choiſir les olives charnues, aſſez
groſſes & bien confites ; elles fortifient l'eſtomac, reſſerent, donnent de
l'appétit, répriment les nauſées, & ne
produiſent aucuns mauvais effets, que
quand on en uſe avec excès.

DES LIMONS.

OBSERVATION.

LEs feuilles, les fleurs, & même
l'arbre qui porte ce fruit, ſont ſem-
blables au citronier ; mais la différence
qu'il y a entre les fruits de ces deux
eſpeces d'arbres, c'eſt que le limon
eſt plus rond, & a l'écorce plus fine
que celle du citron. Nous en avons de
deux ſortes, de doux & d'aigres ; les
premiers ſont peu d'uſage, à la réſerve
de l'écorce qui ſert pour confire ; ceux
qui ſont aigres, ſervent au même uſage
que les citrons, & ſont employés à la
Cuiſine & à l'Office avec le même ſuc-
cès, leurs propriétés ne ſont point différentes.

Bifcuit de Citron, ou à la cuilliere.

Rappez la moitié d'un citron verd ;
n'en prenez que la fuperficie de la peau,
que vous mettez dans une terrine avec
quatre jaunes d'œufs frais, une demie livre de fucre fin, battez le tout enfemble avec deux efpatules ; enfuite vous
y mettez huit blancs d'œufs fouettés ;
un quarteron de farine paffée légerement
au tamis ; mêlez le tout enfemble avec
le fouet, & dreffez vos bifcuits en
long fur des feuilles de papier blanc ;
jettez du fucre fin par-deffus pour les
glacer, en le paffant au travers du tamis pour qu'il tombe également ; faites-
les cuire dans un four doux. Les bifcuits
d'oranges & limons fe font de même.

Citrons en Olives.

Mettez dans un mortier deux blancs
d'œufs frais, avec du citron verd rappé, fuffiiamment pour que le goût do-
mine, & du fucre fin, que vous pilez
avec les blancs d'œufs, & augmentez
à mefure jufqu'à ce que cela vous forme une pâte épaiffe ; retirez votre pâte
du mortier pour la rouler en long fur
du papier blanc & du fucre ; coupez
enfuite toute cette pâte par petits morceaux égaux, que vous roulez dans

les mains en forme d'olives, que vous dreſſez ſur du papier pour faire cuire dans un four très-doux; vous les con-ſerverez dans un endroit ſec, juſqu'à ce que vous les ſerviez.

Citrons, Bergamottes, Cédras, pour confire.

Prenez des citrons pour les tourner; à meſure que vous les aurez tournés, vous leur ferez une ouverture de forme ronde du côté de la queue, & les jetterez dans l'eau; enſuite vous les mettrez dans une marmite pour les faire bouillir à grande eau; vous aurez ſoin d'y regarder de tems en tems, en piquant une groſſe épingle dedans; quand elle entrera aiſément, c'eſt une marque qu'ils ſont aſſez blanchis; retirez-les dans l'eau fraîche pour les vuider; l'on a pour ces ſortes de fruits des cuillieres à vuider; quand on n'en a pas, on prend une cuilliere à caffé; lorſqu'ils ſeront bien vuidés, vous les mettrez égouter. Prenez du ſucre, je ne dis pas la quantité, parce que je ne ſçai point la groſſeur des fruits, mais vous pouvez mettre pour commencer une demie livre par piece de fruit; quand votre ſucre ſera clarifié, mettez-y vos fruits,

fruits, pour leur faire faire cinq ou six bouillons; retirez-les du feu pour les mettre dans une terrine jusqu'au lendemain, que vous recommencerez la même chose, en les augmentant de sucre, pour la troisiéme fois, vous les égoûterez, & donnez trois ou quatre bouillons au sirop, que vous jetterez dessus, & les laisserez deux jours, & les augmenterez de sucre, s'ils en ont besoin; à la quatriéme fois, vous les laisserez trois jours; & à la cinquiéme, vous les finirez en les augmentant de sucre, s'ils en ont besoin, parce qu'il faut qu'ils baignent dans leur sirop, & que le sirop soit au grand perlé à la derniere cuisson, & leur donnez pour les finir trois ou quatre bouillons; ensuite vous les mettrez dans des pots l'ouverture en haut. Il y en a qui confisent les tournures de la même façon, & d'autres qui en font de la pommade, comme celle de fleurs d'orange. *Voyez* Pommade de fleurs d'Orange, *page* 112. L'on met par quartiers ceux qui font crevés ou tachés, & on les tire tous au sec, lorsque l'on en a besoin. La Bergamote, l'Orange aigre, la Lime, se confisent de la même façon.

Hh

Citrons verds confits.

Il faut prendre des petits citrons de ceux qui sont encore bien verds, vous les fendez un peu par le côté, seulement pour que le sucre puisse y pénetrer ; mettez-les dans une eau tiéde que vous mettez sur le feu ; quand ils sont prêts à bouillir, vous y jettez à mesure un demi verre d'eau froide pour empêcher qu'elle ne bouille, vous continuerez de cette façon jusqu'à ce que les citrons montent sur l'eau, ensuite vous descendez la poële du feu que vous couvrez pour que les citrons se reverdissent ; changez-les d'eau pour les remettre sur le feu pour les faire bouillir doucement jusqu'à ce qu'ils fléchissent facilement sous les doigts, & qu'en les piquant avec une épingle ils ne tiennent point après, vous les retirerez dans de l'eau fraîche, & les mettrez égouter, ensuite vous les mettez dans un sucre clarifié pour les confire de la même façon que les précedens.

Compote de Citrons, Bergamottes & Cedras.

Toutes ces compotes se font de la même façon, il faut les préparer, & suivre ce qui a été dit pour les confire, à cette différence , qu'il faut moins de fucre.

Tailladins au liquide.

Prenez des Oranges ou des Citrons, ceux que vous jugerez à propos, que vous mettez une demie heure dans de l'eau pour les tourner plus facilement ; lorfque vous les aurez tournés , vous en coupez les chairs en petits filets minces dans leur longueur , que vous mettez bouillir dans de l'eau jufqu'à ce qu'ils fléchiffent facilement fous les doigts ; vous avez du fucre clarifié fuivant la quantité que vous avez de tailladins ; mettez-les dans le fucre pour les faire bouillir quinze ou dix-huit bouillons , il faut les mettre dans une terrine jufqu'au lendemain que vous remettrez le fucre dans une poële pour le faire cuire au petit liffé ; mettez-y les tailladins pour leur donner neuf ou dix bouillons , & les remettrez dans la terrine jufqu'au lendemain, que vous remettrez le fucre dans la poële pour le faire cuire au grand perlé ; remettez les tailladins dans le fucre pour les achever en leur don-nant un bouillon couvert ; ôtez-les du feu ; quand ils feront à demi froids , vous les mettrez dans des pots de grès pour les conferver. Ces tailladins fervent à faire des compotes.

Tailladins au fec glacés.

Vous faites confire des tailladins de la même façon que les précedens , ou fi vous voulez vous fervir de ceux que vous avez au liquide, vous les retirez de leur firop pour les mettre dans un fucre cuit à la grande plume ; faites-leur prendre un bouillon dans le fucre en remuant doucement la poële pendant qu'ils bouillent ; après les avoir ôtés du feu , & qu'ils feront à moitié refroidis, vous travaillerez le fucre fur le bord de la poële jufqu'à ce qu'il fe blanchiffe en le remuant toujours avec une cuilliere, vous prenez les tailladins avec deux fourchettes pour les retourner dans le fucre blanchi jufqu'à ce qu'ils foient glacés, il faut les mettre à mefure fur les grillages pour les faire fécher.

Autres Tailladins au fec.

Après avoir confit les tailladins comme ceux qui font au liquide, vous les retirez de leur firop pour les mettre dans un fucre cuit à la grande queuë de cochon ; faites leur prendre un bouillon couvert ; après les avoir ôtés du feu, & qu'ils feront à moitié froids, mettez

les sur des grilles où vous avez mis une
terrine deſſous pour en recevoir le ſirop
qui égoutera ; mettez-les ſécher à l'é-
tuve, vous aurez ſoin de les retourner de
tems en tems pour qu'ils ſéchent également partout, il faut les conſerver dans
des boëtes garnies de papier blanc. Les
tailladins qui ſont confits au liquide, s'il
leur arrive qu'ils commencent à s'ai-
grir, vous les mettez dans une poële
avec leur ſirop, & un peu d'eau ; faites-
les bouillir en les écumant à meſure juſqu'à ce que le ſucre ſoit revenu au grand
perlé, ce qui leur ôtera le peu d'aigre
qu'ils peuvent avoir, vous les remettrez
dans les pots, ou les tirerez au ſec, comme il vient d'être expliqué.

Zeſts de Citrons.

Zeſtez des citrons, & les faites blanchir, vous les mettez après qu'ils ſeront
bien égoutés dans une terrine avec un
ſucre léger, mettez la terrine à l'étuve
juſqu'au lendemain pour les laiſſer infuſer
dans le ſucre ; enſuite vous les égoutez
pour mettre le ſucre dans une poële, & lui
donner deux bouillons, & le verſez ſur
les zeſts que vous laiſſerez encore dans
le ſucre juſqu'au lendemain ; à la troi-
ſiéme fois, vous donnerez deux ou trois

bouillons à vos zefts , & les mettrez égouter pour faire fécher à l'étuve. On en fait de citron, d'orange douce, de bigarade & de bergamotte, le fucre vous fervira à faire des compotes ou des gaufres, & s'il y en avoit fuffifamment, vous en pourriez faire du ratafiat en mettant un tiers d'eau-de-vie plus que de firop.

Zefts de Citrons en rocher.

Faites confire des tournures de zefts de citron de la même façon que les précedens , à cette difference que la derniere cuiffon du fucre foit au grand perlé ; laiffez-les dans le fucre jufqu'au lendemain , que vous les retirerez à mefure de leur firop pour les mettre fur des feuilles de cuivre , vous en mettrez plufieurs les unes fur les autres pour les dreffer en forme de rocher, enfuite vous les mettez à l'étuve pour les faire fécher & les conferver dans des boëtes dans un endroit fec.

Conferve de Citrons , de Bigarades , & d'Oranges douces.

Rapez un citron fur une livre de fucre ou environ, mettez-le dans une petite poële à bec fi vous en avez une , faites cuire votre fucre à la petite plume fans

l'écumer, retirez-le de deffus le feu, &
le laiffez refroidir à moitié, enfuite vous
remuez-le fucre avec une cuilliere en le
frotant doucement autour de la poële ;
quand il commencera à s'épaiffir, jettez votre conferve dans un moule de papier que vous aurez tenu prêt; lorfqu'elle
fera froide, vous la couperez par tablettes à votre ufage. Celles de Bigarades & d'Oranges douces fe font de la
même façon.

Conferve blanche de Citrons.

Prenez du fucre royal, ou du plus
beau en commun fi vous n'en avez point
de royal; clarifiez-en aux environs d'une
livre & demie, faites-le réduire à la
petite plume, retirez le fucre de deffus
le feu, prenez le jus d'un citron, ôtez-
en bien les pepins, vous travaillerez bien
le fucre avec une cuilliere d'argent, mettez-y le jus de citron à trois ou quatre
fois ; c'eft ce qui fait blanchir le fucre,
en remuant toujours avec la cuilliere
tout autour de la poële, votre fucre
doit devenir blanc comme du lait, vous
aurez foin d'en prendre avec la cuilliere,
pour regarder s'il file également, enfuite
vous le jettez dans le moule que vous
avez prêt ; quand elle fera froide, vous

la couperez par morceaux en tablettes
votre usage.

Marmelade de Citrons.

Prenez la quantité de citrons que vous
jugerez à propos, ôtez-en le dur du
bout de la queuë, & celui de la tête ;
coupez-les en quatre, & en pressez un
peu le jus dans une assiette, ensuite vous
mettrez vos citrons dans de l'eau bouillante pour les faire cuire jusqu'à ce qu'ils
fléchissent facilement sous les doigts,
que vous les retirez dans de l'eau fraîche ; après les avoir égoutés & bien
pressés dans une étamine en la tordant
fort, vous mettez les citrons dans un
mortier pour les bien piler, quand ils
seront assez fins, vous les passerez au travers d'un tamis en les pressant fort avec
une espatule, pour en tirer le plus de
marmelade que vous pourrez ; sur une
demie livre de cette marmelade, vous
ferez cuire une livre de sucre à la petite
plume ; mettez-y vos citrons pour les
bien mêler ensemble ; remettez-la sur
le feu pour faire prendre sept ou huit
bouillons, quand elle sera à demi-
froide, vous la mettrez dans les pots. Il
y en a qui tournent leurs citrons pour en

ter les zefts avant que de les employer
omme je viens de marquer.

Maffepains de Citrons.

Echaudez une livre d'amandes douces
que vous mettez dans un mortier pour
les piler avec un demi quarteron d'écorce
de citrons confits, & les arroferez de
tems en tems pour qu'elles ne tournent
pas en huile, avec un peu de blanc d'œuf;
quand elles feront pilées très-fin, vous
les mettrez dans une demie livre de fucre cuit à la grande plume, vous les
travaillerez en les remuant fur un petit
feu avec l'efpatule, jufqu'à ce que touchant la pâte avec les doigts elle ne fe
cole point après, vous la retirez enfuite
de la poële pour la mettre fur une table
avec du fucre fin deffus & deffous, &
l'abbatrez avec le rouleau de l'épaiffeur
d'un demi doigt, ou la moitié moins,
fuivant le maffepain que vous voulez
faire ; après vous découpez cette pâte
de la figure & grandeur que vous voulez, ou avec des moules de différens
deffeins ; faites-les cuire dans un four
doux ; quand ils feront cuits, vous faites
une glace blanche avec du jus de citron,
un peu de blanc d'œuf, & du fucre fin
paffé au tambour ; couvrez-en tout le

deſſus des maſſepains, remettez-les un
moment dans le four pour faire ſécher
la glace. Il y en a qui ne mettent point
de citrons confits, & qui ſe contentent
d'y mettre à la place, de l'écorce de citron verd rapé, ou haché très-fin.

Glace de Citrons.

Voyez à l'article des Glaces, page
169.

Eſſence diſtillée de Citrons.

Coupez par petits morceaux une douzaine de citrons avec le jus & l'écorce,
que vous mettez dans un pot bien couvert, avec trois chopines d'eau tiéde ;
laiſſez-les infuſer juſqu'au lendemain ſur
de la cendre chaude, ou à l'étuve, enſuite vous mettrez le tout enſemble dans
un alambic pour le faire diſtiller ; après
que votre diſtilation ſera faite, vous la
mettrez dans une bouteille de verre pour
la laſſer repoſer ; comme l'eſſence eſt
plus légere que l'eau qui a paſſé avec
dans la diſtilation, elle monte ſur l'eau ;
pour les ſéparer l'une d'avec l'autre,
vous mettez le pouce ſur le trou de la
bouteille, & la renverſez ſens deſſus
deſſous, l'eſſence remonte vers le cul
de la bouteille, & l'eau ſe trouve du

côté de votre doigt, que vous ouvrez
un peu pour donner paſſage à l'eau juſqu'à ce qu'elle ſoit toute ſortie, & votre eſſence reſtera ſeule dans la bouteille.

Glace de Bigarades.

Voyez l'article des Glaces, page
170.

Crême au Citron.

Délayez dans un vaiſſeau huit blancs
d'œufs avec un verre d'eau, un quarteron de ſucre, le jus de huit citrons; après
que le ſucre eſt fondu, vous paſſez
cette crême au travers d'une étamine,
& la mettez dans une poële ſur un moyen
feu en la remuant toujours juſqu'à ce
qu'elle ſoit épaiſſie ; vous ferez attention
de ne point la laiſſer bouillir, mettez-
la dans le compotier que vous devez
ſervir.

Pâte de Citrons.

Prenez l'écorce toute entiere juſqu'au
jus de pluſieurs citrons, ôtez-en les durillons de la tête & de la queuë, faites-
les bouillir juſqu'à ce qu'ils fléchiſſent
facilement ſous les doigts, retirez-les à
l'eau fraîche, & mettez-les égouter, en-

fuite vous les preſſez dans une étamine
pour en faire ſortir l'eau, mettez-les
dans un mortier pour les piler très-fin,
& les paſſez après dans un tamis en
les preſſant fort avec une eſpatule, pour
en tirer le plus de pâte que vous pourrez; ſur une demie livre de cette pâte,
faites cuire une livre de ſucre à la grande
plume, mettez-y la pâte que vous délayez bien avec le ſucre, & la mettez
ſur le feu pour lui faire prendre quelques bouillons en la remuant toujours,
enſuite dreſſez-la dans les moules à-pâte
pour la faire ſécher à l'étuve; quand le
deſſus ſera ſec, vous l'ôtez des moules
pour la retourner ſur un tamis, & qu'elle
ſéche également en deſſous.

Grillage de Citrons.

Faites cuire une demie livre de ſucre
à la grande plume, & vous y mettez tout
de ſuite trois onces de citrons verds
coupés en petits filets le plus minces que
vous pourrez; remuez-les dans le ſucre
ſur un moyen feu juſqu'à ce qu'ils ayent
pris une belle couleur grillée; quand ils
ſont finis, vous y preſſez promptement
quelques goutes de jus de citrons, & les
dreſſez en forme de macarons ſur des
feuilles de cuivre; poudrez-les tout de

suite avec un peu de sucre fin, & les
mettez sécher à l'étuve. A la place des
filets de citrons, vous y pourrez mettre
de l'écorce de citrons ratissés avec un
morceau de verd cassé, il en faut la même
quantité que de celle qui est coupée en
filets.

Tailladins filés.

Prenez les écorces de deux citrons
que vous coupez en petits filets ou
tailladins, mettez-les cuire dans de l'eau
jusqu'à ce qu'ils fléchissent facilement
sous les doigts ; retirez-les à l'eau fraîche, & les faites égouter ; mettez-les
dans une poële avec un peu de sucre clarifié pour leur donner une douzaine de
bouillons, ôtez-les du feu & les laissez
dans leur sirop jusqu'à ce qu'ils soient
froids, que vous les retirez pour les
mettre égouter & sécher à l'étuve ; lorsqu'ils seront bien secs, vous les semez
sur une feuille de cuivre frotée légerement de bonne huile d'olive ; vous avez
un sucre cuit au caramel, que vous tenez
chaudement sur un petit feu ; prenez-en
avec deux fourchettes, que vous filez
légerement par-dessus tous les tailladins
en laissant des vuides ; après que vous
avez fini, vous retournez les tailladins

ſur une autre feuille auſſi frotée d'huile, pour en faire autant de l'autre côté.

Dragées de Citrons.

Coupez en petits filets des écorces de citrons, que vous mettez tremper dans de l'eau juſqu'au lendemain, que vous les faites blanchir, juſqu'à ce qu'ils ſoient tendres ſous les doigts ; après les avoir mis dans de l'eau fraîche, & égoûter, vous les mettez dans un ſucre cuit au liſſé ; faites-leur prendre cinq ou ſix bouillons ; ôtez-les du feu, pour les laiſſer dans le ſucre, juſqu'à ce qu'ils ſoient froids, que vous les retirez du ſirop, pour les mettre ſécher à l'étuve ; lorſqu'ils ſeront bien ſecs, vous les mettrez dans une poële à proviſion avec du ſucre cuit au grand liſſé, où vous avez mis un peu de gomme Arabique, détrempée avec de l'eau ; remuez toujours la poële ſur un petit feu, juſqu'à ce que le ſucre gommé ſe ſoit attaché après les filets de citrons ; quand ils ſeront bien ſecs, vous y remettrez encore de ce même ſucre, pour leur donner une ſeconde couche, en remuant toujours les anſes de la poële ; cette ſeconde couche étant finie, comme la premiere, vous leur donnerez encore cinq ou fix couches de la même façon, avec du fucre cuit au liffé, fans être gommé comme les deux premieres; lorfque vous jugez qu'ils font affez chargés de fucre, vous les menez fortement fur la fin fans les fauter, pour les liffer, & les mettrez rachever de fécher à l'étuve. Si vous en faites beaucoup à la fois, vous vous fervirez d'une baffine, à la place d'une poële à provifion.

Grillages d'Oranges aigres.

Prenez l'écorce de plufieurs oranges aigres; fi vous voulez de celles qui ont fervi fur table, dont on a preffé le jus; coupez-les en petits filets ou tailladins; faites-les blanchir trois ou quatre bouillons dans l'eau; retirez-les à l'eau fraîche, & égoûtez; fur un quarteron de tailladins, faites cuire une demie livre de fucre à la grande plume; mettez-y les tailladins, faites-les cuire avec le fucre, en les remuant avec une efpatule, jufqu'à ce qu'ils foient prefque grillés, que vous-y mettez un peu de fucre fin, en les dreffant par petits tas fur des feuilles de cuivre, frottées avec un peu d'huile.

Sirop de Citrons.

Pour une livre de fucre, cuit au liffé, vous-y mettez le jus d'un citron entier; vous faites recuire le fucre en firop; ôtez-le du feu pour vous en fervir. Vous ne faites de ce firop que lorfque vous en avez befoin.

Conferve de Cédra.

Faites cuire une demie livre de fucre à la grande plume; ôtez-le du feu,
& y mettez du cedra rappé très-fin,
que vous remuez avec le fucre; avant
que de le verfer dans les moules, pref-
fez-y quelques goûtes de jus de citron;
remuez encore deux ou trois tours avec
une cuilliere; verfez votre conferve
dans les moules de papier; lorfqu'elle
fera froide, vous la couperez par tablettes à votre ufage.

Paftilles au Citron.

Mettez deux gros de gomme adragante dans un verre d'eau, avec les
zefts d'un citron entier; laiffez tremper
jufqu'à ce que la gomme foit fondue,
que vous la paffez au travers d'un linge, en la preffant fort; mettez cette eau
dans un mortier avec le jus du citron;
mettez-

mettez-y peu à peu une livre de sucre, fin, passé au tambour, en pilant à mesure, jusqu'à ce que vous ayez une pâte maniable ; vous la retirez du mortier pour en former des pastilles de tels desseins que vous voudrez.

Bigarades confites.

Prenez la quantité de bigarades que que vous voulez confire ; mettez-les tremper dans de l'eau jusqu'au lendemain, que vous les tournez pour en ôter les zests ; faites-leur une ouverture de forme ronde du côté de la queuë ; il faut les faire blanchir & vuider comme les citrons ; ensuite vous les laisserez deux jours dans de l'eau fraîche, en la changeant plusieurs fois, pour leur faire perdre cette grande amertume ; après vous les faites confire de la même façon qu'il a été dit pour les citrons.

DES ORANGES.

OBSERVATION.

ON nous en apporte de douces de la Chine, de l'Amérique, de Portugal, de Nice, de la Provence, & de plusieurs autres endroits ; celles qui viennent des Pays chauds sont les meilleures ; parce que la chaleur du Soleil, qui mûrit plus parfaitement leur suc, les rend d'un goût plus délicieux. Comme j'ai parlé dans mon précédent volume, de leurs propriétés, ainsi que de celles des Oranges aigres & des citrons, page 69, je ne le répéterai pas ici.

Biscuits à l'Orange.

Prenez deux cuillerées de marmelade d'oranges ; rappez-y un peu de citron, & la mettez dans une terrine avec une demie livre de sucre fin, & six jaunes d'œufs frais, que vous battez bien avec l'espatule jusqu'à ce que le sucre soit bien incorporé avec la marmelade & les jaunes d'œufs ; ensuite vous fouettez huit blancs d'œufs ; quand ils sont bien montés en neige, vous les mêlez

avec le ſucre, & vous y ajoûterez trois
onces de farine, paſſée au tamis; lorſque vous aurez bien mêlé le tout enſemble, vous dreſſerez les biſcuits dans
des moules de papier, pour les mettre
cuire au four; quand ils ſont cuits & ô-
tés du papier, vous avez une glace
blanche, faite avec un peu d'eau de fleurs
d'orange, un blanc d'œuf, du ſucre fin,
paſſé au tambour, que vous battez bien
enſemble, juſqu'à ce que la glace ſoit
blanche, couvrez-en tous les deſſus des
biſcuits; remettez-les au four pour faire
ſécher la glace.

Marmelade d'Oranges douces.

Coupez par-morceaux des oranges
douces; preſſez-en un peu le jus, &
ôtez les durillons de la tête & de la
queuë; mettez-les dans une eau prête à
bouillir; preſſez un jus de citron dans
cette eau; faites-les blanchir juſqu'à ce
qu'elles fléchiſſent facilement ſous les
doigts, que vous les retirez dans de l'eau
fraîche, & les preſſerez bien fort dans
une étamine pour en faire ſortir l'eau;
il faut enſuite les piler dans un mortier, & les paſſer dans un tamis, en les
preſſant fort avec l'eſpatule, pour en tirer le plus de marmelade que vous

pourrez; fur une demie livre de cette marmelade, vous ferez cuire une livre de fucre à la grande plume; mettez-y la marmelade, pour la bien délayer avec le fucre; mettez-la fur le feu, pour lui donner fept ou huit bouillons; quand elle fera un peu réfroidie, vous la mettrez dans les pots.

Oranges douces confites.

Prenez de belles oranges douces de Provence ou de Portugal, que vous mettez une demie heure dans l'eau pour leur attendrir la peau; après vous les tournez tout autour, en coupant en filets égaux la fuperficie de la peau, & les jettez à mefure dans l'eau; vous obferverez pour les confire ce qui a été dit pour les Citrons confits, *page* 346, la façon en eft de même. Il en eft qui les tournent fans les mettre dans l'eau.

Chinoife confite.

La façon de confire les oranges de la Chine, eft femblable à celle des citrons, avec cette différence, qu'il en eft qui ne les vuident point, parce qu'elles font très-douces, & de bon goût; pour lors l'on ne fait que les percer du côté de la queue, pour en ôter le dûr, &

faire prendre le fucre en dedans. Nous avons encore des oranges d'un goût aigre-doux, que l'on appelle Oranges de la Porte; elles fe mettent confire de la même façon que les citrons, *page 362.*

Oranges à l'Eau-de-Vie.

Choififfez de belles oranges de Portugal; mettez-les dans de l'eau fraîche pendant une demie heure pour les tourner plus facilement; après avoir enlevé proprement la fuperficie de l'écorce, vous y faites un petit trou rond du côté de la queuë, & les mettez à mefure dans l'eau; enfuite vous les mettez, fans les vuider, blanchir à l'eau bouillante, jufqu'à ce qu'elles quittent l'épingle en les piquant avec, retirez-les à l'eau fraîche, & mettez égoûter; vous avez du fucre clarifié, fuffifamment pour que les oranges puiffent baigner dedans, que vous mettez dans une poële avec les oranges, pour leur donner trois ou quatre bouillons couverts; mettez-les dans une terrine, après les avoir écumées, pour les-y laiffer vingt-quatre heures; enfuite vous remettez le fucre dans la poële, pour le faire cuire fept ou huit bouillons; verfez le fucre fur les oranges pour les y laiffer jufqu'au lendemain, que vous remettrez le fucre dans la poële avec les oranges pour leur faire prendre une douzaine de bouillons; ayez foin de les écumer en les ôtant du feu; quand elles feront réfroidies dans leur firop, vous les retirerez avec une cuilliere pour les mettre dans des bouteilles de verre à large goulot; mettez dans la poële autant d'eau-de-vie que de firop; faites-les un peu chauffer fur le feu, feulement pour les pouvoir bien mêler enfemble; quand ils feront froids, vous les verferez dans les bouteilles que vous aurez foin de bien boucher pour les conferver.

Tailladins ou filets d'Orange à l'Eau de-Vie.

Ratiffez avec un verre caffé le deffus de plufieurs oranges de Portugal, feulement pour ôter la fuperficie de l'écorce, effuyez les; enfuite vous prenez toute l'écorce que vous coupez en filets, que vous mettez à mefure dans de l'eau; lorfqu'ils feront tous coupés, vous les mettez dans de l'eau bouillante pour les faire cuire, jufqu'à ce qu'ils fléchiffent fous les doigts, que vous les mettez dans l'eau fraîche; retirez - les fur un tamis pour les fai-

re égoûter ; suivant la quantité que
vous aurez d'oranges, vous ferez clarifier du sucre ; il en faut suffisamment
pour qu'elles en soient couvertes ; mettez-y les filets d'oranges pour leur faire
prendre neuf ou dix bouillons couverts,
descendez-les du feu pour les écumer,
& les mettre dans une terrine pendant
vingt-quatre heures ; vous remettrez
le sucre dans la poële pour le faire cuire
sept ou huit bouillons ; remettez-le dans
la terrine sur les filets, pour le laisser
encore vingt quatre heures ; après vous
mettrez le sucre & les oranges sur le
feu, pour les faire bouillir cinq ou six
bouillons ; ôtez-les du feu ; quand elles seront froides, vous les retirerez du sirop pour les mettre dans des
bouteilles ; vous mettez dans la poële
autant d'eau-de-vie que vous avez de
sirop ; faites un peu chauffer, en remuant
le sirop avec l'eau-de-vie, pour qu'ils
se mêlent ensemble ; lorsqu'il sera tout-à-
fait froid, vous le mettrez dans des bouteilles avec les oranges, que vous aurez soin de bien boucher. La chair des
oranges vous servira à mettre en compote cruë, coupée en tranches avec du
sucre fin, ou à mettre au caramel,
comme il est dit ci-après.

Oranges de Portugal au Caramel.

Il faut prendre la chair des oranges, de celles dont vous avez ôté l'écorce pour mettre à l'eau-de-vie ; vous les féparez en quatre, en prenant garde de percer la petite peau qui fépare les morceaux ; vous avez un fucre cuit au caramel, que vous tenez chaudement fur un petit feu ; mettez-y vos quartiers d'oranges un à un, & les retournez avec une fourchette ; en les retirant, vous mettez à chaque quartier un petit bâton pointu, pour les dreffer fur un clayon, vous mettez les petits bâtons dans la maille du clayon, afin que le caramel puiffe fécher en l'air.

Oranges en Puits.

Prenez de belles oranges de Portugal, coupez le deffus en forme de couvercle ; donnez quelques coups de couteau dans la chair, fans percer la peau ; faites entrer du fucre fin dans la chair des oranges ; remettez le couvercle deffus, fi vous voulez, & fervez.

Oranges de Portugal en tranches ou par quartiers.

Otez proprement la pelure de plufieurs

fieurs oranges douces, épluchez avec
la pointe d'un couteau une petite peau
qui eſt ſur la chair de l'orange; vous
les ſervirez en quartiers ou par tranches de l'épaiſſeur d'un travers de
doigt, avec du ſucre en poudre, ou un
ſirop fort léger.

Compote de Zeſts & Tailladins d'Oranges & Citrons.

Ayez des oranges & citrons, de ceux
que vous voudrez; lorſque vous les
tournez pour faire d'autres emplois,
vous mettez les zeſts dans de l'eau
pour les faire tremper juſqu'au lendemain, que vous les faites blanchir à
l'eau bouillante, juſqu'à ce qu'ils fléchiſſent ſous les doigts, que vous les retirez à
l'eau fraîche; mettez-les égoûter; &
enſuite dans un ſucre clarifié donnez-
leur une douzaine de bouillons; ôtez-
les du feu pour leur laiſſer prendre ſure deux ou trois heures, que vous les
emettez ſur le feu pour leur donner
ncore trois ou quatre bouillons, & les
dreſſez dans le compotier.
Les tailladins ſe font de la même
açon, à cette difference, que vous pre-
ſez l'écorce entiere, après avoir tourné
'orange ou citron, vous les coupez en

filets ou tailladins ; il faut une demie
livre de sucre pour demie livre d'écorce.

Glace d'Oranges.

Voyez l'article des Glaces, *page* 170.

Oranges glacées en fruit.

Voyez l'article des Glaces , *page* 179.

Essence d'Oranges distillées.

Coupez par morceaux des oranges
encore vertes , que vous mettrez dans
de l'eau tiéde dans un pot bien couvert,
pour les faire infuser du soir au lendemain , ensuite vous les mettrez dans
un alambic pour les faire distiller (comme il sera dit à l'article de la distillation;)
lorsqu'elle sera distillée , vous mettrez la
liqueur dans des bouteilles de verre à
petits goulots , l'eau ira au fond , & l'essence dessus; renversez la bouteille sens
dessus dessous , pour que l'essence remonte au-dessus, vous lâcherez un peu
le pouce pour faire couler l'eau, & votre essence restera seule.

DES MARONS.

L'ON trouvera dans le premier volume l'obſervation ſur les qualités
& propriétés des Marons, page 16.

Compote de Marons.

Prenez ce qu'il vous faut de marons
pour une compote, environ un demi
cent, coupez-les un peu pour empêcher
qu'ils ne ſautent en cuiſant ; mettez-les
cuire dans une braiſe de cendre chaude,
quand ils feront cuits, eſſuyez-les avec
un torchon, & les pelez proprement,
vous les preſſerez un peu avec les doigts
pour les applatir ſans les caſſer ; ayez
un quarteron de ſucre clarifié, mettez-
y les marons pour les faire migeoter
dans le ſucre ſur un très-petit feu un peu
plus d'un quart d'heure ; en les ôtant du
feu, vous y preſſez le jus de la moitié
d'un citron, ou celui d'une bigarade,
dreſſez-les dans le compotier ; quand
vous êtes prêt à ſervir, vous jettez un
peu de ſucre fin avec le ſucrier.

Marons confits tirés au ſec.

Otez la premiere peau à des gros

marons ; quand ils feront tous pelés,
ayez deux poëles d'eau bouillante,
faites-leur prendre trois ou quatre bouillons dans la premiere, & les mettez
avec l'écumoire dans la feconde pour
achever de les blanchir, jufqu'à ce qu'en
les piquant d'une épingle elle entre très-
facilement, que vous les ôtez du feu
pour en prendre avec une écumoire,
& leur ôter un à un la petite peau pendant qu'ils font chauds, & les jetter à
mefure dans une eau très-claire & un
peu tiéde, où vous preffez le jus d'un
citron pour les conferver blancs ; après
les avoir égoutés, vous les mettez dans
un fucre cuit au petit liffé, il faut mettre un jus de citron dans le fucre ; mettez-les un quart d'heure fur un petit feu
pour les faire migeoter dans le fucre
fans qu'ils bouillent, enfuite vous les
coulez doucement dans une terrine, &
les mettrez vingt-quatre heures à l'étuve,
après vous leur faites prendre un bouillon, & les remettrez encore vingt-quatre
heures à l'étuve, & vous les retirez du
fucre pour les mettre égouter ; remettez
le fucre dans une poële pour le faire cuire
à la grande plume, mettez-y les marons
pour leur faire prendre un bouillon couvert ; ôtez-les du feu ; lorfque la chaleur

du ſucre ſera un peu diminuée, vous le travaillerez ſur le bord de la poële ; à meſure qu'il blanchit ſur un côté, vous prenez un maron avec une fourchette que vous retournez en douceur dans ce ſucre blanchi , prenez garde de ne le point caſſer, dreſſez-les à meſure ſur des grilles de fil d'archal , vous continuerez les autres de la même façon.

Biſcuits de Marons.

Faites cuire dans de la cendre une vingtaine de marons ; après les avoir bien eſſuyés & pelés, mettez-les dans un mortier pour les piler en les arroſant avec un peu de blanc d'œuf ; quand ils ſeront bien pilés , vous les retirez du mortier pour les mettre dans une terrine avec une demie livre de ſucre fin, battez-les bien avec une eſpatule juſqu'à ce que le ſucre & les marons ſoient bien incorporés enſemble, enſuite vous y mettrez cinq blancs d'œufs fouettés que vous mêlez bien avec ; dreſſez vos biſcuits ſur des feuilles de papier blanc en rond un peu plus gros qu'un macaron, ou en long comme les biſcuits à la cuilliere ; faites-les cuire dans un four doux ; lorſqu'ils ſeront cuits de belle couleur, vous les leverez du papier quand ils feront presque froids.

Pâte de Marons.

Mettez dans de l'eau bouillante une trentaine de gros marons, faites-les cuire jusqu'à ce que vous les puissiez peler facilement ; après les avoir pelés, vous les passez au travers d'une étamine en les bourrant fortement avec une espatule ou une cuilliere de bois, délayez ce que vous avez passé (si vous en avez plus de trois quarterons, vous ôterez le surplus) avec un quarteron de marmelade de telle confiture que vous voudrez ; faites cuire cinq quarterons de sucre à la grande plume, mettez-y la marmelade de marons que vous travaillerez avec le sucre, jusqu'à ce qu'ils soient bien incorporés ensemble, dressez-les dans les moules à pâte, que vous mettrez à l'étuve pour faire sécher.

Marons en chemise.

Faites griller des marons sur un petit feu pour ne les point colorer, jusqu'à ce que vous puissiez enlever facilement les deux peaux, ensuite vous les trempez dans du blanc d'œuf fouetté en neige, & les roulez tout de suite dans du sucre

fin, mettez-les fur des tamis pour faire
fécher à l'étuve.

Marons au caramel.

Otez la première peau à des gros
marons, faites-les cuire dans de l'eau
jufqu'à ce que vous puiffiez ôter la feconde; après les avoir fait égouter &
un peu reffuyer à l'étuve, faites cuire
du fucre au caramel que vous entretenez chaudement fur un petit feu, mettez
les marons dans le fucre un à un en les
retournant avec une fourchette; en les
retirant, mettez à chacun une petite
brochette pointuë pour les mettre égouter fur un clayon, en mettant le petit
bâton dans la maille du clayon, pour
que le caramel puiffe fécher en l'air.

Marons à l'Arlequine.

Vous vous fervez d'une compote de
marons qui vous a déja fervi, égoutez-
les de leur firop pour les faire un peu
reffuyer à l'étuve, enfuite vous prenez
le firop de la compote; s'il n'eft point
affez fort, vous y ajouterez un peu de
fucre; faites-le cuire fur le feu & réduire au caffé, entretenez-le chaudement
fur un petit feu, & y mettez les marons
un à un pour les retourner avec une four-

chette dans le fucre , & à mefure que
vous les retirez, vous y jettez légerement par-deffus de la nompareille de
toutes couleurs.

Marons glacés en fruit.

Voyez Glaces , *page* 180.

DU GENIÈVRE.

OBSERVATION.

LE Geniévre vient dans les bois &
dans les montagnes, furtout aux
lieux fecs. Au mois de Mai il s'éleve
une poudre qui eft la fleur , le bois a une
odeur de réfine, fon fruit vient en quantité le long des rameaux, il eft deux fois
plus gros que les grains de poivre ; il eft
verd au commencement, & enfuite il
devient prefque noir. Il faut le cueillir
au mois de Septembre , & le fécher au
Soleil. Il fortifie l'eftomac, le cerveau
& la vûe, aide à la digeftion, purifie
le mauvais air, fait bonne haleine & bon
fang.

Glace de Geniévre.

Voyez Glaces, *page* 172.

Ratafiat de Geniévre.

Prenez un litron de bon geniévre nouveau & bien choisi que vous mettez dans une cruche de quinze à seize pintes ; mettez y dix pintes d'eau-de-vie , il faut prendre trois quarterons de sucre par pinte que vous clarifierez; si vous avez quelques vieux gâteaux de fleurs d'orange, vous les ferez fondre dedans, & diminuez le sucre de la pésanteur du gâteau; mettez infuser le tout dans la cruche que vous aurez soin de bien boucher avec de la pâte, comme on fait pour les bains-maries ; si c'est en Eté, vous exposerez la cruche au soleil, & l'Hyver dans une étuve; quand votre ratafiat aura infusé un mois, vous le passerez pour le mettre en bouteille. Ce ratafiat plus il est gardé, meilleur il est.

Eau-de-Vie de Geniévre distillée.

Pour quatre pintes d'eau-de-vie, il faut concasser trois quarterons de grains de geniévre , que vous mettez avec l'eau-de-vie dans une cruche bien bouchée, pour laisser infuser au moins deux jours, ensuite vous mettez le tout ensemble dans un alambic pour le distiller avec un feu doux & égal , comme il est expliqué à l'article de la diftillation. Les quatre pintes d'eau-de-vie ne vous fourniront tout au plus que deux pintes d'eau de geniévre diftillée.

DES OUVRAGES

DE TOUTES LES SAISONS.

DU CAFFE'.

OBSERVATION.

LE Caffé eft un petit fruit ou graine qui croît fur un arbre dans plufieurs endroits du Levant. Il faut le choifir bien net, de moyenne groffeur, de couleur grifâtre & léger, d'une bonne odeur, & qui ne fente point le moify, ce qui lui arrive quand il a été mouillé par l'eau de la mer; la façon de le faire eft à préfent fi commune, que peu de perfonnes l'ignorent. Vous le faites brûler ou rotir fur le feu dans une poële en le remuant fans ceffe jufqu'à ce qu'il ait acquis également une couleur brune; vous l'étouffez enfuite dans un linge ou du papier pour le moudre quand il eft froid; plus il eft frais moulu, meilleur il eft, il

se conserve mieux en grains brûlés que
moulus. Pour le faire, vous avez de
l'eau bouillante dans une caffetiere,
suivant la quantité de tasses que vous
voulez faire ; vous mettez pour chaque
tasse pour le faire bon, une once de caffé
moulu, que vous remuez à mesure que
vous le mettez dedans ; vous lui faites
prendre cinq ou six bouillons à petit
feu, & le mettez après reposer sur de
la cendre chaude jusqu'à ce que vous
le tiriez au clair ; ceux qui veulent le
faire reposer promptement, y mettent un peu de sucre fin en le retirant du
feu. Le caffé, quand on en use modere-
ment, appaise les maux de tête, hâte
la digestion, fortifie l'estomac, donne
de la gayeté, rend la mémoire plus vive,
abbat les vapeurs du vin. L'excès empêche de dormir, & épuise les forces,
principalement à ceux qui sont d'un
temperamment bilieux.

Caffé à la crême.

Faites du bon caffé un peu fort, &
le laissez reposer, prenez de la crême
que vous faites bouillir, & vous mettrez
un tiers de crême avec les deux tiers de
caffé ; faites de même pour le caffé au
lait, excepté que vous le vouliez faire

au lait pur ; il faudroit prendre du bon lait, après l'avoir fait bouillir trois ou quatre bouillons avec le caffé, le laisser bien reposer, & le passer au travers d'un linge blanc.

Caffé à la Reine.

Mettez votre caffetiere sur du feu à sec, & votre caffé dedans ; ayez de l'eau bouillante toute prête, que vous verserez dessus ; après qu'il en sera sorti deux ou trois fois une grosse fumée, vous jetterez votre eau bouillante dessus ; quand il sera précipité, que le caffé ne montera plus, vous le retirez, & y verserez un peu de caramel que vous aurez eu soin de faire auparavant ; vous pouvez le servir tout de suite, il se trouvera clair.

Glace de Caffé. Voyez page 171.

Mousse de Caffé. Voyez page 175.

Fromage glacé de Caff. Voyez p. 185.

Canelons glacés de Caffé. Voyez p. 191.

Gaufres au Caffé.

Mettez dans une terrine un quarteron de sucre en poudre, un quarteron de farine, deux œufs frais, une bonne

cuillerée de caffé paffé au tamis ; mêlez
le tout enfemble en y mettant peu à peu
de la crême double jufqu'à ce que votre
pâte foit d'une bonne confiftance fans
être ni trop claire, ni trop épaiffe, qu'elle
file en la verfant avec la cuilliere ; faites
chauffer le gaufrier fur un fourneau , &
le frotez des deux côtés avec de la bougie blanche , ou du beurre pour le graiffer ; vous y mettez enfuite une bonne
cuillerée de votre pâte ; fermez le gaufrier pour le mettre fur le feu , après
l'avoir fait cuire d'un côté , vous le retournez de l'autre ; lorfque vous croyez
que la gaufre eft cuite , vous ouvrez le
gaufrier pour voir s'il elle eft de belle
couleur dorée & également cuite , vous
l'enlevez tout de fuite pour la pofer fur
un rouleau fait en chevalet ; appuyez la
main deffus pour lui faire prendre la forme du rouleau , laiffez-la fur le chevalet jufqu'à ce que vous en ayez fait une
autre de la même façon ; pendant qu'elle
cuit , vous ôtez celle qui eft fur le rouleau , & y mettez à mefure celle que vous
retirez du gaufrier ; lorfqu'elles feront
toutes faites , vous mettez le tamis où
font les gaufres à l'étuve , pour les tenir féchement jufqu'à ce que vous les
ferviez.

Paſtillages ou ingrediens de Caffé.

Pour faire une livre de paſtillages de caffé, vous faites fondre avec un peu d'eau une once de gomme adragante; lorſqu'elle ſera fondue & paſſée dans un linge, vous la mettez dans un mortier avec deux onces de caffé pulveriſé & paſſé au tambour; mettez-y du ſucre fin, peu à peu à meſure que vous pilez, juſ-qu'à ce que vous ayez une pâte mania-ble, que vous l'ôtez du mortier pour en former toutes ſortes de paſtilles ou ingrediens, comme des coquillages, des petits pois, des cloux de girofle, des grains de bled, des grains de caffé, des paſtilles de differentes grandeurs & marquées de differens cachets.

Conſerve de Caffé.

Prenez une once de caffé pulveriſé, & une livre de ſucre que vous clarifiez, & faites cuire à la petite plume; ôtez-le du feu, & le laiſſez refroidir à moitié; enſuite vous jetterez le caffé dans le ſu-cre, & le travaillerez dans la poële, en le mêlant avec une eſpatule juſqu'à ce qu'il ſoit bien incorporé avec le ſucre; vous ferez attention de ne point trop blanchir le ſucre; dreſſez la conſerve

dans un moule de papier ; lorfqu'elle
fera froide , vous la couperez par ta.
blettes à votre ufage.

Sable de Caffé.

Vous prendrez des vieilles conferves
de caffé qui vous auront déja fervi, que
vous pilez dans un mortier , & les paffez au travers d'un tamis ; fi vous n'en
avez point , faites-en de la même
façon qu'il eft expliqué ci-devant pour
la conferve ; lorfque le fucre fera refroidi , vous le pafferez au travers du tamis.

DU THE'.

OBSERVATION.

L'ATTENTION que nous avons
à nous fervir de tout ce que nous
trouvons de mieux dans la façon de
vivre de chaque Nation , a introduit
parmi-nous la boiffon du Thé , dont
l'ufage nous eft venu des Peuples d'O-
rient ; leur façon de s'en fervir eft femblable à la nôtre , puifqu'ils ne font que
le faire infufer dans l'eau bouillante , ou
du lait , jufqu'à ce que la liqueur en
ait acquis l'odeur & le goût; c'eft ce
que

que nous pratiquons pour le Thé verd:
Pour le Thé-bou, il faut le faire bouillir
un bouillon ou deux, & ensuite le laisser
reposer. La feuille de Thé nous est produite par un petit arbrisseau assez semblable au Myrthe, & qui se trouve communement à Siam, à la Chine & au Japon; ce dernier est le plus estimé, vous
le connoissez, en ce qu'il donne à l'eau
où vous l'avez fait infuser une teinture
verdâtre tirant sur le jaune clair. En général, il faut choisir le Thé d'une odeur
de violette, la feuille petite, bien verte
& entiere. Pour le conserver, vous le
mettez dans des bouteilles de verre, ou
une boëte bien fermée, de crainte qu'il
ne prenne l'évent, ce qui lui ôte toute
sa bonté. La boisson du Thé est estimée
pour les bons effets qu'elle produit; il
aide à la digestion, ôte le mal de tête,
abbat les vapeurs, empêche l'assoupisse-
ment, recrée les esprits, excite l'urine,
& purifie le sang; l'on remarque qu'il
ne peut produire aucun mauvais effet.
Peut-être qu'à la suite de cet article, on
ne sera pas fâché de lire les paroles sui-
vantes d'un célebre Medecin. » Il y a
» deux sortes de Thé, le Verd & le
» Bou. M. Cuningham, qui est une per-
» sonne très-sçavante & très-polie, &

» qui a vêcu plufieurs années à la Chine,
» nous apprend que ces deux efpeces de
» Thé fe tirent du même arbriffeau ;
» mais en differentes Saifons, & que le
» Thé-bou eft cueilli au Printems, &
» féché au Soleil, & le verd au feu.
» Mais je préfume, & non fans auto-
» rité, qu'outre ces differentes manieres
» de le fécher, on verfe l'infufion de
» quelques plantes ou de terre (peut-
» être d'une pareille à celle du Japon
» ou de Catechu) fur quelques fortes de
» Thé-bou, pour lui donner la dou-
» ceur, la faveur, & la péfanteur qu'il
» a fur l'eftomac, par le moyen de quoi
» il devient une pure drogue, & a be-
» foin de la fimplicité naturelle du Thé-
» verd, qui, quand il eft léger, qu'on
» ne le boit ni trop fort ni trop chaud,
» & qu'il eft adouci avec un peu de lait,
» eft un dilayant très-propre à nettoyer
» les paffages alimentaires, & emporter
» les fels fcorbutiques & urineux, &c.
*Regles fur la fanté & fur les moyens de
prolonger la vie, par M. Cheyne, ch. 2,
§. 18, pag. 68 & 69.*

DU CHOCOLAT.

OBSERVATION.

LA compofition de cette pâte, qui
eft d'un goût très-agréable, nous eft
venu de l'Amerique, fes Peuples qui en
font un grand ufage, nous ont appris la
façon de le faire. Comme nous avons
beaucoup encheri fur leur compofition,
celui que l'on fait à préfent en Efpagne
& en France, principalement à Paris,
eft de beaucoup meilleur. On le fait avec
du Cacao, appellé *gros caraque*, qui eft
un fruit d'un arbre qui croît dans l'A-
merique, de la forme & grandeur d'un
châtaignier; ce fruit vient couvert d'une
grande gouffe rayée, comme nos melons, elle renferme beaucoup de noix
de cacao, de la groffeur de nos amandes.

La vanille, dont le goût relevé, &
la bonne odeur fournit un mêlange heu-
reux avec le cacao, pour la bonté du
Chocolat, eft une gouffe plus longue &
plus plate que nos haricots, remplie de
petites graines noires, luifantes, d'une
fubftance miéleufe; elle fait une partie
de la compofition du Chocolat avec le
fucre, ce qui fera marqué à la ma-

L l ij

niere de le faire. Il faut choisir le Chocolat de couleur brune, rougeâtre, dur
& sec, de bonne odeur & d'un bon
goût ; il nourrit beaucoup , aide à la
digestion, fortifie l'estomac, abbat les
fumées du vin, convient aux Vieillards
& à ceux qui ne digerent pas aisément;
mais il est nuisible aux Valétudinaires & à
ceux qui ont les nerfs foibles ; comme il échauffe , les jeunes gens doivent
en user très-modérement.

Composition du Chocolat.

Le Chocolat ne peut réussir si l'on ne
sçait choisir le cacao ; ceux qui connoissent celui de Galicola, n'ont que faire
d'en choisir d'autres; il faut prendre garde
que les grains soient en dedans, de couleur brune & d'un pourpre enfoncé ; car
ceux qui sont rouges ne valent rien, ils
font le Chocolat rude & amer; mais on
ne connoit bien le cacao qu'après qu'il
est roti ; car alors on voit s'il y a beaucoup de ces grains rouges. Il faut que le
cacao soit roti au point que le goût & la
couleur du Chocolat le demande. Après
l'avoir mis dans une poële de cuivre ou
de fer, ou dans un pot de terre non ver-
nissé, vous le mettez sur le feu & le remuez sans cesse jusqu'à ce qu'il soit ex-
térieurement noir comme des marons

rotis ; pour cette premiere fois, on ne
peut guere le trop brûler ; enſuite il faut
éplucher le cacao & le bien vanner ;
pour ſçavoir s'il eſt aſſez roti, le meilleur eſt d'en faire une épreuve ; prenez
une once de cacao , & une demie once
de ſucre , que vous reduiſez en pâte
pour en mieux diſtinguer le goût & la
couleur ; car s'il n'eſt pas aſſez brun, &
qu'il ne ſente point aſſez le roti, on peut
le rotir encore une fois , mais légerement , parce qu'étant privé de ſon
écorce , il ſe brûle aiſement, & prend
un méchant goût. Lorſque l'on a réduit
ainſi le cacao au point de la cuiſſon qu'il
doit avoir, on le pile au mortier, afin
qu'il ſoit plutôt réduit en maſſe ſur la
plaque. Lorſque la pâte du Chocolat
approche d'être aſſez fine , il faut y
ajouter de la vaniile , & un peu de canelle en poudre, la quantité dépend de
la volonté ; le tout étant mêlé enſemble,
vous y ajoutez trois quarterons ou une
livre de ſucre pour livre de cacao pilé ;
le ſucre étant bien incorporé avec le
reſte , vous retirez votre compoſition du
mortier , pour la mettre ſur la pierre ou
ſur la plaque de fer échauffée avec un
réchaud de feu en deſſous ; faites auſſi
chauffer le rouleau, enſuite réduiſez cette

mixtion en poudre très-fine, qui se met d'elle même en pâte; passez le rouleau dessus peu à peu jusqu'à ce qu'elle soit si fine qu'elle ne croque pas sous les dents, alors l'on en forme des tablettes d'une once, ou des rouleaux d'un quarteron ou de demie livre.

Il faut choisir les vanilles odorantes, point trop séches ni trop grasses, car elles sont souvent ointes d'huile mêlée de baume pour les faire paroître bonnes & fraîches, elles sont très-difficiles à réduire en poudre; mais après les avoir coupées en petits morceaux avec des ciseaux, elles se pulverisent à force de les battre & passer par le tamis.

Boisson du Chocolat.

Ordinairement les tasses sont marquées par tablettes, mais la regle est dix tasses par livre; vous prenez donc autant de tablettes que vous en voulez de tasses; mettez fondre le chocolat au naturel dans une caffetiere où vous avez mis l'eau de la quantité que vous en voulez faire; faites-le bouillir & un peu mitonner sur de la cendre chaude, quand il sera fondu, & prêt à prendre, délayez un jaune d'œuf avec du chocolat, & le mettez dans votre caffetiere; vous le

emettrez fur un feu doux , & le remuerez bien avec le bâton, il faut obferver
qu'il ne bouille point après que vous aurez mis e jaune d'œuf; fuivant la quantité de taffes que vous ferez , vous mettrez des jaunes d'œufs , il en faut un pour
quatre ou cinq taffes.

Chocolat à l'Angloife.

Le Chocolat à l'Angloife fe fait de
la même façon que le précedent , excepté que vous prenez le blanc d'un
œuf que vous fouettez bien , & en ôtez
toute la premiere mouffe ; mettez - y
fondre le chocolat, & le finiffez de
même. Il faut obferver que le chocolat
eft meilleur fait de la veille que du jour ;
& ordinairement on y laiffe un bon levain pour ceux qui font dans l'ufage
d'en faire tous les jours.

Glace de Chocolat. Voyez page 171.
Mouffe de Chocolat. Voyez page 175.
Fromage glacé de Chocolat. Voyez
page 184.
Canelons glacés de Chocolat. Voyez
page 190.

Conferve de Chocolat.

Rappez une once de chocolat que

vous mettez dans une demie livre de fucre cuit à la grande plume, délayez-les bien enfemble en les travaillant avec l'efpatule jufqu'à ce qu'ils foient incorporés, dreffez votre conferve dans un moule de papier; quand elle fera froide, vous la couperez par tablettes à votre ufage.

Bifcuits de Chocolat.

Mettez dans une terrine deux tablettes de chocolat rappé, avec une demie livre de fucre fin paffé au tamis, quatre jaunes d'œufs, battez le tout enfemble avec une efpatule, enfuite vous y mettez huit blancs d'œufs fouettés, que vous mêlez bien avec le fucre & le chocolat, vous avez un quarteron de farine un peu féchée au four que vous mettez dans un tamis, paffez-la au travers dans la compofition de bifcuits, que vous remuez à mefure qu'elle tombe, pour la bien mêler avec; dreffez vos bifcuits dans des moules de papier, jettez un peu de fucre fin deffus en le faifant tomber légerement d'un tamis; mettez cuire dans un four doux.

Chocolat en olives.

Pilez dans un mortier une tablette de chocolat; lorfqu'il eft fin, vous y mettez

mettez trois blancs d'œufs avec du sucre
en poudre, il en faut suffisamment pour
que vous puissiez en former une pâte;
pilez le tout ensemble, & y ajoutez du
sucre jusqu'à ce que vous ayez une pâte
maniable, retirez-la du mortier pour la
mettre sur une table avec du sucre fin,
coupez-en des petits morceaux égaux,
que vous roulez un peu dans les mains
avec du sucre fin, pour leur donner la
figure d'une olive; mettez-les à mesure
sur des feuilles de papier blanc, posez
sur des feuilles de cuivre, faites cuire
dans un four doux.

Biscuits manqués de Chocolat.

Râppez une tablette de chocolat que
vous mettez dans une terrine avec un
quarteron de sucre fin, un demi quarteron de farine, trois jaunes d'œufs, battez le tout ensemble, vous y mettrez
ensuite quatre blancs d'œufs fouettés,
que vous mêlez bien avec; dressez vos
biscuits en long sur des feuilles de papier
blanc; jettez un peu de sucre fin dessus avec le tamis; faites cuire dans un
four doux; lorsque vous les aurez tirés
du four, vous les levez de dessus le papier pour les mettre sur un tamis sécher
à l'étuve.

Maſſepains de Chocolat glacés.

Pilez très-fin une livre d'amandes douces échaudées, arroſez-les en les pilant avec la moitié d'un blanc d'œuf pour qu'elles ne tournent pas en huile; faites cuire une demie livre de ſucre à la grande plume, mettez-y les amandes pour les faire deſſecher ſur un petit feu juſqu'à ce qu'elles ne colent plus après les doigts, enſuite vous y mettrez une tablette & demie de chocolat pilé & paſſé au tamis, avec la moitié d'un blanc d'œuf, que vous mêlez bien dans la pâte; mettez cette pâte ſur une table avec du ſucre fin mêlé d'un tiers de farine, abattez-la avec le rouleau de l'épaiſſeur d'un écu, pour la découper de la façon que vous voudrez; dreſſez-les ſur des feuilles de papier pour faire cuire dans un four doux; lorſqu'ils ſont cuits, glacez tout le deſſus avec du ſucre fin paſſé au tambour, battu avec un peu de blanc d'œuf, & quelques goutes de jus de citron, remettez-les au four ſeulement pour faire ſécher la glace.

Paſtilles ou ingrediens de Chocolat.

Pour une livre de ſucre fin, vous ferez une once de gomme adragante avec un

peu d'eau ; lorſqu'elle ſera fondue, paſſez-la au travers d'une ſerviette, mettez
cette eau gommée dans un mortier avec
deux tablettes de chocolat pilé & paſſé au travers d'un tamis, la moitié d'un
blanc d'œuf, & une livre de ſucre fin
paſſé au tambour. Pilez le tout enſemble
en mettant le ſucre peu à peu juſqu'à
ce que cela vous forme une pâte maniable ; enſuite vous l'ôtez du mortier pour
en former des paſtilles de la grandeur
& deſſein que vous jugerez à propos,
ou des ingrediens en grains de bled, de
caffé, de pois, de lentilles, des coquillages, & autres choſes à votre volonté.

Dragées de Chocolat.

Faites tremper un peu de gomme adragante avec un peu d'eau ; lorſqu'elle eſt
fondue & bien épaiſſe, paſſez-la au travers d'un linge en preſſant fort pour
qu'elle paſſe toute, mettez-la dans un
mortier avec du chocolat en poudre &
du ſucre fin, juſqu'à ce que vous ayez
une pâte maniable ; mettez cette pâte
ſur une table poudrée de ſucre fin, que
vous abattez avec un rouleau juſqu'à ce
qu'elle ſoit de l'épaiſſeur d'un écu, coupez-en des petits morceaux pour les arrondir de la groſſeur d'un pois, met-

tez-les fécher à l'étuve ; lorfqu'ils feront
fecs, vous les couvrirez de fucre, en
obfervant la même façon qu'il eft expliqué pour les dragées, page 20.

Diablotins.

Prenez du bon chocolat ; s'il eft trop
fec, mettez le amolir à l'étuve, mettez-
y un peu de bonne huile d'olive pour le
bien travailler avec une cuilliere, vous
en prenez de petits morceaux que vous
roulez dans vos mains pour en faire des
petites boulettes groffes comme des noi-
fettes, que vous mettez fur des pêtits
quarrés de papier d'un bon pouce de diftance égale ; quand votre feuille eft
remplie, vous prenez votre papier de
coin en coin, vous en appuyez un fur
la table, & l'autre que vous fecouez
pour les applatir pour qu'ils fe glacent
d'eux-mêmes, vous les glacez fi vous
voulez avec de la nomparçille blanche,
& les piquerez tous avec du cannelat;
mettez fécher à l'étuve.

Diablotins aux piftaches.

Vous les faites comme les précedens,
à cette difference, que vous mettez dans
le milieu une piftache entiere émondée de
fa peau ; roulez les diablotins dans les

mains pour leur donner la figure d'une petite olive, enfuite il faut les rouler dans de la nompareille blanche, & les mettre fécher à l'étuve.

DES AVELINES
ET DES AMANDES.

OBSERVATION.

L'AVELINE ou Noifette eft produite par un petit arbriffeau que l'on appelle Noifetier ou Coudrier, que l'on cultive dans les Jardins; mais il eft plus commun dans les bois & dans les hayes; nous en avons de plufieurs groffeurs, les meilleures font celles qui viennent du Lyonnois, leur qualité eft affez femblable à celle des Noix, à cette difference, qu'elles font plus agréables pour le goût. On en tire auffi comme les Noix une huile par expreffion qui a moins d'âcreté. Il faut les choifir groffes, que l'amande en foit prefque ronde, pleine de fuc & rougeâtre; elles font d'un grand ufage pour faire les dragées, & fe fervent dans leur naturel fur les meilleures tables dans leur nouveauté.

J'ai parlé des amandes & de leur pro-

Mm iij

priété dans le précedent volume , page 332 , auquel il faut avoir recours.

Amandes à la nompareille.

Prenez des amandes douces que vous mettez dans une poële sans leur ôter la peau , faites - les un peu roussir sur un petit feu en les retournant avec une espatule ; ensuite vous faites cuire du sucre au grand perlé, tenez le chaudement, mettez-y les amandes une à une , vous les retournez avec une fourchette ; en les retirant , il faut tout de suite y jetter tout autour de la nompareille pour qu'elle s'attache après l'amande , dressez-les à mesure sur des feuilles ; lorsqu'elles feront toutes prêtes , vous les mettrez sécher à l'étuve.

Amandes souflées au citron.

Coupez par petits morceaux de grosseur d'une lentille à la reine, des amandes douces que vous aurez échaudées , mettez-les sur un plat avec du citron verd rapé , un blanc d'œuf, & du sucre en poudre suffisamment jusqu'à ce que vous en puissiez former une pâte maniable , ensuite vous en prendrez des petits morceaux que vous roulez dans les mains pour en former des amandes de leur

groſſeur naturelle, que vous dreſſerez
à meſure ſur des feuilles de papier blanc,
de diſtance d'un doigt de l'une à l'autre;
mettez-les cuire dans un four très-doux;
quand elles ſeront de belle couleur, il
faut les enlever tout de ſuite de deſſus le
papier.

Amandes aux Zephirs.

Mettez ſur une aſſiette de terre ou de
fayance une demie cuilierée de bonne
eau de fleur d'orange, avec un blanc
d'œuf & du ſucre fin paſſé au tambour;
battez bien le tout enſemble avec une
cuilliere de bois, juſqu'à que cette glace
ſoit très-fine, un peu liée & bien blanche; mettez-y des amandes douces
échaudées & à moitié pilées, que vous
mêlez bien avec cette glace pour qu'elles
s'attachent toutes après les amandes,
enſuite vous les dreſſez par petits tas de la
groſſeur d'une amande un peu éloignées
les unes des autres ſur des feuilles de
papier blanc; mettez-les cuire dans un
four très-doux.

Amandes à la Praline.

Faites fondre dans une poële une demie livre de ſucre avec un peu d'eau;
mettez-y une demie livre d'amandes

M m iiij

douces avec leur peau que vous aurez bien frottées dans un linge propre pour en ôter la poudre ; faites-les bouillir sur un bon feu avec le sucre en les remuant souvent jusqu'à ce qu'elles petillent ; lorsque le sucre commence à se colorer, vous les retournez doucement & également avec l'espatule pour leur donner le tems de se colorer ; lorsque l'amande est luisante, & qu'elle a ramassé tout le sucre, vous l'ôtez du feu, & la mettez à l'étuve, deux heures après vous les ôtez de la poële pour vous en servir.

Pralines à l'écarlate.

Faites une couleur écarlate de cette façon : Mettez dans un petit pot un demi septier d'eau ; quand elle bouillira, mettez-y une once de cochenille bien pulverisée, faites-lui faire une douzaine de bouillons, & vous y ajouterez tout à la fois une demie once d'alun & une demie once de crême de tartre bien pilée ; faites encore faire une douzaine de bouillons, ensuite vous l'ôtez du feu & la laissez reposer avant que de vous en servir.

Pour faire les amandes à l'écarlate, mettez dans une poële une demie livre de sucre avec un peu d'eau ; le sucre

étant fondu, mettez-y une demie livre
d'amandes douces avec leur peau, &
bien effuyées de leur poudre ; faites les
bouillir en les remuant fouvent jufqu'à
ce qu'elles petillent ; vous retirez promptement la poële du feu & les remuez
fans ceffe avec l'efpatule jufqu'à ce qu'elles ne prennent plus de fucre , que vous
les jettez fur un tamis clair , & remettez
dans la poële le fucre qui fera paffé au
travers du tamis , avec environ un demi
quarteron de fucre, & un peu d'eau ;
faites-les fondre avec ce qui refte autour de la poële & cuire jufqu'au caffé,
ajoutez-y fuffifamment de la couleur
écarlate qui eft marquée ci-deffus, pour
que votre fucre foit bien rouge , & le
remettez fur le feu pour le faire cuire
au caffé comme il étoit, mettez-y dans
le moment les amandes pour leur faire
prendre tout le fucre, & les remuez
fans ceffe avec l'efpatule, jufqu'à ce que
le fucre fe candife ; & s'il en reftoit encore, vous ferez un peu chauffer la
poële jufqu'à ce qu'il tienne tout après
l'amande ; vous vous reglerez fur cette
dofe fuivant la quantité que vous en
voulez faire.

Pralines à la Reine.

Echaudez des amandes , après que
vous les avez retirées de l'eau & bien
effuyées, faites cuire au gros boulet autant pesant de sucre que d'amandes ;
mettez-y les amandes pour leur faire
prendre trois bouillons , enfuite vous
les retirez du feu en les remuant toujours avec une efpatule jufqu'à ce qu'elles
ayent pris tout le fucre ; s'il en reffott
quand elles feront un peu refroidies ,
remettez la poële fur le feu également
pour faire rechauffer, & remuez encore
les amandes pour qu'elles achevent de
prendre le fucre ; ordinairement ces pralines fe font à deux fois , en mettant la
moitié du fucre chaque fois , & vous
obferverez qu'il ne faut pas que le fucre
vienne au caramel ; ces pralines doivent
être blanches.

Bifcuits d'Amandes douces.

Faites des moules de papier blanc de
la grandeur que vous voulez faire vos
bifcuits , en long ou en petit carré ;
échaudez un quarteron d'amandes douces, & les mettez à mefure dans l'eau
fraîche ; quand elles feront égoutées &
bien effuyées , il faut les piler très-fin,

n les arrofant d'un peu de blanc d'œuf,
mettez-les dans une terrine avec deux
aunes d'œufs frais, un quarteron de fure paffé au tambour, battez bien les
mandes avec une efpatule, enfuite vous
ajouterez quatre blancs d'œufs frais
ouettés, & une cuillerée de farine; mê-
ez-le tout enfemble, & le dreffez dans
les moules, glacez le deffus des bifcuits
avec du fucre fin, où vous aurez mêlé
un quart de farine. Cette farine reffuye
l'humidité des amandes. Mettez-les cuire
dans un four doux, quand ils feront
bien montés & cuits de belle couleur,
en les retirant du four, ôtez-les tout de
fuite de leur papier.

Bifcuits d'Amandes ameres.

Echaudez un demi quarteron d'amandes douces & un quarteron d'amandes
ameres, que vous pilez très-fin dans un
mortier, en y mettant à plufieurs fois
une demie cuillerée de fucre en poudre,
enfuite vous les mettrez dans une terrine,
& les delayerez peu à peu avec quatre
blancs d'œufs frais, ajoutez-y trois
quarterons de fucre fin paffé au tambour,
battez le tout enfemble pendant un quart
d'heure avec une efpatule, dreffez vos
bifcuits en long ou en rond de la grof-

ſeur d'un bouton ſur du papier blanc
en prenant cette pâte avec deux cou
teaux ; faites-les cuire dans un four trè
doux , vous ne les ôterez du papier qu
quand ils ſeront froids.

Biſcuits d'Avelines.

Pilez très-fin un quarteron d'avelines
après les avoir échaudées , arroſez-les
en les pilant avec un peu de blanc d'œuf,
enſuite mettez y un quarteron de ſucre
que vous pilez avec les avelines juſqu'à
ce qu'ils ſoient bien mêlés enſemble,
après vous y mettrez quatre blancs d'œufs
fouettés que vous délayez peu à peu
avec les avelines & le ſucre ; finiſſez
vos biſcuits de la même façon que ceux
d'amandes ameres.

Conſerve d'Avelines.

Prenez un demi quarteron d'avelines
que vous échaudez , & les coupez en
travers le plus mince que vous pouvez;
faites cuire une livre de ſucre à la grande
plume , ôtez-le du feu, quand il ſera un
peu refroidi, mettez-y les avelines que
vous remuez bien avec une eſpatule juſqu'à ce qu'elles ſoient incorporées avec
le ſucre ; dreſſez votre conſerve dans
des moules de papier ; lorſqu'elle ſera

aide, vous la couperez par tablettes à
otre u'age.

Conferve d'Amandes au Citron.

Pilez très-fin un quarteron d'amandes
ouces en les arrofant de jus de citron
n les pilant ; faites cuiré à la grande
lume une livre de fucre, defcendez-le
'u feu pour le travailler jufqu'à ce
qu'il blanchiffe, mettez y les amandes
pour les bien délayer avec le fucre, &
dreffez dans les moules à conferve.

Crême d'Amandes en filagrane.

Faites bouillir & réduire aux deux
tiers un demi-feptier de lait avec une
chopine de crême, un quarteron de fucre, enfuite mettez-y un quarteron d'a-
mandes douces pilées très-fin avec trois
blancs d'œufs fouettés ; faites bouillir le
tout enfemble deux ou trois bouillons
en remuant avec une efpatule ; paffez
cette crême dans un tamis & la mettez
dans la jatte que vous devez fervir ;
quand elle eft froide, & que vous êtes
prêt à fervir, mettez-y deffus un fila-
grane que vous faites en femant de la
fleur d'orange pralinée & hachée fur une
feuille de cuivre frottée avec un peu
d'huile, vous filez deffus un fucre cuit

au caramel, vous la retournez fur une
autre feuille auffi frottée d'huile , pour
filer du caramel de l'autre côté du fila-
grane , & le dreffez enfuite fur la
crême.

Dragées d'Avelines.

Echaudez des avelines fuivant la quantité que vous en voulez faire, & les mettez fécher à l'étuve ; fi vous n'en avez
qu'une livre, il n'eft point néceffaire de
les mettre dans la baffine , comme il eft
dit , page 374 , vous les mettrez dans
une grande poêle à provifion fur un bon
feu, & les remuerez bien jufqu'à ce-
qu'elles foient bien féches , enfuite vous
y mettrez peu à peu un fucre gommé fait
de cette façon. Vous faites fondre de la
gomme arabique avec de l'eau ; lorfqu'elle eft fondue & paffée dans un linge,
vous la mêlez avec autant de fucre cuit
au liffé , mettez-y de ce fucre & remuez
toujours les avelines fur un moyen feu
jufqu'à ce qu'elles fe foient attachées
après ; quand elles commenceront à être
féches , vous y remettrez encore de ce
même fucre jufqu'à ce que vous voyez
qu'elles en ayent affez, alors vous les continuerez avec un autre fucre cuit au liffé
fans être gommé, & leur donnerez de

cette façon une douzaine de couches;
quand la derniere fera bien féche, vous
ôterez les avelines de la poële; lavez la
poële , & la faites fécher, remettez-y
les avelines pour les liffer ; en remettant
encore du fucre cuit au liffé, que vous
les remuez fortement fur la fin fans les
faire fauter , & acheverez de les faire
fécher à l'étuve.

Dragées d'Amandes.

Elles fe font de la même façon que les
précedentes.

Eau ou Pâte d'Orgeat.

Prenez une demie livre d'amandes
douces , & une douzaine d'amandes
ameres , un quarteron de graines des
quatres femences froides , échaudez les
amandes , & pilez bien le tout enfemble,
enfuite vous étendez fur une table ce que
vous avez pilé avec une livre de fucre
en poudre pour en former une pâte; cette
pâte fe garde fix mois, quand vous voulez vous en fervir , vous en délayez une
once dans un demi feptier d'eau , que
vous paffez dans une étamine ou une
ferviette.

Grillage à l'Arlequine.

Coupez des amandes douces en qua-

tre après les avoir échaudées, & les
mettez dans une poële avec une demie
livre de sucre fondu avec un peu d'eau;
mettez les sur le feu, & les faites bouillir
jusqu'à ce qu'elles petillent, que vous
les retirez du feu, & y mettez un jus
de citron & de l'écorce hachée très-fin,
remuez toujours avec une espatule jusqu'à ce que votre grillage soit de telle
couleur, dressez sur un plat semé de nompareille de toutes couleurs, mêlée d'un
peu d'anis fin de Verdun, & tout de suite semez aussi de la nompareille avec un peu
d'anis pendant que vos amandes sont
chaudes; après que votre grillage est
froid, vous le mettez sur du papier blanc
posé sur un tamis, & le conservez à
l'étuve.

Grillage mêlé.

Faites cuire une demie livre de sucre
à la grande plume, mettez y un quarteron de pistaches & un quarteron d'a-
mandes douces, le tout échaudé; coupez chacune en cinq ou six morceaux;
faites-les bouillir avec le sucre jusqu'à
ce qu'elles petillent, & les remuez sans
cesse avec une espatule jusqu'à ce qu'elles
ayent pris le sucre; vous les ôtez du feu
pour

pour y femer du citron confit haché,
un peu d'anis & de la nompareille mêlée, remuez promptement le tout enfemble, & dreffez votre grillage fur une
feuille de cuivre frottée légerement de
bonne huile d'olive, vous l'applatirez
le plus également que vous pourrez;
quand il fera froid, vous le couperez de
la grandeur que vous jugerez à propos,
& le ferrerez à l'étuve fur un tamis; le
citron, l'anis & la nompareille que vous
mettez dedans, doivent être mêlés enfemble, & prêts pour les mettre au moment que vous en avez befoin.

Grillage d'Amandes à la Portugaife.

Mettez dans une poële une demie livre
de fucre avec un peu d'eau; quand il fera
fondu, mettez-y une demie livre d'a-
mandes douces échaudées & coupées en
deux; faites-les bouillir avec le fucre
jufqu'à ce qu'elles pétillent, remuez-
les bien pour leur faire prendre fucre;
quand elles commenceront à rouffir,
vous les étendrez promptement fur un tamis, & jettez vite de la nompareille
blanche par-deffus; renverfez les auffi-
tôt fur un plat pour femer auffi de la
nompareille de l'autre côté, & les ferrez
enfuite à l'étuve.

Nn

Grillage d'Avelines.

Echaudez une livre d'avelines, & le mettez dans une poële avec un peu d'eau & une livre de sucre, faites-les bouillir jusqu'à ce qu'elles pétillent, ôtez-les du feu & les remuez fans cesse avec l'espatule ; quand elles feront affez pralinées, mettez-y un peu de nompareille mêlée avec du citron confit haché, & un peu d'anis ; mêlez bien le tout ensemble & promptement, jettez votre grillage fur une feuille frottée avec un peu d'huile d'olives, étendez-le avec l'espatule ; quand il fera froid, coupez-le par morceaux de la grandeur que vous jugerez à propos, & le mettez à l'étuve.

Lait d'Amandes.

Faites bouillir trois chopines de lait & réduire à moitié ; ôtez-le du feu, & y mettez fix onces d'amandes douces échaudées & pilées très-fin en les arrofant de tems en tems avec une demie cuillerée de lait, délayez bien les amandes avec le lait, vous y mettez auffi un peu d'eau de fleurs d'oranges & un bon quarteron de fucre ; quand il fera fondu, paffez deux ou trois fois votre lait d'a-

mandes dans une serviette pour le servir
dans une jatte.

Macarons.

Pilez très-fin une demie livre d'amandes douces échaudées, lavées & bien
essuyées, arrosez-les en les pilant avec
quelques goutes d'eau de fleurs d'oranges & du sucre fin, de crainte qu'elles
ne tournent en huile, ensuite vous les
ôtez du mortier & les batez bien dans
une terrine avec une demie livre de sucre
en poudre, ajoutez-y quatre blancs d'œufs
que vous fouettez bien avec le sucre &
les amandes ; dressez vos macarons sur
des feuilles de papier blanc de la grosseur d'un bouton ; faites les cuire dans
un four doux ; quand ils seront cuits de
belle couleur vous les servirez dans leur
naturel. Ou si vous jugez à propos de
les glacer, vous mettrez sur une assiette
de terre ou de fayance, du sucre fin
passé au tambour, avec un jus de citron,
un peu de blanc d'œuf que vous battez
bien ensemble avec l'espatule jusqu'à ce
que cette glace soit bien blanche ; vous
en couvrirez les macarons & les remettrez au four seulement pour faire sécher
la glace.

Macarons liquides.

Prenez une demie livre d'amandes douces que vous échaudez & pilez très-fin, en les arrosant avec un blanc d'œuf, pour qu'elles ne tournent pas en huile, mettez-les dans une terrine avec une demie livre de sucre en poudre, que vous battez bien avec les amandes, ensuite vous y ajouterez quatre blancs d'œufs fouettés, que vous mêlez bien ensemble; dressez vos macarons sur des feuilles de papier blanc, de la grosseur d'une noix, faites un petit trou dans le milieu [pour y mettre gros comme une noisette de telle marmelade que vous jugerez à propos, ou d'une bonne crême bien liée & froide, couvrez tout le dessus comme le dessous sans que votre confiture paroisse, mettez vos macarons cuire comme à l'ordinaire, & les servirez avec leur couleur naturelle, ou glacés comme les précedens.

Macarons de Bruxelles.

Echaudez & pilez très-fin une demie livre d'amandes douces, en les arrosant avec la moitié d'un blanc d'œuf, mettez-les dans une terrine avec deux onces de farine de ris, une demie livre de sucre

en poudre , batez bien le tout enfemble
& vous y ajouterez quatre blancs d'œufs
fouetés; quand ils feront bien mêlés avec
les amandes , vous les drefferez en long
fur des feuilles de papier blanc , faites-
les cuire dans un four doux ; lorfqu'ils
feront cuits vous les glacerez d'une glace
blanche.

Maffepains découpés.

Ayez une livre d'amandes douces
échaudées, que vous jettez à mefure dans
l'eau fraîche , mettez-les égouter fur un
tamis, & les effuyez avec une ferviette;
il faut les piler très-fin en y mettant de
tems en tems un peu de fucre fin & quelques goutes d'eau de fleurs d'oranges,
retirez-les du mortier pour les mettre
dans une poële fur un très-petit feu, avec
une demie livre de fucre cuit à la grande
plume', remuez les amandes & le fucre
avec une efpatule jufqu'à ce que la pâte,
en la touchant avec les doigts , ne fe
cole point après ; enfuite vous la mettrez fur une feuille de papier blanc pou-
dré de fucre fin, abatez-la en doucour
avec un rouleau , ayez foin de jetter de
tems en tems un peu de fucre fin deffus
& deffous pour empêcher qu'elle ne fe
cole après le papier ; quand elle fera

de l'épaiſſeur d'un écu , vous la découperez de la façon que vous jugerez à propos , comme en fleur de lys , en cœur,
en trefle , en rond , en lozange , ou avec
différentes ſortes de moules de ceux que
vous aurez , dreſſez-les ſur des feuilles
de papier que vous mettez ſur des feuilles
de cuivre , pour les faire cuire dans un
four très-doux ; quand ils ſeront cuits
vous les glacerez avec une glace blanche
faite avec du ſucre fin , un jus de citron
& un peu de blanc d'œuf.

Maſſepains à la Portugaiſe.

Pilez très-fin une demie livre d'amandes douces échaudées & bien eſſuyées,
que vous arroſez avec un peu d'eau de
fleurs d'oranges & un blanc d'œuf ; faites cuire une demie livre de ſucre à la
grande plume , en l'ôtant du feu vous y
mettrez les amandes pilées , que vous
remuerez toujours avec une eſpatule en
les remettant ſur un très petit feu pour les
faire deſſecher juſqu'à ce qu'elles ne
tiennent plus après les doigts en les appuyant contre, mettez-les ſur une feuille
de papier avec du ſucre en poudre deſſus
& deſſous, abatez-les en douceur avec
un rouleau de l'épaiſſeur d'un petit écu,
coupez-en des petits ronds de la gran-

eur d'une pastille, pour faire à cha-
un un petit bord, mettez-les cuire dans
n four très - doux sur des feuilles de
uivre ; quand ils seront cuits & réfroi-
is, vous mettrez dans chacun un grain
de verjus confit au liquide.

Pâte de Massepains.

Echaudez des amandes que vous pilez
très-fin en les arrosant avec un peu d'eau
de fleurs d'oranges & un blanc d'œuf,
mettez - les dans une poële avec trois
quarterons de sucre en poudre pour une
livre d'amandes ; faites-les dessecher sur
un petit feu jusqu'à ce qu'elles ne se colent plus contre les doigts & deviennent
en pâte maniable, mettez-la sur une feuille
de papier blanc avec du sucre fin dessous,
à mesure que vous la battez avec le rouleau, vous la remuez souvent avec le papier, & y jettez de tems en tems du sucre
fin mêlé d'un quart de farine pour empêcher qu'elle ne s'attache au papier; vous la
coupez ensuite pour en faire tout ce que
vous jugez à propos.

Massepains à la Dauphine.

Délayez deux cuillerées de marmelade de cerises avec un blanc d'œuf,
prenez de la pâte à massepains comme
la précedente, que vous abbattez de

l'épaiſſeur de deux écus; coupez-en d
filets de longueur de demi doigt pour
former des cercles autour d'un petit ma
che de couteau bien rond en pinçant l
deux bouts pour les faire tenir enſemble
après que vous avez formé tous ces c
cles, vous les trempez dans la marm
lade que vous avez délayée avec
blanc d'œuf, & les roulez dans un ſucr
très fin; dreſſez-les à meſure ſur d
feuilles de papier blanc poſées ſur d
feuilles de cuivre, enſuite vous abbate
de la pâte d'amandes de l'épaiſſeur d'ur
lame de couteau; coupez-en des petis
ronds où vous mettez une ceriſe confi.
ou un peu de marmelade, que vous en
veloppez de la pâte pour en former d
petits ronds de la groſſeur d'une noi
ſette, trempez-les auſſi dans la marme
lade délayée avec le blanc d'œuf, que
vous roulez dans le ſucre; mettez tou
ces petits ronds dans le milieu des cer
cles relevés en dôme ſans entrer dans
le fond, faites-les cuire dans un fou
très-doux; quand ils ſeront glacés de
belle couleur, vous les retirez pour les
ſervir comme vous le jugez à propos.

Maſſepains en las d'amour.

Ayez une demie livre d'amandes
douce

ouces échaudées que vous laiſſez trem-
er vingt-quatre heures dans de l'eau
aîche ; après les avoir bien égoutées &
eſſuyées, vous les mettez dans un mortier pour les piler en les arroſant avec de
l'eau de fleurs d'orange ; mettez-les dans
une demie livre de ſucre cuit à la grande
plume pour les faire deſſécher ſur un
très petit feu juſqu'à ce qu'elles ſoient
en pâte maniable, que vous les mettez
ſur une feuille de papier blanc poudrée
'un peu de ſucre fin ; abbattez la pâte
avec le rouleau de l'épaiſſeur d'un écu ;
coupez-en de longs filets carrés d'égale
longueur, pour les tourner comme un
huit de chiffre, en laiſſant paſſer un bout
de chaque côté, ce qui formera vos las
d'amour ; enſuite vous les trempez tous
dans un ſucre délayé avec du blanc
d'œuf ; poudrez-les partout de ſucre fin,
& les dreſſez ſur des feuilles de papier
que vous mettez ſur des feuilles de cuivre, pour les faire cuire dans un four
doux.

Maſſepains au Zephir.

Faites cuire une livre de ſucre à la
grande plume, mettez-y une livre d'a-
mandes douces échaudées & bien pilées,
que vous travaillez avec une eſpatule

ſur un très petit feu juſqu'à ce que la pâte ſoit deſſéchée & qu'elle quitte la poële ; après vous la mettez refroidir, & enſuite remettez-la dans le mortier pour la repiler, & y ajoutez en la pilant un peu de ſucre fin, du citron verd rapé, trois blancs d'œufs, que vous mettez un à un en pilant le tout enſemble l'eſpace d'un quart d'heure ; dreſſez vos maſſepains ſur des feuilles de papier blanc, de tels deſſeins que vous jugerez à propos, pour les faire cuire dans un four très-doux.

Maſſepains maſqués.

Echaudez une demie livre d'amandes douces que vous pilez très-fin en les arroſant avec de l'eau de fleurs d'orange, enſuite vous les mettez dans une demie livre de ſucre cuit à la grande plume ; remuez-les ſur un très petit feu avec l'eſpatule juſqu'à ce qu'elles quittent la poële, & que la pâte ne tienne plus après les doigts, mettez-les ſur une feuille de papier blanc poudrée de ſucre fin, abbattez-la avec le rouleau pour la découper de la figure & grandeur que vous voulez, avec les moules de fer blanc que vous avez ; mettez vos maſſepains ſur une feuille de papier blanc que vous mettez ſur une table avec un couvercle de four de Campagne & du feu deſſus, pour que les maſſepains ne cuiſent que d'un côté, enſuite vous les levez de deſſus le papier, pour mettre ſur le côté qui n'eſt pas cuit une marmelade délayée avec la moitié d'un blanc d'œuf & du ſucre en poudre ; couvrez-en tout le deſſus, faites-en tenir le plus que vous pouvez ; remettez-les ſur le papier ſur le côté qu'ils ſont cuits ; couvrez avec le couvercle du four de Campagne, du feu deſſus pour faire cuire cette glace.

Maſſepains liquides.

Faites une pâte comme celle des maſſepains en las d'amour ; quand elle ſera deſſechée, mettez-la ſur une feuille de papier blanc avec du ſucre fin ; abbattez-la de l'épaiſſeur d'un petit écu, coupez-n des ronds de la grandeur d'une piece de douze ſols, enfoncez un peu le mi-ieu de chaque rond avec le bout du pe-it doigt, pour y mettre à chacun gros omme un pois de telle marmelade que vous jugerez à propos, ou d'une bonne crême cuite bien liée ; frotez tous les ords de ces petits ronds avec un peu de aune d'œuf pour en coler deux enſem-ble, en leur faiſant prendre la forme d'un bouton ſans que la marmelade pa-

roiſſe ; faites-les cuire dans un four très-
doux ; lorſqu'ils ſeront de belle couleur,
retirez-les du four ; pour glacer tout le
deſſus d'une glace blanche , remettez-
les au four pour faire ſécher la glace.

Tourons.

Coupez en petites tranches très-minces une demie livre d'amandes échaudées , mettez-les dans une poële ſur le
feu avec un peu de citron verd rapé &
du ſucre fin , faites-les bien deſſecher en
les remuant toujours avec une eſpatule;
quand elles ſeront bien deſſechées, vous
les ôtez du feu ; après qu'elles ſeront
froides, vous les mettez dans trois blancs
d'œufs bien fouettés avec du ſucre fin ſuffiſamment juſqu'à ce qu'il y en ait aſſez
pour rendre les amandes maniables &
en former des ronds avec les mains,
que vous mettez à meſure ſur du papier
pour les faire cuire dans un four doux.
Si vous avez des avelines, vous ne mettrez qu'un quarteron d'amandes & autant
d'avelines échaudées , que vous couperez de même pour les mêler enſemble,
& les acheverez comme il a été dit ci-
deſſus.

Amandes à la Polonoise.

Echaudez un quarteron d'amandes
douces & un quarteron d'avelines que
vous mettez à mesure dans l'eau fraîche ;
après les avoir égoutées & bien essuyées,
hachez-en la moitié très-fin, & coupez
l'autre moitié en tranches, faites cuire une
livre de sucre à la grande plume, mettez-
y les amandes & les avelines avec un
peu de citron haché ; remuez le tout avec
une espatule hors du feu ; quand elles seront bien mêlées avec le sucre, vous y
ajouterez un blanc d'œuf fouetté, que
vous mêlez encore ; versez vos amandes
sur une feuille de papier, lorsqu'elles seront froides, vous les couperez de la
façon que vous jugerez à propos.

Sirop d'Orgeat.

Prenez trois quarterons d'amandes
douces, une once d'amandes ameres, un
quarteron des quatre semences froides ;
émondez les amandes & pilez le tout ensemble le plus fin qu'il vous sera possible ; mettez cette pâte d'amandes dans
une chopine d'eau, que vous remuez bien
ensemble avec une espatule ; laissez infuser une heure ou deux, ensuite vous les
passez dans une serviette, & les pressez

en tordant fort la serviette pour en e
primer tout le suc des amandes ; cla
fiez deux livres de sucre que vous réd
rez au caffé ; mettez-y le lait d'amande
quand votre sucre sera décuit, vous
ajouterez une bonne cuillérée d'eau d
fleurs d'orange ; mettez votre sirop dar
une terrine, pour le mettre à l'étuv
pendant trois ou quatre jours, vous en
tretiendrez l'étuve de feu comme pou
un candi ; vous verrez à votre sirop d
tems en tems avec une cuilliere ; quand
il sera à perlé, vous le mettrez dan
des bouteilles. Il n'est point sujet à pous
fer ni à candir, fait de cette façon.

Sirop de Capilaires.

Pour faire une bouteille de pinte de
sirop de capilaires, il faut prendre deux
onces de capilaires de Canada que l'on
fait infuser comme du thé, il n'en faut
prendre que les feuilles ; vous les mettez
infuser à l'étuve dans un pot bien bouché, pendant quatorze ou quinze heures ;
prenez deux livres & demie de sucre
que vous clarifiez & faites réduire au
caffé ; mettez-y votre infusion de capilaires passée au tamis ; lorsque votre sucre
sera décuit, vous mettrez votre sirop
dans une terrine pour le mettre à l'étuve

pendant trois ou quatre jours, & le finirez de la même façon que le précedent. Le bon capilaire de Canada se vend chez un Epicier droguiste, Cloître S. Jacques de la Boucherie.

Orgeat d'Amandes. Voyez page 193.

DES PISTACHES.

OBSERVATION.

CE fruit dont l'amande est de couleur verte, mêlé de rouge en dehors, & verte en dedans, est couverte de deux écorces, la premiere tendre de couleur verte, la seconde blanche, dure & cassante, il naît par grappes sur une espece de Terebinte des Indes; on nous l'envoye sec de plusieurs endroits des Indes, d'Arabie, de Perse & de Syrie.

Il faut choisir les pistaches nouvelles, pesantes, de bon goût, & d'une odeur comme aromatique. Ce fruit est bon pour les Néphretiques & les personnes attenuées; il excite l'appetit, fortifie l'estomac & la poitrine, il n'y a que l'excès qui puisse être contraire, parce qu'il échauffe beaucoup & peut causer des maux de tête, & autres incommodités.

O o iiij

Orgeat de Piſtaches. Voyez page 194.

Conſerve de Piſtaches.

Echaudez une once de piſtaches de la même façon que les amandes; lorſ- que vous les aurez égoutées, pilez-les très-fin & les paſſez au tamis, pour les mettre dans une demie livre de ſucre cuit à la petite plume, après l'avoir ôté du feu, remuez les piſtaches dans le ſucre pour les bien mêler enſemble; dreſſez vore conſerve dans un moule de papier; quand elle ſera froide, vous la coupe- rez par tablettes à votre uſage.

Piſtaches filées.

Echaudez un demi quarteron de piſ- taches, que vous coupez par petits filets, eſſuyez-les avec un linge, & les ſemez ſur des feuilles de cuivre frottées lége- rement de bonne huile d'olive, vous avez un ſucre cuit au caramel, que vous tenez chaudement pour qu'il ne ſe prenne pas, prenez-en avec deux four- chettes que vous filez à meſure ſur tous les filets de piſtaches, en laiſſant des vuides entre, vous retournez vos piſ- taches ſur une autre feuille de cuivre auſſi frotée d'huile, pour en faire au-

tant comme au côté précedent, en prenant garde de les trop charger de sucre
en les filant.

Biscuits de Pistaches.

Echaudez un quarteron de pistaches,
faites-les égouter, essuyez-les avec une
serviette ; mettez-les dans un mortier
avec un demi quartier de citron confit,
& un peu de citron verd rapé; pilez-
les très-fin en les arrosant à plusieurs
fois avec un blanc d'œuf; lorsqu'elles
sont pilées, vous les mettez dans une
terrine avec un peu plus d'un quarteron
de sucre fin, deux jaunes d'œufs, battez-les ensemble avec une espatule jufqu'à ce qu'ils soient bien incorporés l'un
avec l'autre, que vous y mettez six blancs
d'œufs fouettés & bien montés avec
plein une cuilliere à caffé de farine; mêlez le tout ensemble, dressez vos biscuits dans des moules, ou en long sur
des feuilles de papier blanc; jettez un peu
de sucre par-dessus, faites cuire dans un
four doux.

Pistaches à la Fleur d'Orange.

Mettez tremper deux gros de gomme
adragante avec deux cuillerées d'eau de
fleurs d'orange, & un demi verre d'eau;

lorfqu'elle eft fondue, vous la paffe
dans un linge en la preffant fort ; vous
avez un quarteron de piftaches échaudées & pilées très-fin dans un mortier;
lorfqu'elles font pilées, mettez-y votre
eau gommée avec du fucre fin, pilez le
tout enfemble en y ajoutant du fucre fin
jufqu'à ce que cela forme une pâte maniable, que vous mettez fur une table
pour en prendre des petits morceaux
égaux pour les rouler dans les mains &
en former des efpeces d'amandes, que
vous mettez à mefure fur des feuilles de
papier blanc, pour les faire cuire dans
un four très-doux.

Lait de Piftaches.

Echaudez un quarteron de Piftaches,
que vous pilez très-fin en les arrofant
de tems en tems avec une cuillerée de
lait, & quelques goutes d'eau de fleurs
d'orange, faites bouillir une chopine de
crême avec un demi-feptier de lait, environ un quarteron de fucre, laiffez réduire à un tiers, enfuite vous l'ôtez du
feu pour y délayer les piftaches que
vous paffez a plufieurs fois dans une
ferviette, dreffez dans ce que vous devez
fervir.

Piſtaches en Olives.

Prenez des piſtaches que vous émondez, & les jettez à meſure dans l'eau
fraîche, retirez-les, & les eſſuyez pour
les piler très-fin dans un mortier ; mettez-les dans une poële avec la moitié
péſant de ſucre en poudre de ce que
vous avez de piſtaches ; faites-les deſſécher ſur le feu juſqu'à ce que la pâte ne
ſe cole plus après les doigts, enſuite
vous les retirez de la poële pour les
mettre ſur du papier avec du ſucre en
poudre ; vous en prendrez des petits
morceaux que vous roulerez dans vos
mains pour leur donner la forme d'olives, mettez à chacune un petit bâton
pour pouvoir les tremper dans un ſucre
cuit au caramel, & à meſure que vous
les retirez du caramel, vous les dreſſez
ſur un clayon, en mettant les petits bâtons dans la maille du clayon afin que le
caramel puiſſe ſécher en l'air, & vous les
dreſſerez ſur une aſſiette de porcelaine
garnie d'un rond de papier découpé.

Diablotins aux Piſtaches. Voyez p. 412.

Fromage de Piſtaches. Voyez *Glaces*,
page 185.

Dragées de Piſtaches.

Echaudez des piſtaches, que vous mettez enſuite ſécher à l'étuve; ſi vous n'en faites qu'une livre, vous les mettrez dans une grande poële à proviſion avec un ſucre gommé, que vous faites avec un peu de gomme arabique, fondue avez très-peu d'eau, que vous mêlez avec du ſucre cuit au liſſé; faites aller votre poële ſur un moyen feu, en la remuant toujours pour que les piſtaches prennent ſucre également; lorſqu'elles commenceront à ſécher, vous remettrez un peu de ce même ſucre pour leur donner encore une couche ou deux de cette même façon; enſuite vous continuez toujours à les remuer, en leur donnant encore cinq ou ſix couches avec un autre ſucre au liſſé, où il n'y a point de gomme, juſqu'à ce que vous voyez qu'elles en ayent aſſez; à la derniere couche, vous les ôterez de la poële pour la bien eſſuyer; remettez-y les piſtaches avec du ſucre au liſſé, vous les remuez fortement ſur la fin, ſans les faire ſauter; lorſqu'elles ſeront bien liſſées, vous les mettrez rachever de ſécher à l'étuve.

Massepains de Pistaches à la Comete.

Pilez très-fin une demie livre de pistaches échaudées ; mettez-y, en les pilant, un peu de sucre fin, pour qu'elles ne tournent pas en huile ; faites cuire à la grande plume un quarteron & demi de sucre ; mettez-y les pistaches pilées, pour les faire dessécher avec le sucre sur un très - petit feu, jusqu'à ce que les touchant avec les doigts, elles ne se colent point après ; mettez votre pâte sur une table, poudrez - la dessus & dessous de sucre fin ; abattez - la avec le rouleau de l'épaisseur d'un petit écu, pour la couper en étoile, où il y ait une petite queue ; mettez vos massepains sur une feuille de papier blanc ; posez dessus un couvercle de four de campagne, avec un peu de feu dessus, faites-les cuire doucement ; lorsqu'ils seront cuits d'un côté, vous les retournez sens dessus dessous, pour mettre sur le côté qui n'est pas cuit, une glace faite avec un peu de blanc d'œuf, quelques goûtes de jus de citron, & du sucre fin passé au tambour ; remettez le couvercle sur les massepains pour faire cuire la glace.

Maßepains de Piſtaches en Joyaux.

Echaudez une demie livre de piſtaches, que vous mettez dans un mortier, que vous pilez très-fin en les arroſant avec un peu d'eau de fleurs d'o-
range ; mettez-les dans une poële avec
ſix onces de ſucre en poudre ; faites-les
deſſécher ſur un très-petit feu, juſqu'à
ce qu'elles ne ſe colent point après les
doigts, que vous les mettez ſur une
feuille de papier avec du ſucre fin deſſous, & à meſure que vous l'abattez
avec le rouleau, vous y jettez un peu
de ſucre fin mêlé d'un quart de farine, pour que la pâte ne ſe cole point
après le papier ; coupez-en des filets
de longueur de demi doigt pour en
former des cercles autour d'un petit
manche de couteau bien rond, en pinçant les deux bouts, pour les faire tenir enſemble ; lorſque vous avez formé
tous ces cercles ou joyaux, vous les
trempez dans une marmelade de confiture délayée avec un peu de blanc
d'œuf ; mettez-les à meſure dans du ſucre fin pour les rouler dedans, & les
dreſſez à meſure ſur des feuilles de cuivre pour les mettre cuire dans un four
doux.

DE LA CANELLE.

L'On trouvera dans le premier volume, page 11, l'obſervation ſur la connoiſſance & propriété de la canelle.

Maſſepains de Canelle.

Echaudez une livre d'amandes douces, que vous pilez très-fin, en les arroſant avec une cuillerée d'eau de fleurs d'orange; faire cuire une demie livre de ſucre à la grande plume; mettez-y les amandes avec un demi gros de canelle èn poudre; faites deſſécher la pâte ſur un petit feu juſqu'à ce qu'elle ne cole plus après les doigts, que vous la mettez ſur une feuille de papier, avec un peu de ſucre fin, mêlé d'un tiers de farine, abattez la pâte de l'épaiſſeur d'un écu pour la découper comme vous voudrez; faites-les cuire dans un four doux, & les glacez enſuite avec une glace blanche.

Paſtilles de Canelle.

Faites fondre une once de gomme adragante avec un peu d'eau; lorſqu'elle eſt fonduë, vous la paſſez dans un linge ; mettez cette eau gommée dans un mortier, avec plein une cuilliere à caffé de canelle battue, passée au tamis fin, & une livre de sucre passé au tambour, que vous ne mettez que peu à peu, en pilant la pâte à mesure qu'il en est besoin, jusqu'à ce que vous ayez une pâte maniable, que vous retirez du mortier pour en former des Pastilles de tels desseins que vous voulez, & les mettez sécher à l'étuve.

Canelle au Candi.

Mettez tremper dans un peu d'eau pendant vingt-quatre heures, des morceaux de canelle ; retirez-les pour les couper en petits filets très-minces, & les mettez ensuite faire deux ou trois bouillons dans un sucre cuit au petit lissé ; mettez les égoûter sur un clayon & sécher à l'étuve ; lorsqu'ils sont secs vous les dressez sur les grilles qui se mettent dans les moules à candi ; faites cuire votre sucre au soufflé, & le versez dessus ; quand il est à moitié froid, mettez-les jusqu'au lendemain à l'étuve, avec un feu modéré ; si le sucre n'étoit point assez candi, vous égoûterez ce qui reste de liquide, & les laisserez encore une heure ou deux avant que de les ôter des moules,

pour

pour les mettre dans des boëtes garnies de papier blanc. Pour connoître si votre candi est comme il faut, avant que de le lever, vous mettez quatre petits bâtons blancs secs, aux quatre coins des moules, que vous enfoncez jusqu'au fond pour essai, que vous retirez doucement ; vous verrez s'ils font le diamant dessus également, c'est une marque que votre candi est fait; pour lors vous égoûtez votre candi, en penchant le moule par le coin, que vous laissez égoûter pendant deux heures; il faudra renverser le moule sur une feuille de papier blanc un peu fort & également.

Conserve de Canelle.

Délayez dans une assiette avec deux ou trois cuillerées de sucre clarifié, un gros dé canelle en poudre, passée dans un tamis très-fin ; ensuite vous la mettez dans une demie livre de sucre cuit à la grande plume, remuez bien la canelle avec le sucre pour les bien incorporer ensemble ; versez tout de suite votre conserve dans des moules de papier; quand elle sera prise, vous la couperez par tablettes à votre usage.

Canelle en bâtons.

Mettez tremper une once de gomme adragante avec un verre d'eau ; lorſqu'elle eſt fondue, vous la paſſez dans une ſerviette en la preſſant fort ; mettez cette eau gommée dans un mortier avec plein une cuilliere à caffé de canelle en poudre paſſée au tamis fin ; mettez-y peu à peu du ſucre en poudre en pilant à meſure, juſqu'à ce que vous ayez une pâte maniable, que vous mettez ſur une feuille de papier blanc avec du ſucre fin, pour quelle ne ſe cole point au papier ; abbattez cette pâte avec le rouleau le plus mince que vous pourrez ; vous en coupez des bandes de longueur & largueur qu'il faut pour enveloper une plume d'oye, pour leur donner la forme d'un bâton de canelle ; à meſure que vous en avez roulé un, vous l'ôtez pour en faire un autre, que vous mettez à meſure ſur un tamis ; lorſqu'ils ſont tous faits, mettez-les ſécher à l'étuve.

DES GIROFLES.

L'ON trouvera dans le premier volume, page 10, la connoiſſance & proprieté des Cloux de Girofles.

Paſtilles ou ingrediens de Girofles.

Ayez une once de gomme adragante que vous faites fondre avec un peu d'eau, & la paſſez au travers d'une ſerviette ; mettez cette eau gommée dans un mortier avec douze cloux de girofles en poudre paſſée dans un tamis fin, mettez-y peu à peu en pilant environ une livre de ſucre fin, juſqu'à ce que vous ayez une pâte maniable ; retirez cette pâte du mortier pour en former des paſtilles ou des ingrediens, comme des cloux de girofles, des coquillages, des grains de bled, de caſſé, de petits pois, ce que vous voudrez, lorſqu'ils ſeront tous préparés, vous les mettrez ſécher à l'étuve.

Pour faire des Figures & des Vaſes, au caſſé & au caramel.

Suivant la quantité & groſſeur des figures ou des vaſes que vous voulez faire, vous prenez plus ou moins de ſucre, environ trois livres que vous faites clarifier & paſſer au tamis, enſuite vous le faites cuire au caſſé, il faut qu'il ſoit juſte à ſon dégré. Vous avez vos moules tout prêts, bien nets & frottés de bonne huile, qu'ils ſoient bien ſerrés enſemble

& ficelés, qu'il n'y reste point de jour que le trou par où vous devez verser votre sucre. Vous prenez le moule de la main gauche, enveloppée d'un torchon, & de la droite vous versez le sucre dans le moule en le tournant doucement d'un côté & d'autre pour que le sucre s'étende, afin que les figures se forment & ne restent point en masse, elles doivent être creuses en dedans & transparentes; vous continuez toujours à les tourner doucement jusqu'à ce que le sucre soit pris, vous n'ouvrirez le moule que quand il sera tout à fait froid. Ceux au caramel se font de la même façon, à cette différence, qu'il faut faire cuire le sucre au caramel.

Pour faire des Figures & des Fleurs de Passillages.

Suivant la quantité de sucre que vous voulez employer, vous faites fondre dans de l'eau tiéde sans la mettre sur le feu, de la gomme adragante, une once suffit pour employer au moins une livre de sucre; lorsque votre gomme sera fondue, vous la passez dans un torchon neuf, en le tordant fort pour que toute la gomme passe au travers, & qu'elle soit bien épaisse, mettez-y suffisamment

du sucre royal passé au tambour, mêlé
d'un quart d'amydon ; mettez le tout
ensemble dans un mortier pour le piler.
jusqu'à ce que cela vous forme une pâte
maniable ; pour connoître si cette pâte
est comme il faut , vous la tirez d'une
main à l'autre ; tant qu'elle file , vous
y ajoutez du sucre fin mêlé d'un quart
d'amydon, jusqu'à ce qu'elle se casse net
en la tirant des deux mains, ensuite vous
mettez votre composition dans des
moules frottés légerement de bonne
huile ; lorsqu'ils seront bien emplis, vous
les serrez fort avec un ruban de fil, ou.
autre chose , deux heures après vous
ouvrirez les moules pour voir si les figures sont prises , vous les retirez en douceur pour les conserver dans un endroit
sec. Les fleurs se font de même que les
figures , il n'est que les moules qui en
font la difference ; quand elles sont retirées des moules, il faut les peindre
avec un pinceau & les couleurs dont
on se sert à l'Office , pour leur donner
la couleur naturelle de la fleur qu'elles
représentent.

Couleur verte.

Vous faites une couleur verte avec du
bled verd dans le tems, ou des épinards.

ſi vous voulez, d'autres ne ſe ſervent que de poiré; en prenant une des trois, celle que vous voudrez, il faut en ôter la côte, & ne ſe ſervir que des feuilles que vous lavez; faites les cuire deux bouillons dans de l'eau, & les retirez à l'eau fraîche, preſſez-les dans les mains pour les mettre enſuite dans un mortier, pour les piler très fin, preſſez-les pour en tirer le plus de jus que vous pourrez; paſſez ce jus au tamis pour le mettre ſur le feu & réduire au moins à la moitié; lorſqu'il ſera froid, vous vous en ſervi-rez à ce que vous jugerez à propos.

Couleur rouge de Cochenille.

Pour une chopine d'eau, il faut pren-dre deux onces de cochenille bien pul-veriſée, que vous mettez dans l'eau quand elle bouillira; faites lui faire une douzaine de bouillons, enſuite vous y mettrez pour l'éclaircir une once d'alun & une once de crême de tartre bien pi-lés, tous les deux en même tems, & fe-rez encore bouillir une douzaine de bouillons; vous prendrez un petit bâton blanc avec un petit morceau de papier blanc, que vous trempez dans la coche-nille, il faut en égouter quelques goutes du bâton ſur du papier blanc, elle doit ſe soutenir comme de l'encre & écrire de même ; c'est une marque qu'elle est faite. Pour la conserver long-tems, il faut y ajouter un morceau de sucre d'un quarteron, vous lui laisserez bien faire le dépôt dans la poële , & la mettrez dans une bouteille que vous aurez soin de bien boucher.

Couleur jaune.

Il faut prendre une pierre de gomme gutte, que vous tenez avec la main pour la frotter sur une assiette dans un peu d'eau chaude jusqu'à ce que l'eau ait pris assez de couleur, suivant la quantité que vous en avez de besoin. Si vous voulez faire du jaune dans le tems des lys, prenez-en la fleur qui se trouve dans le milieu, que vous mettez infuser dans un peu d'eau, elle vous fournira une belle couleur qui est naturelle, l'on en peut faire sécher à l'étuve pour s'en servir lorsque l'on en a besoin.

Couleur bleue.

Elle se fait avec une pierre d'indigo que vous frottez sur une assiette avec un peu d'eau chaude de la même façon que la gomme gutte.

L'on fait, si l'on veut, des nuances de

ees differentes couleurs en les mêlant ensemble à l'imitation des Peintres.

Paftilles à l'écarlate.

Faites tremper une once de gomme adragante avec un peu d'eau chaude ; quand elle eft fondue & bien épaiffe, vous la paffez au travers d'une ferviette en la preffant fort pour que le tout paffe au travers ; mettez cette eau dans un mortier avec deux cuillerées de marmelade d'épine-vinette bien rouge ; mettez-y peu à peu à mefure que vous pilez une livre de fucre paffé au tambour, jufqu'à ce que vous ayez une pate maniable, que vous ôtez du mortier pour en former des paftilles de tels deffeins que vous jugez à propos, & les mettez fécher à l'étuve. Si vous n'avez point de marmelade d'épine-vinette, vous en pouvez faire en mettant de la cochenille préparée ; celles qui font faites avec l'épine-vinette font fuperieures en bonté à ces dernieres.

Paftilles & ingrediens de Safran.

Mettez tremper dans un peu d'eau tiéde une once de gomme adragante, & la paffez dans une ferviette pour la mettre dans un mortier avec une once
de

de fafran pulverifé & paffé au tamis fin ;
mettez-y à mefure que vous pilez environ une livre de fucre paffé au tambour
jufqu'à ce que vous ayez une pâte maniable , vous en formerez des paftilles &
des ingrediens de telle grandeur & figure
que vous voudrez.

Paftillages de Cedra.

Prenez de la rapure de cedra , mettez-en la moitié fécher à l'étuve pour la
piler & paffer au tamis fin ; mettez l'autre moitié dans un peu d'eau avec une
once de gomme adragante jufqu'à ce
qu'elle foit fondue, que vous la paffez
dans un linge, & la mettez dans un mortier avec la rapure de cedra que vous
avez paffée au tamis , mettez y du fucre
en poudre que vous pilez à mefure, &
en mettez jufqu'à ce que vous ayez une
pâte maniable , que vous en formez des
paftillages de tels deffeins que vous voulez. Si votre pâte n'avoit point affez le
gout de fruit , vous aurez foin d'y
gouter avant que de la finir , vous y
mettrez un peu d'effence de cedra.

Les paftillages de bergamotte, de citron , de lime , de bigarade , d'orange
de Portugal , fe font tout de même.

Qq

Conserve d'eau de Fleurs d'Orange.

Faites cuire une demie livre de sucre à la grande plume, descendez-le du feu, après l'avoir remué trois ou quatre tours avec une cuilliere, vous y mettez plein une bonne cuilliere à caffé d'eau de fleurs d'orange, que vous remuez dans le sucre; dreffez votre conserve toute chaude dans les moules de papier; lorf-qu'elle eft froide, coupez-la par tablettes à votre ufage.

Conserve de Fruits confits.

Vous faites de la conserve de fruits confits de telle confiture que vous vou-lez; paffez votre confiture dans un ta-mis, faites-la deffecher fur un petit feu; fur un demi quarteron defféché faites cuire une demie livre de fucre à la grande plume, mettez-y votre confi-ture pour la bien délayer avec le fucre, dreffez la conserve dans les moules de papier; quand elle fera froide, vous la couperez par tablettes à votre ufage.

Conserve à l'écarlate.

Prenez deux ou trois cuillerées d'eau de cochenille, que vous mettez fur une affiette & faites réduire fur le feu à une cuillerée ; en l'ôtant du feu , vous y mettrez quelques goutes d'eau de fleurs d'oranges ; faites cuire une demie livre de fucre à la grande plume ; ôtez-le du feu pour le laiffer repofer un moment, enfuite mettez-y votre couleur rouge que vous remuez dans le fucre ; dreffez votre conferve dans les moules de papier , quand elle fera froide , vous la couperez par tablettes à votre ufage.

Conferve au verd Pré.

Prenez une couleur verte, comme il eft marqué ci-devant , page 453 ; il en faut mettre quatre cuillerées dans une affiette que vous mettrez fur le feu, & les faites réduire à un tiers ; faites cuire une demie livre de fucre à la grande plume, mettez-y la couleur verte , que vous travaillerez avec le fucre jufqu'à ce qu'il en ait pris la couleur ; dreffez votre conferve dans des moules de papier ; quand elle fera froide , vous la couperez par tablettes à votre ufage.

Conferve de Safran.

Faites cuire à la petite plume une demie livre ou trois quarterons de fucre, retirez-le du feu, & y mettez un peu de fafran en poudre (il n'en faut que pour donner la couleur au sucre,) remuez avec une cuilliere en la frottant doucement sur les bords de la poële ; lorsque le sucre commence à s'épaissir, vous la jettez dans un moule de papier que vous avez tout prêt ; quand elle sera froide, vous la couperez par tablettes à votre usage.

Biscuits à la cuilliere.

Mettez dans une balance six œufs entiers, & de l'autre côté autant pesant de sucre fin ; ôtez le sucre pour le mettre dans une terrine, ôtez trois œufs de la balance, & mettez de l'autre côté de la farine, la pésanteur des trois œufs qui sont restés dans la balance ; cassez les œufs pour mettre les jaunes avec le sucre, & les blancs à part pour les fouetter ; battez les jaunes avec le sucre, & un peu de citron rapé, vous y mettez ensuite les blancs bien fouettés, que vous mêlez avec le sucre ; mettez la farine dans un tamis, faites-la tomber légerement dans votre appareil de biscuits ; mêlez le tout ensemble, dressez vos biscuits en long avec une cuilliere sur des feuilles de papier blanc ; jettez du sucre fin par-dessus pour qu'il se forme une glace, & les faites cuire dans un four doux ; lorsqu'ils font cuits de belle couleur, vous les enlevez de deffus le papier avant qu'ils foient froids. Si vous voulez vos bifcuits plus légers, vous ne mettrez de la farine que la péfanteur de deux œufs ; pour les œufs, vous ne mettrez que deux jaunes & huit blancs fouettés ; du fucre, la péfanteur de fix œufs ; vous les finirez de la même façon qu'il eft dit ci-deffus.

Bifcuits au Zephir.

Mettez dans une terrine quatre jaunes d'œufs frais, une livre de fucre fin paffé au tamis, une pincée d'écorce de citron rapée, autant de fleurs d'orange praflinées, hachées très-fin ; battez le tout enfemble avec une efpatule, pendant une demie heure ; vous prenez douze blancs d'œufs frais, que vous fouettez ; quand ils font bien montés, vous les mêlez avec le fucre, en les remuant avec le fouet ; mettez dans un tamis une demie livre de fleurs de farine que vous aurez fait fécher au four ; paffez-la au travers d'un tamis dans l'apareil des bifcuits ; remuez avec le fouet à mefure qu'elle tombe ; enfuite vous drefferez vos bifcuits dans des moules de papier, jettez du fucre fin

par - deſſus pour les glacer, & les faites
cuire dans un four doux ; lorſqu'ils ſeront bien montés & cuits de belle couleur, ôtez les des moules pendant qu'ils
ſont chauds.

Biſcuits de Provence.

Mettez dans une terrine deux cuillerées de marmelade d'orange, une pincée d'écorce de citron verd rapée,
une demie livre de ſucre en poudre paſſé au tamis, quatre jaunes d'œufs frais ;
battez le tout enſemble avec une eſpatule, une demie heure ; enſuite vous y
mettez huit blancs d'œufs fouettés ;
lorſqu'ils feront bien mêlés, vous y ajoûterez un quarteron de fleur de farine
un peu ſéchée, que vous paſſez légerement au travers d'un tamis dans les biſcuits ; remuez avec le fouet à meſure
qu'elle tombe ; dreſſez vos biſcuits
dans des moules de papier, & faites
cuire dans un four doux ; lorſqu'ils ſeront retirés du four, vous glacez le deſſus avec une glace de ſucre fin délayé
avec un peu de blanc d'œuf, du jus de
citron ; remettez au four ſeulement pour
faire ſécher la glace ; retirez-les des
moules pendant qu'ils ſont encore
chauds.

Biscuits à la Reine.

Mettez dans une terrine un quarteron de farine de ris passée au tambour, une livre de sucre fin passé au tamis, l'écorce de la moitié d'un citron rapée, six jaunes d'œufs; battez le tout ensemble pendant une demie heure avec deux espatules; vous y ajouterez ensuite douze blancs d'œufs fouettés, que vous mêlez bien avec votre composition de biscuits; dressez-les dans des moules de papier; faites cuire dans un four doux; lorsqu'ils sont cuits, couvrez tout le dessus avec une glace faite de sucre fin, battu avec un peu de blanc d'œuf, du jus de citron, remettez au four seulement pour faire sécher la glace; ôtez-les du papier pendant qu'ils sont chauds.

Biscuits cannelés.

Il faut prendre six œufs frais; pesez du sucre fin & de la farine, mettez-en de chacun de la pesanteur des six œufs; mettez les œufs dans la terrine pour fouetter les blancs & les jaunes ensemble autant de tems que vous êtes à fouetter des biscuits à la cuilliere; ensuite vous mettez la farine avec le sucre & un peu de citron verd rapé; battez

le tout enfemble avec une efpatule ;
dreffez vos bifcuits de cette façon.
Vous pliez une grande feuille de papier
blanc dans la longueur, l'un fur l'autre
& de largeur d'un travers de doigt ; le
fond doit avoir la figure cannelée, ces
bifcuits fe dreffent à contre-fens fur la
feuille de papier, l'on en peut faire trois
rangées fur la même feuille ; il faut leur
donner la même cuiffon qu'aux bifcuits
à la cuilliere ; lorfque vous croyez qu'ils
font cuits, il faut les retirer, & vous
prenez la feuille de papier par les deux
bouts, en écartant vos deux mains les
bifcuits fe détachent feuls du papier ; on
les met fur une autre feuille de papier,
pour les remettre fécher au four. Ils fe
gardent tant que l'on veut ; ils font très-
bons pour tremper dans les vins de liqueurs.

Bifcuits de fruits mêlés.

Mettez dans un mortier deux abricots confits au fec, un quartier d'orange douce confite au fec, un demi quarteron de pâte d'amandes, une cuillerée
de marmelade de fleurs d'orange ; pilez le tout enfemble jufqu'à ce que vous
le puiffiez paffer au travers d'un tamis ;
preffez-le fort dans le tamis avec une ef-

patule, pour que le tout paſſe au travers; mettez cette marmelade dans une
terrine avec cinq jaunes d'œufs, un demi quarteron de ſucre en poudre; battez le tout enſemble juſqu'à ce que cela
vous forme une pâte maniable ſans être
trop liquide; prenez-en avec l'eſpatule
d'une main, & la coupez en longueur
de l'autre main avec un couteau, que
vous mettez à meſure dans du ſucre fin,
pour les ranger ſur du papier blanc, faites-les cuire dans un four doux.

Biſcuits de Genes.

Rapez la ſuperficie de l'écorce d'un
citron entier, la ſuperficie de l'écorce
d'une orange douce entiere, que vous
mettez dans un mortier avec deux cuillerées de marmelade de fleurs d'orange,
deux abricots confits au ſec; pilez le
tout enſemble, paſſez - le enſuite au
travers d'un tamis, & le mettez dans
une petite terrine pour le mêler avec
trois jaunes d'œufs & quatre onces de
ſucre en poudre; le tout étant bien battu & mêlé enſemble, vous y ajoûtez ſix
blancs d'œufs bien fouettés, que vous
mêlez encore avec le reſte; dreſſez vos
biſcuits dans des moules de papier; faites - les cuire dans un four doux, en-

suite vous les glacez avec une glace faite
avec un peu de blanc d'œuf, un jus de citron, & du sucre fin passé au tambour.

Biscuits à l'Infante.

Mettez dans une terrine un quarteron de farine de ris passée au tambour, un
quarteron de sucre fin passé au tamis,
quatre cuillerées de quatre sortes de marmelades, une de chaque, trois jaunes
d'œufs frais ; battez le tout ensemble
pendant un quart d'heure, & vous y
ajoûterez ensuite cinq blancs d'œufs
fouettés & bien montés ; fouettez encore le tout ensemble, & le dressez dans
des petits moules de papier ; jettez un
peu de sucre fin par-dessus avec le tamis
pour les glacer, faites cuire dans un four
doux.

Biscuits à la Fleur d'Orange manqués.

Prenez deux pincées de fleurs d'orange pralinées, que vous hachez très-
fin ; mettez-les dans une terrine, avec
un quarteron de sucre fin, un demi
quarteron de farine, trois jaunes d'œufs ;
battez le tout ensemble, & y mettez ensuite quatre blancs d'œufs fouettés, que
vous mêlez avec ; dressez vos biscuits en
long sur des feuilles de papier blanc ; jettez du sucre fin dessus, & faites cuire dans

un four doux ; lorsqu'ils feront cuits, vous les ôterez du papier pour les mettre fur un tamis fécher à l'étuve. Ceux de citron fe font de la même façon, à cette différence qu'à la place de fleurs d'orange, vous y mettez du citron verd rapé.

Bifcuits à la Dauphine.

Echaudez un quarteron d'amandes douces, & un quarteron d'amandes ameres; effuyez-les avec une ferviette, & les mettez enfemble dans un mortier pour les piler très-fin, en les arrofant de tems en tems avec du blanc d'œuf; lorfqu'elles feront pilées, vous y mettrez deux livres de fucre fin que vous repilerez avec les amandes, en y mettant un blanc d'œuf, jufqu'à ce que cela vous forme une pâte maniable; paffez-la au travers d'une feringue faite exprès, pour en former des bifcuits de la longueur & groffeur que vous voulez, que vous dreffez fur du papier blanc; mettez vos bifcuits qui font fur le papier, fur une table avec un couvercle de four de campagne & du feu deffus, faites-les cuire à petit feu; lorfque le deffus eft cuit, vous les levez du papier pour les retourner, & mettre le côté qui eft cuit en deſſous; mettez ſur le côté qui n'eſt pas cuit une glace faite avec du ſucre fin paſſé au tambour, que vous battez avec un peu de blanc d'œuf & du jus de citron; vos biſcuits étant glacés, vous remettez le couvercle deſſus, avec un peu de feu pour faire prendre la glace.

Biſcotins en las d'amour.

Mettez ſur une table un demi litron de farine, faites un creux dans le milieu pour y mettre deux cuillerées de marmelade, de telle confiture que vous voudrez, avec gros comme un œuf de ſucre en poudre, trois blancs d'œufs; paîtriſſez le tout enſemble juſqu'à ce que vous ayez une pâte maniable; ſi votre pâte étoit trop ferme, vous y ajoûterez un blanc d'œuf; vous l'abattrez enſuite avec un rouleau pour la couper en filets, aſſez longs pour les tourner en las d'amour; dreſſez-les ſur des feuilles de cuivre, pour les faire cuire dans un four doux; vous les retirez quand ils ſont d'un blond doré.

Biſcotins au Citron.

Faites cuire une demie livre de ſucre à la grande plume; en l'ôtant du feu, mettez-y une demie livre de farine, que

vous remuez beaucoup avec une efpatule pour qu'il n'y refte point de grumelots; ajoûtez-y trois blancs d'œufs, &
l'écorce rapée de la moitié d'un citron;
remuez encore le tout avec l'efpatule,
jufqu'à ce qu'ils foient bien mêlés; mettez cette pâte fur une table; poudrez de
farine deffus & deffous; prenez-en des
petits morceaux pour en former des bif-
cotins de la groffeur & figure que vous
voulez, en forme d'amandes, de noi-
fettes, ou d'olives; dreffez-les fur des
feuilles de cuivre, pour les faire cuire
dans un four d'une chaleur modérée;
lorfqu'ils font cuits d'un blond doré,
vous les retirez pour les conferver à l'é-
tuve, jufqu'à ce que vous ferviez.

Bifcotins à la Choify.

Faires cuire une demie livre de fucre à la grande plume; en l'ôtant du
feu, vous le mettez dans un mortier avec
une demie livre de fleurs de farine, une
cuillerée d'eau de fleurs d'orange, deux
œufs frais, pilez le tout enfemble pour
en former une pâte maniable; retirez
cette pâte pour la mettre fur une table
poudrée de farine mêlée avec un peu
de fucre fin, prenez-en des petits morceaux égaux de la groffeur d'une olive,

roulez-les dans les mains avec un peu de farine mêlée d'un tiers de sucre ; applatissez-les un peu, & les dressez à mesure sur des feuilles de cuivre pour les faire cuire dans un four d'une moyenne chaleur.

Gimblettes à la Fleur d'Orange.

Mettez dans une poële une demie livre de sucre avec deux cuillerées d'eau-de-vie & deux cuillerées d'eau de fleurs d'orange ; mettez le sucre sur le feu seulement pour le faire fondre ; lorsqu'il est fondue, vous l'ôtez du feu & y mettez trois quarterons de fleurs de farine, deux œufs entiers blanc & jaune ; paîtrissez le tout ensemble pour en former une pâte maniable, ensuite vous la coupez en filets que vous roulez un peu sous les mains pour en former des anneaux ou autres desseins faits en chiffre ; mettez de l'eau sur le feu dans un vaisseau un peu creux ; quand elle est prête à bouillir, vous y mettez les gimblettes, & agitez l'eau avec l'écumoire pour exciter les gimblettes qui sont au fond à monter sur l'eau ; à mesure qu'elles montent, vous les retirez avec l'écumoire pour les mettre égouter & cuire dans un four de moyenne chaleur ; lorsqu'elles

feront de belle couleur, vous les retirez
pour paffer deffus une plume trempée
dans de l'eau de blanc d'œuf pour les
glacer ; remettez-les un inftant au four
pour faire fécher ; l'eau de blanc d'œuf
fe fait en fouettant un blanc d'œuf, laiffez-le jufqu'à ce qu'il fe faffe une eau
deffous la mouffe.

Meringues liquides.

Fouettez fix blancs d'œufs frais jufqu'à ce qu'ils foient bien montés, enfuite vous y mettez du citron verd rapé
très-fin , cinq cuillerées de fucre en
poudre; remuez le fucre avec les blancs
d'œufs en donnant quelques coups de
fouet ; prenez-en avec une cuilliere à
bouche pour dreffer vos meringues de
la groffeur d'un maron le plus également
que vous pourrez fur des feuilles de papier blanc à une petite diftance de l'une
à l'autre; jettez par-deffus du fucre fin
avec un fucrier ; couvrez-les avec un
couvercle de four de Campagne point
trop chaud, & un peu de feu deffus ;
faites-les cuire en douceur jufqu'à ce
qu'elles foient d'une couleur dorée ,
enfuite vous les enlevez de deffus le papier, mettez-en deux l'une contre l'autre
avec un grain de fruit confit dans le mi-

lieu, comme cerifes, verjus, framboifes, ce que vous jugerez à propos; confervez les à l'étuve jufqu'à ce que vous les ferviez.

Groffes Meringues féches.

Fouettez en neige huit blancs d'œufs frais; lorfqu'ils feront bien montés, vous y mettrez du citron verd rapé, & huit cuillerées de fucre en poudre ; formez-en une groffe meringue en rond ou ovale & en rocher, que vous dreffez fur une feuille de papier blanc ; glacez tout le deffus de fucre fin ; mettez votre papier avec la meringue fur une feuille de cuivre, & la faites cuire dans un four très-doux ; lorfqu'elle eft d'une belle couleur bien dorée, retirez-la pour la lever de deffus le papier pour la mettre achever de fécher à l'étuve. On y met, fi l'on veut, de la marmelade de fleurs d'orange, ou gelée de grofeilles, & marmelade d'abricots.

Gaufres à la crême.

Suivant la quantité de gaufres que vous voulez faire, délayez autant de farine que de fucre fin avec un peu d'eau de fleurs d'orange, & de la crême bien douce, que vous délayez peu à peu pour

qu'il

qu'il n'y ait point de grumelots, il faut
que cette pâte ne foit ni trop claire, ni
trop épaiffe, qu'elle file en la verfant
avec la cuilliere; faites chauffer le gaufrier fur un fourneau, & le frottez des
deux côtés avec de la bougie blanche,
ou du beurre frais pour le graiffer;
mettez-y enfuite une bonne cuillerée de
votre pâte, & fermez le gaufrier pour
le mettre fur le feu; après l'avoir fait
cuire d'un côté, vous le retournez de
l'autre; lorfque vous jugerez que votre
gaufre eft cuite, vous ouvrez le gaufrier
pour voir fi elle eft d'une belle couleur
dorée, également cuite, vous l'enlevez
tout de fuite pour la pofer fur un rouleau fait en chevalet; appuyez la main
deffus pour lui faire prendre la forme
du rouleau; laiffez-la fur le chevalet
jufqu'à ce que vous en ayez fait une autre de la même façon; pendant qu'elle
cuit, vous ôtez celle qui eft fur le chevalet pour la mettre fur un tamis; mettez
à mefure celle que vous ôtez du gaufrier fur le rouleau; quand elles feront
toutes faites, mettez le tamis où font
les gaufres à l'étuve pour les tenir féchement jufqu'à ce que vous ferviez. En faifant les gaufres, fi elles tenoient après
le gaufrier, il faudroit le frotter légere-

R.r

ment avec de la bougie ou du beurre,

Gaufres au beurre de Vanvre.

Delayez dans une terrine deux œufs frais avec un quarteron de farine, un quarteron de sucre en poudre, deux pains de beurre de Vanvre fondu dans un peu de lait, un peu d'eau de fleurs d'orange, une pincée d'écorce de citron verd rapé très-fin ; battez le tout ensemble jusqu'à ce que votre pâte soit bien délayée sans être en grumelots, & qu'elle ne soit ni trop claire, ni trop épaisse, qu'elle file en la versant avec la cuilliere, ensuite vous ferez les gaufres de la même façon que la précedente.

Gaufres au vin d'Espagne.

Mettez dans une terrine un quarteron de farine avec deux œufs frais blanc & jaune, un quarteron de sucre fin; délayez cette pâte en y mettant peu à peu du vin d'Espagne jusqu'à ce que votre pâte ait la même consistance que les gaufres à la crême, & vous les finirez de la même façon.

Cornets à la Fleur d'Orange.

Faites bouillir un instant dans un demi-septier d'eau, deux pains de beurre de

Vanvre ; ôtez-le du feu, mettez-y une cuillerée d'eau de fleurs d'orange, vous avez dans une terrine une demie livre de farine avec un quarteron de fucre fin, un œuf entier blanc & jaune ; délayez votre pâte en y mettant peu à peu l'eau où vous avez fait fondre le beurre jufqu'à ce qu'elle ne foit ni trop claire ni trop épaiffe, qu'elle file en la verfant de la cuilliere ; vous ferez cuire les cornets de la même façon que les gaufres, à cette difference, qu'en les ôtant du fer, vous les roulez tout de fuite pendant qu'ils font chauds. Vous pouvez faire des cornets d'un goût plus fin avec les mêmes compofitions qu'il eft marqué pour les gaufres.

Pour faire des Pains de Sainte Geneviéve.

Prenez fix œufs, fouettez le blanc comme pour les bifcuits à la cuilliere, prenez les jaunes que vous délayerez avec un litron de farine, un peu de crème & une demie livre de fucre en poudre ; mettez-y les blancs d'œufs fouettés, battez le tout enfemble pour en faire une pâte bien liante, vous y pouvez mettre un peu d'eau de fleurs d'orange : voilà la façon des Pains de Saint Geneviéve, il

ne s'agit plus que d'en avoir le fer, &
on les fait cuire comme les gaufres.

Pâte à l'Espagnole.

Mettez sur une table un demi litron
de farine, faites un trou dans le milieu
pour y mettre quatre œufs frais, une
cuillerée d'eau de fleurs d'orange, un
verre de vin d'Espagne, quatre pains
de beurre de Vanvre ; paîtrissez le tout
ensemble pour en former une pâte, que
vous coupez ensuite de telle façon que
vous voulez pour en former des trefles,
des fleurs de lys, ou autres desseins; faites
cuire à moitié dans un four ; lorsqu'elles
font à la moitié de la cuisson, vous les
retirez pour couvrir tous les dessus avec
un sucre cuit à la grande plume ; remettez au four pour achever de cuire &
bien glacer.

Pâte à la Baviere.

Fouettez huit blancs d'œufs que vous
mettez dans une poële avec une demie
livre de sucre fin; remuez ensemble avec
une espatule jusqu'à ce qu'ils soient mêlés ; faites-la dessecher sur un petit feu
en la remuant toujours, ensuite vous
l'ôtez du feu pour y mettre quelques
goutes d'eau de fleurs d'orange, vous

en dreſſez des petits morceaux de la
groſſeur d'une noix ſur des feuilles de
papier blanc pour les mettre cuire dans
un four doux, & les ôtez du papier,
lorſqu'ils ſont froids.

Oeufs glacés.

Prenez huit jaunes d'œufs durs, que
vous mettez dans une petite poële avec
un quarteron de ſucre fin, quelques goutes d'eau de fleurs d'orange, un peu
d'écorce de citron verd rapé ; mêlez le
tout enſemble avec l'eſpatule, & le mettez ſur un petit feu pour le faire deſſécher, enſuite vous en formerez des petits ronds un peu moins gros qu'un jaune
d'œuf ; faites cuire une demie livre de
ſucre à la grande plume, deſcendez-le
du feu pour lui laiſſer un peu abattre ſa
chaleur, & vous y mettrez vos petits
œufs ; travaillez le ſucre ſur le bord
de la poële, à meſure qu'ils commencent à blanchir, tournez-y les œufs un
à un en les prenant avec une fourchette
pour les mettre à meſure ſur des grilles
pour égouter & ſécher.

Oeufs au Caramel.

Faites des petits œufs comme les précedens ; lorſque vous les aurez tous

arrondis, faites cuire du fucre au caramel, que vous tenez chaudement fur
un petit feu ; tournez-y un à un les petits
œufs en les prenant avec deux fourchettes, & les mettez à mefure fur des
feuilles de cuivre frottées légerement
de bonne huile d'olive.

Sable de vieilles Conferves.

Quand on a de vieilles conferves de
la couleur que l'on veut faire des fables,
on les pile pour les paffer au travers
d'un tamis, & l'on s'en fert à la place
d'un fable neuf.

Noyaux de Pêches en furprife.

Faites tremper une once de gomme
adragante pour employer une livre de
fucre, vous mettez la gomme tremper
avec un peu d'eau de cochenille pour
lui donner une couleur rouge ; lorfqu'elle eft fondue, vous la paffez au travers d'un tamis dans un mortier pour y
mettre du fucre fin en pilant toujours
jufqu'à ce que vous ayez une pâte maniable ; mettez de cette pâte dans un
moule à noyaux avec une amande dans
le milieu ; lorfque vous avez marqué un
noyau de cette façon, vous en mettez

un autre que vous mettez à mesure sur
un tamis pour les faire sécher à l'étuve.

Dragées de Nompareille.

Il faut piler de la graine de celeri,
après l'avoir fait sécher à l'étuve ; lorfqu'elle est pilée, vous la passez dans un
tamis fin ; mettez - la dans une grande
poële à provision avec du sucre au lissé,
en lui donnant plusieurs couches comme aux dragées, jusqu'à ce que vous
voyez qu'elle ait pris sucre ; sur la fin,
avant que de les finir, vous leur donnez
la couleur que vous voulez, avec les
couleurs dont on se sert à l'Office, que
vous trouverez pages 453 & suiv. Vous
les serrerez dans un endroit sec.

Sucre d'Orge.

Mettez de l'orge dans une caffetiere,
avec de l'eau pour le faire bouillir, jusqu'à ce qu'il soit cuit, & qu'il reste peu
d'eau ; passez cette eau dans une serviette, en la tordant fort pour tirer l'expression de l'orge ; laissez reposer pour
la tirer au clair, que vous la mettrez
dans un sucre clarifié, pour les faire
bouillir ensemble, jusqu'à ce que le sucre soit cuit au caramel, que vous l'ô-
tez promptement pour le verser sur des

feuilles de cuivre frottées légerement
avec un peu de bonne huile d'olive;
lorsque votre sucre commence à se durcir, vous le coupez en long, & l'ar-
rondissez pendant qu'il est tout chaud.

Mousseline jaune.

Faites tremper une once de gomme
adragante, avec un peu d'eau, & la
passez dans un linge; mettez-la dans un
mortier, avec un peu de gomme gutte,
que vous tenez dans la main, pour la
froter sur une assiette dans un peu d'eau
chaude jusqu'à ce que vous en ayez assez pour donner la couleur jaune à votre mousseline; mettez du sucre fin avec
la gomme pour le piler, jusqu'à ce que
vous en ayez une pâte maniable, que
vous l'ôtez du mortier pour en former
des desseins tels que vous jugerez à
propos, comme en dôme, en rocher,
en clocher, &c.

Mousseline verte.

Dans le tems du bled verd, vous en
prendrez une bonne poignée que vous
ferez blanchir; retirez - le à l'eau fraîche pour le bien presser, mettez-le dans
un mortier pour le piler; il faut en exprimer tout le jus, que vous passez dans
un

un tamis, & le mettez fur le feu pour le faire réduire à moitié, vous vous fervirez de cette eau verte pour mettre tremper une once de gomme adragante : Si vous n'êtes point dans le tems du bled verd, vous prendrez des épinards à la place ; lorfque votre gomme fera fondue, paffez-la au travers d'un linge en la preffant fort ; vous la mettez dans un mortier pour la piler avec du fucre fin, en le mettant à mefure que vous pilez, jufqu'à ce que vous ayez une pâte maniable, vous en formerez des deffeins comme les précédens.

Moufseline rouge.

Faites tremper une once de gomme adragante avec un peu d'eau, & la paffez dans un linge pour la mettre dans un mortier, avec de l'eau de cochenille préparée, vous finirez votre moufseline comme les précédentes.

Moufseline blanche.

Faites tremper une once de gomme adragante, avec le jus de deux citrons & un peu d'eau ; après l'avoir paffée au travers d'un linge, vous la mettez dans un mortier pour en former une pâte comme les précédentes.

Mousseline violette.

Mettez tremper une once de gomme adragante avec un peu d'eau, que vous pallez dans un linge, & la mettez dans un mortier ; vous prenez une pierre d'indigo, que vous tenez dans la main & la frottez sur une assiette avec un peu d'eau chaude jusqu'à ce que vous en ayez assez pour donner une couleur violette à votre mousseline ; vous la mettrez avec la gomme & du sucre fin pour en former une pâte comme les précédentes. Si c'est dans le tems de la violette, vous en prendrez d'épluchée, pour en faire une infusion avec de l'eau chaude, comme nous avons dit à l'article des clarequets de violettes, & vous mettrez votre gomme trempée dans cette infusion.

Mousseline en Bastion.

Vous faites une pâte de toutes les couleurs, comme elles sont marquées ci-devant, vous en formez de chacune des rouleaux de la longueur & grosseur que vous jugerez-à propos ; mettez-les à l'étuve pour les faire sécher ; vous en dresserez cinq l'un contre l'autre dans leur hauteur en forme de bastion, en les faisant tenir avec du caramel.

Crême piquée de Citron.

Ayez trois demi - septiers de crême double, que vous mettez dans une terrine, avec une pincée de gomme adragante en poudre, & une poignée de sucre fin, une cuillerée d'eau de fleurs d'orange; fouettez le tout ensemble, jusqu'à ce que votre crême soit bien montée; vous la levez ensuite avec une écumoire pour la dresser dans ce que vous devez la servir; garnissez tout le dessus avec des petits filets de citron confit, coupés également, que vous arrangez en formant le dessein que vous jugez à propos. Si la crême est bonne, il ne faut point de gomme.

Crême au Zephir.

Prenez une chopine de crême double, que vous mettez dans une terrine, avec quelques goûtes d'eau de fleurs d'orange, du sucre fin, un blanc d'œuf; fouettez le tout ensemble jusqu'à ce que votre crême soit bien épaisse, que vous la mettrez égoûter dans un petit panier d'ozier, garni d'un linge fin; lorsqu'elle sera bien égoûtée, vous la dresserez dans ce que vous devez la servir.

Crême en Rocher.

Rapez un peu de citron verd, que vous mettez dans une chopine de crême double, avec quelques cuillerées de ſucre fin; fouettez le tout enſemble juſqu'à ce que votre crême ſoit bien montée, & la dreſſez dans ce que vous la devez ſervir, en forme de pluſieurs petits rochers.

Crême de Sodeville.

Délayez gros comme un pois de bonne preſſure avec quelques goûtes d'eau de fleurs d'orange, & une demie cuillerée de crême; prenez une chopine de crême double que vous fouettez, juſqu'à ce qu'elle ſoit bien épaiſſe; mettez-y tout de ſuite la preſſure que vous mêlez bien avec la crême; dreſſez dans ce que vous devez la ſervir & la mettez à l'étuve pour la faire prendre; lorſqu'elle ſera priſe, vous jetterez un peu de ſucre fin par-deſſus avant que de la ſervir.

Crême tremblante.

Faites bouillir trois demi-ſeptiers de crême double, avec un peu de ſucre; lorſqu'elle ſera diminuée d'un tiers vous

ÿ mettrez deux blancs d'œufs fouettés
en neige, avec quelques goûtes d'eau
de fleurs d'orange; mettez un inftant fur
le feu, en remuant toujours avec le
fouet, feulement pour que les blancs
d'œufs cuifent, & la dreffez dans ce que
vous devez la fervir, mettez-la au frais
jufqu'à ce que vous ferviez.

Fromage à la Crême.

Mettez dans un vaiffeau un demi-
feptier de lait avec une chopine de crême, que vous faites chauffer feulement
pour le tiédir, en l'ôtant du feu vous y
mettrez gros comme un petit grain de
caffé de la preffure, délayée avec très-
peu de lait; paffez-le enfuite dans un
tamis, fur un plat que vous couvrez,
jufqu'à ce que votre crême foit prife,
en la faifant prendre fur un peu de cendre chaude, ou à l'étuve; lorfqu'elle eft
prife vous la mettez dans un petit pot
de fayance, troué & fait exprès, jufqu'à
ce que votre fromage foit bien égoûté,
que vous le renverfez dans le compotier; mettez autour une bonne crême
double, & du fucre fin fur le fromage
& la crême.

Fromage de Sodeville.

Faites tiédir une chopine de crême, avec une chopine de lait ; en le retirant du feu, mettez-y gros comme deux pois de preſſure, délayée avec un peu de lait ; mêlez bien la preſſure dans le lait, & le paſſez tout de ſuite dans un tamis pour le mettre dans un plat, & le couvrez d'un autre juſqu'à ce qu'il ſoit caillé, en le faiſant prendre ſur un peu de cendres chaudes, ou à l'étuve ; enſuite vous mettez votre caillé dans un panier d'ozier un peu ſerré, pour le laiſſer égoûter ; lorſqu'il ſera égoûté, mettez votre fromage dans une terrine, & y verſez de haut une chopine de lait, en délayant à meſure le fromage avec une cuilliere, vous laiſſerez un peu repoſer le fromage ; prenez celui qui vient deſſus avec une écumoire, que vous laiſſez égoûter ; mettez - le dans le compotier que vous devez ſervir ; faites-en pluſieurs couches l'une ſur l'autre, en mettant du ſucre fin entre, & finirez avec du ſucre par-deſſus.

Fromage à la Bourguignotte.

Mettez dans une terrine une chopine de crême double, avec un peu d'écorce de citron rappé très-fin, une bonne pincée de gomme adragante pulvérifée; fouettez le tout enfemble jufqu'à ce que votre crême foit bien liée & épaiffe, fans être montée en neige; mettez-la égoûter dans un panier d'ozier, garni d'un linge fin; lorfque le fromage fera bien égoûté, & qu'il aura pris la forme du panier, vous le renverferez dans ce que vous devez fervir; poudrez-le par-tout de fucre fin.

Fromage à la Suiffe.

Faites bouillir & réduire à moitié trois demi-feptiers de crême, avec trois demi-feptiers de lait; ôtez-les du feu, & y mettez très-peu de fel, avec un demi quarteron de fucre; lorfqu'ils feront un peu plus que tiédes, vous y mettrez gros comme un grain de caffé de preffure dé-layée; mêlez-les enfemble; & paffez tout de fuite au tamis pour le mettre dans un plat que vous couvrez d'un au-tre, jufqu'à ce qu'ils foient caillés, en le faifant prendre fur un peu de cendre chaude, ou à l'étuve; enfuite vous le mettez dans un petit panier ou pot de fayance fait exprès pour les fromages; lorfqu'il eft bien égouté, vous le renversez dans ce que vous devez le servir, & jettez du sucre fin dessus.

Fromage à la Dauphine.

Faites bouillir une chopine de bonne crême avec un demi quarteron de sucre, en l'ôtant du feu vous y mettrez quelques goutes d'eau de fleurs d'orange ; lorsque votre crême sera froide, vous la fouettez jusqu'à ce qu'elle soit bien montée, & la dressez dans un panier d'osier garni d'un linge, vous laisserez votre fromage jusqu'à ce qu'il soit bien égouté, que vous le renversez dans ce que vous devez le servir.

Fromage à la Maréchale.

Ayez une chopine de crême double que vous mettez dans une grande salbotiere avec un peu de citron verd rapé, tournez la crême dans la salbotiere en la remuant avec un fouet jusqu'à ce qu'elle soit bien épaisse, & qu'elle ait pris la forme de la salbotiere, vous la dressez dans ce que vous devez la servir en poudrant tout le dessus de sucre fin.

Fromage à la Conty.

Faites bouillir une chopine de crême avec un demi-septier de lait & un peu

de fucre ; lorfqu'il bouillira , vous l'ô-
tez du feu pour y mettre quatre jaunes
d'œufs délayés avec une demie cuillerée d'eau de fleurs d'orange , & un peu
de lait ; remettez fur le feu feulement
pour faire chauffer en remuant toujours
avec une cuilliere ; quand la crême
commence à s'épaiffir , vous l'ôtez
promptement du feu , crainte que les
œufs ne tournent ; laiffez-la refroidir
jufqu'à ce qu'elle foit un peu plus tiéde
que vous y mettrez un peu de preffure
délayée pour faire cailler la crême en la
mettant fur un peu de cendre chaude ,
couverte d'un plat avec de la cendre
chaude deffus , ou à l'étuve ; quand elle
fera prife , vous la mettrez dans un petit
panier à fromage garni d'un linge fin
pour la faire égouter ; vous fervirez votre fromage dans un compotier avec une
bonne crême autour , & du fucre fin.

Fromage en cannelons.

Faites bouillir une chopine de crême
avec une chopine de lait , un quarteron
de fucre , une cuillerée d'eau de fleurs
d'orange ; lorfque votre crême aura
bouilli un bouillon , vous l'ôtez du feu
pour la laiffer refroidir jufqu'à ce qu'elle
foit un peu plus que tiéde , que vous y

mettrez gros comme un grain de caffé de la preſſure délayée avec un peu de lait, paſſez tout de ſuite votre crême dans un tamis pour la mettre dans un plat & la faire prendre ſur un peu de cendre chaude ou à l'étuve ; quand elle ſera priſe, vous la coupez en cannelons avec un couteau ; mettez à meſure tous ces morceaux ſur un grand plat un peu éloignés les uns des autres; mettez ce plat ſur une cendre chaude pour que les cannelons jettent tout le petit lait qui peut reſter après, & qu'ils ſe rafermiſſent, vous les dreſſez enſuite dans ce que vous devez ſervir ; mettez deſſus un peu de bonne crême , & du ſucre fin.

Fromage à la Portugaiſe.

Mettez dans un mortier un quartier de citron confit que vous pilez très-fin, enſuite vous y mettez deux ou trois cuillerées de marmelade de telle confiture que vous voudrez , que vous mêlez avec le citron ; prenez une pinte de crême avec un demi-ſeptier de lait que vous faites bouillir & diminuer d'un tiers ; lorſque la crême ſera un peu diminuée de ſa chaleur, vous la délayez peu à peu avec la marmelade ; quand elle ne ſera plus que tiéde , vous y mettrez

gros comme un grain de caffé de preſſure
élayée avec un peu de lait ; paſſez
votre crême dans un tamis pour la mettre
dans un plat , & la faites prendre ſur un
peu de cendre chaude , ou à l'étuve ;
lorſqu'elle ſera caillée , vous la mettrez
dans un petit pot à fromage pour la
faire égouter ; dreſſez votre fromage
dans un compotier , & mettez autour un
peu de crême douce & du ſucre fin.

Caillé à la Fleur d'Orange.

Faites tiédir une chopine de crême
avec un peu d'eau de fleurs d'orange
& du ſucre, mettez-y un peu de preſſure délayée avec très - peu de crême ;
mêlez le tout enſemble pour le mettre
dans le compotier que vous devez ſervir ; mettez - le à l'étuve pour le faire
prendre ; lorſque votre crême ſera caillée , vous mettrez rafraichir ſur de la
glace avant que de ſervir.

Fromage à la Bourgeoiſe.

Mettez ſur le feu une pinte de lait
avec une chopine de crême , une demie
cuillerée d'eau de fleurs d'orange , un
quarteron de ſucre, faites bouillir le tout
enſemble & réduire à moitié ; en l'ôtant
du feu , vous y mettrez trois jaunes

d'œufs, que vous remettez un inſtant ſur le feu ſans qu'il bouille, ſeulement pour faire cuire les œufs, & ôtez-le auſſi-tôt qu'il commence à s'épaiſſir ; lorſque votre crême ſera refroidie aux trois quarts, vous y mettrez un peu de preſſure de la groſſeur d'un pois ; mettez ſur une cendre chaude pour faire cailler, & enſuite dans un panier à fromage garni d'un linge fin ; quand il ſera bien égouté, vous le dreſſez dans le compotier.

Fromage à la Saint Cloud.

Faites tiédir trois demi-ſeptiers de bon lait, mettez-y gros comme un grain de caffé de preſſure délayée avec deux cuillerées de lait ; après que vous l'aurez bien mêlé, faites prendre le lait ſur un peu de cendre chaude, ou à l'étuve ; quand il ſera bien caillé, mettez-le dans un moule à fromage juſqu'à ce qu'il ſoit bien égouté ; pilez très-fin dans un mortier un quartier de citron confit, enſuite vous y ajouterez votre fromage caillé que vous pilez avec le citron, & y mettez peu à peu en les mêlant enſemble une chopine de crême, remettez le tout dans le moule à fromage garni d'un linge fin ; lorſque votre fromage ſera bien égouté, vous le ſervirez dans un compotier avec

de la crême douce & du sucre fin par
dessus.

Beurre en filagrane.

Pour une demie livre de beurre frais
battu , pilez très-fin une douzaine d'a-
mandes douces , mettez-y votre beurre
pour les bien mêler ensemble , ensuite
vous mettez ce beurre dans une passoire pour le faire tomber au travers
des trous , & le dressez ensuite sur
des assiettes , vous pouvez encore
passer ce beurre dans une serviette en
la tordant fort pour en faire sortir le
beurre. Si vous voulez donner du beurre
dans son naturel , vous n'y mettrez
qu'un peu de sel fin ; l'on peut encore servir du beurre de cette façon sans y mettre des amandes , en lui donnant le gout
de citron , bergamotte , eau de fleurs
d'oranges & autres senteurs.

Sables de différentes couleurs.

Suivant la couleur des sables que vous
voulez faire, vous prendrez la quantité
de sucre que vous jugerez à propos ;
après l'avoir fait clarifier, vous y mettez pour du rouge , de l'eau de cochenille ; pour du bleu, de la pierre d'indi-

go; pour du jaune, de la gomme gutte;
pour du verd, de la couleur verte; ces
couleurs font expliquées pag. 453 & fuiv.
vous en mettrez fuffifamment pour donner couleur au fucre, & ferez cuire le
fucre jufqu'à ce qu'il foit à la grande
plume, vous l'ôtez du feu pour le travailler avec une efpatule en le remuant
toujours jufqu'à ce qu'il revienne en fucre; lorfqu'il fera réfroidi, vous le pafferez dans un tamis pour en former du fable; ce fable vous fervira à faire des
deffeins de parterre.

Pain - d'Epice de Fleurs d'Oranges, ou Conferve manquée, du goût de la Cour.

Prenez du fucre de fleurs d'oranges
pralinées, mettez-y de l'eau, & le faites
réduire prefqu'au caffé, travaillez-le avec
une efpatule, comme fi vous vouliez faire une conferve; lorfque vous voyez
qu'il s'éleve, comme pour une conferve,
vous le renverfez fur une feuille de cuivre frotée de bonne huile d'olive, faites-
en plufieurs petits tas égaux de diftance
de deux pouces, mettez deffus une autre feuille de cuivre, auffi frotée d'huile,
que vous appuyez pour les applatir de
l'épaiffeur d'un gros écu. L'on peut y

mettre la rapûre d'un citron en mettant
l'eau pour faire décuire le fucre.

DU PAIN.

OBSERVATION.

CET aliment eft pour nous d'un ufage fi étendu & fi néceffaire que fans
lui les meilleures viandes nous paroî-
troient infipides, & nous cauferoient du
dégoût; il eft peu de Nations qui ne s'en
fervent; cependant comme le bled ne
vient pas géneralement partout, il eft
des Pays où les Peuples font obligés de
fe fervir de matieres équivalentes qui
leur tiennent lieu de cet aliment. Au
rapport des Voyageurs, les Lapponois
& les Iflandois font durcir des poiffons
au froid pour s'en fervir comme de pain;
d'autres Peuples font durcir differentes
chairs d'animaux, qu'ils mêlent avec
des écorces d'arbres pour en faire. Les
châtaignes & les dattes, & d'autres ve-
getaux dans divers Pays, font auffi employés au même ufage. Ce n'eft pas ici
le lieu de détailler les differens moyens,
que la nature & l'induftrie ont fournis aux
hommes de remplacer le défaut du pain,

dans les Contrées où il ne croît point de bled, ou dans celles où il vient à manquer par quelqu'accident : Je me borne à quelques réflexions plus utiles à un Officier. De toutes les especes de bled, celui qui fait le meilleur pain, est le froment, qui est celui dont nous faisons le plus d'usage, la qualité est differente, suivant les endroits où il croît. En général il faut le choisir bien nourri, pesant, net, bien sec ; il y en a qui preferent celui qui est nouvellement batu, parce qu'il rend le pain plus blanc & plus délicat que celui que l'on garde depuis long-tems au grenier, mais il ne rend pas tant de farine ; on doit aussi autant que l'on peut preferer pour le moudre, le moulin à eau, au moulin à vent, principalement celui qui mout à l'aide d'un ruisseau qui coule avec rapidité. Je n'entrerai point ici dans toutes les explications des differentes sortes de pains que l'on peut faire, ce détail ne regarde point l'office d'un Maître d'Hôtel ; je crois cependant qu'il ne sera pas hors de propos de donner ici quelques instructions pour faire le pain des Maîtres, qui, souvent dans leurs Châteaux n'ont pas la commodité d'avoir du pain de Boulanger ; on s'en rapporte ordinairement alors à des femmes peu

instruites,

inſtruites, qui, ſouvent par la mal-façon,
font un pain peſant, & d'un goût peu
agréable. On obſervera donc que ſi la
farine n'a point été blutée au moulin, il
faut la tamiſer pour en avoir la plus fine, il
faut pétrir ſon pain dans un endroit
chaud, ce qui contribue beaucoup à la
bonne façon ; toutes les farines ne ſe ma-
nient pas de même, l'une demande plus
de levain que l'autre, celle-ci veut l'eau
plus chaude ou plus froide que celle-là,
& être pétrie plus ou moins forte ; l'ex-
périence que l'on en fait la premiere fois,
pour peu que l'on ſoit accoutumé à pétrir,
vous inſtruit de la conduite qu'il faut tenir
dans la ſuite.

Le levain ſe fait d'un morceau de pâte
qu'on garde de la derniere fournée, il
faut être ſoigneux de le bien couvrir de
farine & de le garder dans un endroit
chaud, principalement en hyver. Quelques-uns font un levain avec du froment
qu'ils font bouillir, & à meſure qu'il bout
ils enlevent l'écume qui vient au-deſſus,
la laiſſent épaiſſir & l'employent dans
leur pâte, ce levain fait du pain plus léger que le précedent ; la levûre de bierre
qui a fait naître autrefois tant de diſputes,
paſſe aujourd'hui pour le meilleur de tous
les levains; mais on n'a pas partout la faci-

T t

lité d'en avoir. Il faut détremper son
levain la veille que l'on veut faire le
pain, en Eté avec de l'eau un peu tiéde,
& en Hyver avec de l'eau un peu plus
chaude, celle de riviere est la meilleure; il faut bien pétrir la pâte sans qu'il
y reste aucun grumelot de farine pour
la mêler avec le levain, & la tenir bien
couverte dans un endroit moyennement
chaud, pour qu'elle puisse fermenter; il
faut observer que plus la pâte est maniée
& plus elle devient ferme, vous façon-
nez après les pains de la grosseur que
vous voulez pour les faire cuire. Il est
nécessaire de faire attention au dégié
de chaleur du four, parce que si elle est
trop forte, le pain durcit & ne se leve
pas, si elle est trop foible il reste pâ-
teux. Vous connoissez son juste point
de cuisson en le frappant fort avec le
bout du doigt, s'il raisonne c'est une
marque qu'il est cuit, sinon il faut encore
le laisser cuire; quand vous tirez les pains
du four, il faut les mettre droits sur une
table sans être l'un sur l'autre. Le gros
pain doit être pétri dur, celui des Maîtres plus molet; la difference, quand
c'est la même farine, ne se trouve que
dans le plus ou moins d'eau que l'on met
en détrempant la farine. Les pains molets

se font de la même façon, à cette difference que vous détrempez la farine avec
de l'eau, très-peu de fel & de la levure
de bierre; fi vous le voulez plus délicat,
vous y mettez du lait, quelques-uns y
mettent un peu de beurre; à tous ces
pains il faut la pâte plus molle & plus
levée qu'aux autres. En général le pain
nourrit beaucoup, & ne peut produire
de mauvais effets que quand on en ufe
avec excès, ou qu'il eft trop cuit ou pas
affez, parce qu'alors il pefe fur l'eftomac, & fe digere difficilement, celui
qui eft à demi-raffis eft le meilleur pour
la fanté.

DU VIN.

OBSERVATION.

JE n'entrerai point ici dans le détail
de ce qui concerne la façon de faire
les vins, chaque Pays a fa méthode, &
la façon de les faire n'eft point néceffaire au Maître d'Hôtel, comme d'en con-
noitre la qualité, les proprietés & le
moyen de les conferver. La difference
des vins eft prefque infinie, & varie
fuivant les lieux, & même fuivant cer-

tains cantons particuliers dans les mêmes lieux. Les meilleurs que nous ayons en France sont ceux de Bourgogne & de Champagne ; ces deux Provinces jalouses sur le chapitre de cette liqueur, veulent l'emporter tour à tour ; l'une, par sa couleur vermeille, & l'autre par un montant de goût qui plaît beaucoup. Comme le vin rouge est celui qui convient le mieux à toutes sortes de temperamens, je crois que celui de Champagne doit céder la préference. De tous les vins de Bourgogne, ceux qui sont les plus estimés, sont les vins de Nuits, le Pomart, le Beaune, le Volnay, le Mulceaux, le Moraché, le Clos de Voujaux, le Clos de Cîteaux, le Chassagne, le Savigny.

En vins de Champagne, celui de Sillery, de Haï, de Pierry & d'Auvilé, le vin bourru d'Arty & celui d'Arbois. Les autres sont ceux de Bordeaux, de Grave, du Rhin, de la Moselle, le Saint-Peré de Languedoc. Nous avons encore les vins de liqueur, comme le Saint Laurent, le Lunelle, le Poisant, le Muscat de Languedoc & de Provence, les vins d'Espagne rouge & blanc ; ceux d'Alicante, de Malvoisie, de Canarie, de Malaga, d'Hongrie, de Tokai, de Cerises, &c. Un point

essentiel pour les conserver, c'est de les
mettre dans une bonne cave ; on connoît sa bonté quand elle est bien fraîche, & éloignée des mauvaises odeurs ;
il faut remplir tous les mois les tonneaux
avec les meilleurs vins, parce qu'un
tonneau plein n'est point susceptible de
vent, & conserve au vin sa qualité, vous
mettez ensuite le vin en bouteilles où il
se bonifie encore, & se conserve plus
long-tems. Il y a des vins plus prompts
à boire que d'autres, il faut commencer
par ceux qui sont les plus tendres, ou qui
tombent en graisse, ce que vous connoissez lorsqu'ils filent en les versant ;
car alors c'est une marque qu'ils sont
trop remplis de parties huileuses. Pour
les dégraisser, vous prenez deux onces
de belle cole de poisson que vous coupez par petits morceaux, faites-la fondre
dans une chopine de vin sans la mettre
sur le feu ; après l'avoir bien remuée,
vous la mettez dans le tonneau par le
bondon, & remuez le vin avec un bâton où vous avez attaché un mouchoir
blanc au bout ; retirez de tems en tems
le bâton pour nettoyer ce qui tient au
linge, après vous laissez reposer le vin,
qui deviendra sec & se clarifiera. Pour
éclaircir le vin blanc, pour un demi

muid, vous y mettrez une pinte de lait de vache frais tiré, que vous remuez de la même façon qu'au précédent, trois jours après il fera clarfié. De tous les ingrediens dont on se fert pour racommoder les vins, ceux qui ne font point contraires à la fanté, font les blancs d'œufs, la cole de poiffon, le miel, le rapé, le marbre, le tartre, l'albâtre pulverifé, la lie, le fucre, le vin cuit, le papier. Les vins qui font le plus en ufage dans les repas, font le rouge & le paillet ; fur la fin des repas, le blanc & les vins de liqueur. Il faut les choifir d'une belle couleur, clairs, tranfparens, d'un goût doux & piquant, point trop nouveau & d'une odeur agréable. Le vin pris avec moderation aide à la digeftion, fortifie l'eftomac, échauffe l'imagination, augmente la quantité des efprits, pouffe par les urines, donne de la vigueur au fang, excite la mémoire ; mais quand on en ufe avec excès, non-feulement il produit l'yvreffe, mais il échauffe beaucoup, corrompt les liqueurs, & peut caufer plufieurs maladies fâcheufes.

DE LA BIERRE.

OBSERVATION.

LA Bierre se fait avec du froment ou de l'orge & le houblon, & quelques plantes ameres que l'on y mêle aussi pour empêcher qu'elle ne s'aigrisse. La qualité de l'eau, la cuisson des matieres que l'on y employe, & la saison, par rapport à la fermentation, contribuent beaucoup à sa bonté. Nous en avons de plusieurs sortes, de rouge, de blanche, les unes claires & limpides, d'autres chargées, troubles & épaisses; les unes douces, & d'autres ameres & âcres; elles sont encore différentes par leur âge; la nouvelle est d'un goût plus doux que celles qui ont été gardées. Toutes ces bierres ne sont différentes que par rapport aux Pays où elles ont été faites, des eaux que l'on a employées, des matieres que l'on a mis dans la cuisson, & de la saison où l'on y a travaillé. Il faut choisir la bierre d'un goût agréable, sans aigreur, & piquante, de belle couleur, claire & mousseuse en la versant. Cette boisson est rafaîchis-

fante, engraiſſe & nourrit beaucoup;
quand elle eſt trop nouvelle, elle produit des ardeurs d'urine, excite des vents;
priſe avec excès, elle produit l'yvreſſe.

DU CIDRE.

OBSERVATION.

NOus en avons de deux ſortes, le
Cidre poiré, que l'on fait avec les
poires, & le Cidre pommé que l'on fait
avec des pommes; les meilleures pour le
faire, ſont celles qui ont un goût rude
& acerbe, parce qu'elles font un cidre
fort & piquant, qui ſe conſerve long-
tems; celui que l'on fait avec des pommes ordinaires, eſt doux, & ſe paſſe
très-vite. On les cueille dans l'Automn-
ne, après on les écraſe ſous la meule
pour en tirer par expreſſion un ſuc, que
l'on met fermenter dans le tonneau;
cette fermentation de pommes eſt aſſez
ſemblable à celle du mout que l'on met
dans le tonneau pour faire le vin. Le ſuc
des pommes ſe rarefie de la même façon. Quand ce ſuc n'a point été dépuré,
il ſe corrompt aiſément. Quelques-uns
pour achever de le clarifier, & empêcher

cher qu'il ne se gâte, font dissoudre dans
du vin de la cole de poisson qu'ils mettent
dedans ; d'autres pour empêcher qu'il ne
s'aigrisse y mettent de la moutarde ; mais
le plus sûr est de le tirer au clair, pour le
mettre ensuite dans des bouteilles de
verre. Celui de poiré se fait de la même façon, avec des poires acerbes &
âpres à la bouche ; cette liqueur approche assez du vin blanc, par sa couleur
& son goût. Le meilleur cidre que nous
ayons, se fait en Normandie, principalement celui d'Isigny qui est le plus estimé. Cette boisson est rafraîchissante, dé-
saltere beaucoup, fortifie l'estomac & le
cœur. Quelques - uns la préferent au vin
pour la santé, quand on en use avec
modération ; lorsqu'on en use avec excès, l'yvresse n'en est point si prompte
que celle du vin, mais elle est plus longue
& les suites en sont plus fâcheuses. Il faut
le choisir d'une bonne odeur, très-clair,
d'un goût doux & piquant, & d'une
couleur dorée.

V u

DES EAUX-DE-VIE
ET LIQUEURS.

OBSERVATION.

IL y a plusieurs sortes d'eaux-de-vie, les meilleures sont celles qui sont faites avec le vin, principalement celui d'Orleans & des environs de Paris, qui fournissent plus d'eau-de-vie dans la distilation que d'autres qui sont plus forts; celles qui sont faites avec la bierre, l'hydromel, le poiré & le cidre, ne sont pas si agréables au goût, & ont plus d'âcreté, aussi ne sont-elles d'usage que dans les Pays où il n'y a point de vin. On fait avec l'eau-de-vie toutes sortes de Ratafiats, qui ont chacun leur goût & propriété, suivant les ingrédiens dont ils sont composés. Les meilleures liqueurs étrangerés, celles qui nous viennent des Isles d'Angleterre, sont le Cinnamome, l'Escubac, l'Eau de Barbades, l'Eau de fines Oranges; nous avons encore le Ratafiat de Grenades, le Superfin de Safran, les Eaux-de-vie d'Irlande, d'Andail, de Dantzic, &c. En général les liqueurs vineuses, prises avec modéra-

tion, aident à la digestion, rétablissent les
forces, donnent de la vigueur au sang,
& conviennent aux vieillards, & à tous
ceux qui font d'un tempéramment froid
& flégmatique. Leur usage fréquent & im-
modéré, non seulement cause l'yvresse,
mais elles jettent dans le sang une agi-
tation très-forte, qui est souvent suivie
de mauvais effets.

Vin brûlé.

Mettez pour une bouteille de vin de
Bourgogne, une livre de sucre, avec
un peu de macis, un bâton de canelle,
de la coriandre, trois feuilles de laurier;
ayez un grand feu de charbon; mettez
votre pot au milieu; lorsqu'il bout bien
fort, mettez-y le feu avec du papier, &
le laissez brûler jusqu'à ce qu'il s'étei-
gne de lui-même; ôtez-le du feu. Il faut
le boire chaud.

Sorbec.

Prenez une ruelle de veau, & la dé-
graissez bien, coupez-la par morceaux,
pour la mettre cuire avec deux pintes
d'eau que vous ferez bouillir jusqu'à ce
qu'elle soit réduite à chopine; passez-la
dans un linge; lorsque cette décoction
sera reposée, vous la tirerez au clair

pour la mettre dans deux livres de sucre, que vous ferez cuire à la petite
plume; mettez sur le feu pour les faire
bouillir un inftant; lorfque vous l'aurez
ôté du feu, vous y mettrez une chopine
de jus de citron, que vous mêlerez bien
avec le refte, & le mettrez enfuite dans
des fioles de verre.

Nectar.

Prenez trois gros citrons, ôtez-en
l'écorce; coupez les en tranches bien
minces, & les mettez dans un pot avec
quatre pommes de reinette pelées &
coupées par morceaux, une cuillerée
d'eau de fleurs d'orange, un peu de
canelle, une pinte de vin de Bourgogne, une livre de fucre; faites infufer
le tout enfemble bien couvert pendant
vingt-quatre heures, enfuite vous le pafferez à la chauffe, & le mettrez dans des
bouteilles.

Roffoli.

Pour faire trois pintes de roffoli,
vous mettez dans une cruche bien bouchée, trois chopines d'eau tiéde, avec
une pinte d'efprit de vin, trois livres de
fucre clarifié, & cuit à la petite plume,
deux feuilles de macis, un bâton de ca-

nelle, rompu par petits morceaux, une
poignée de coriandre, trois pincées d'a-
nis, un citron coupé par petits morceaux avec son écorce ; faites infuser le
tout ensemble, pendant trois ou quatre
jours, vous le passerez ensuite à la
chausse pour le mettre dans des bouteilles.

Populo.

Mettez dans une cruche une pinte de
bon vin blanc avec un demi - septier
d'esprit de vin, une livre de sucre cuit à la
plume, deux pommes de reinette pelées
& coupées par tranches, trois cuillerées
d'eau de fleurs d'orange ; faites infuser jusqu'au lendemain que vous le passerez à
la chausse.

Angélique.

Prenez une pinte de blanquette ou vin
de Scipion ; mettez-y avec une livre de
sucre royal, ou d'autres, du plus beau
que vous aurez, un peu d'anis & de coriandre concassés, une pomme de reinette pelée & coupée par petits morceaux, un citron pelé & coupé par ruelles,
trois ou quatre zests de citron, un peu de
poudre de cyprès, deux cuillerées d'eau
de fleurs d'orange ; laissez le tout infuser
sans feu pendant vingt-quatre heures

Vu iij

dans un vaiſſeau bien bouché; enſuite vous le paſſerez à la chauſſe pour le mettre dans des bouteilles.

Eau d'Amandes d'Abrece.

Pour ſix pintes d'eau-de-vie, vous prenez une demie livre d'amandes d'abricots, que vous pilez ſans ôter la peau; mettez-les dans la cruche avec l'eau-de-vie, un gros de canelle, une poignée de coriandre, deux livres de ſucre; faites infuſer le tout enſemble pendant cinq ou ſix jours; enſuite vous ferez bouillir une pinte d'eau, & la laiſſerez réfroidir; mettez-la avec ce qui eſt dans la cruche; paſſez votre liqueur à la chauſſe, pour la mettre dans des bouteilles.

Cinnamome.

Pour faire trois chopines de cinnamome, prenez deux onces de canelle qu'il faut concaſſer dans un mortier; mettez-la infuſer deux fois vingt-quatre heures, avec trois chopines d'eau de-vie, une pinte de vin d'Eſpagne, & une pinte de vin blanc; enſuite vous mettez le tout dans l'alambic pour le faire diſtiler, comme il ſera dit ci-après, à l'article de la Diſtilation.

Ratafiat de Noyaux.

Pour une pinte d'eau-de-vie, vous prendrez une once de noyaux d'abricots, avec cinq amandes ameres; il faut seulement les concasser, & ne point ôter la peau; mettez-les dans une cruche, avec l'eau-de-vie, & trois quarterons de sucre clarifié; faites infuser pendant trois jours dans un endroit temperé; ensuite vous passerez votre ratafiat à la chausse, & le mettrez dans des bouteilles.

Hypocras.

Mettez dans une cruche deux pintes de vin de Bourgogne, avec une livre & demie de sucre, les zests d'un citron, six cloux de girofle, la moitié d'une muscade, un bâton de canelle, une douzaine d'amandes douces un peu concassées, six feuilles de macis; bouchez bien la cruche, & laissez infuser pendant vingt-quatre heures; ensuite vous passerez votre hypocras à la chausse, & le mettrez dans des bouteilles.

Hypocras d'une autre façon.

Faites infuser du soir au lendemain deux bouteilles de vin de Bourgogne avec une livre de fucre , deux bâtons de canelle de longueur du doigt , la moitié d'un citron en tranches , deux pommes de reinette auffi coupées en tranches, deux feuilles de macis, une pincée de coriandre concaffée, cinq ou fix amandes douces feulement concaffées; enfuite vous le paffez à la chauffe ; cet hypocras ne peut fe garder qu'environ quinze jours , à caufe du citron & des pommes.

Hypocras blanc.

Prenez deux pintes de vin blanc que vous mettez dans un vaiffeau avec trois quarterons de fucre, un bâton de canelle , deux cloux de girofle , une pincée de coriandre , le tout concaffé enfemble , trois ou quatre zefts d'orange aigre, faites infufer pendant deux heures; vous prendrez une poignée d'amandes douces que vous pilez en y mettant deux ou trois cuillerées de lait , mettez-les au fond de la chauffe avant que de paffer l'hypocras, paffez-le à plufieurs fois jufqu'à ce qu'il foit bien clair , que vous le mettrez dans les bouteilles.

Ratafiat d'Amandes d'Abricots.

Prenez fix pintes de bonne eau-de-vie & demie livre d'amandes d'abricots, il faut les piler avec leur peau & les mettre dans une cruche neuve avec l'eau-de-vie, deux gros de canelle, six cloux de girofle, demie once de coriandre, quatre livres de fucre clarifié, bouchez bien la cruche, & mettez votre ratafiat infufer au Soleil l'efpace de trois femaines ou un mois, paffez-le à la chauffe, & le mettez dans des bouteilles.

Hypoteque.

Sur une pinte d'eau-de-vie il faut prendre demie livre de fucre, une livre de fruits rouges, compofée d'une demie livre de cerifes, un quarteron de grofeilles & un quarteron de framboifes, écrafez tous ces fruits le plus que pourrez, mettez le marc avec le jus dans l'eau-de-vie; vous aurez foin d'écrafer les grofeilles à part pour n'en prendre que le jus, parce que le marc aigrit; vous y mettez auffi tous les noyaux des cerifes avec cinquante amandes d'abricots que vous concaffez, une demie poignée de coriandre, deux cloux de gerofle, un morceau de canelle, & un morceau de vanille; mettez le tout dans une cruche pour infufer pendant quinze jours au Soleil, enfuite vous paffez votre hypoteque à la chauffe pour le mettre dans des bouteilles.

Lorſque les fruits rouges ſont paſſés, vous en pouvez faire avec du verjus mûr, vous le faites de la même façon, à cette difference qu'à la place du jus des fruits rouges, vous y mettrez du jus de verjus mûr, & cinquante amandes d'abricots.

Eſcubac d'Angleterre.

Sur trois pintes d'eſprit de vin, trois pintes d'eau-de-vie, & trois pintes d'eau, il faut une demie livre d'amandes ameres coupées, une demie livre de raiſin ſec de Provence, une demie livre de dates coupées, une demie livre de figues graſſes coupées, une demie once de canelle rompue, une demie once de coriandre, une demie once d'anis des Indes, une demie once de macis, un gros de cardemone, un gros d'aloës ſacre, quatorze cloux de girofle, trois muſcades coupées, deux citrons coupés jus & écorce, deux onces de ſafran en feuilles, un gros de cochenille, un demiſeptier de ſirop de pommes, un petit cédra coupé par tranches & jus, ſix gros de régliſſe verte. Toute cette compoſition bien pilée enſemble ou ſéparément, pour en former une eſpece de pâte, & y ajouter trois livres de ſucre en poudre,

ettez le tout enfemble dans une cru-
he, que vous laifferez infufer huit jours,
l faut le remuer de tems en tems avec
n bâton, enfuite le paffer à la chauffe,
le mettre dans des bouteilles.

Efcubac du marc.

Vous prenez le marc d'efcubac pré-
cedeut, que vous remettrez dans la
cruche, en y ajoutant trois pintes d'efprit de vin, trois pintes d'eau-de-vie,
& trois pintes d'eau, une once de fafran
en feuilles bien pilé, ajoutez-y une livre & demie de fucre en poudre, laiffez-
le infufer un mois, enfuite vous le pafferez àla chauffe jufqu'à ce qu'il foit bien
clair, que vous le mettrez dans des bouteilles.

Eau divine.

Prenez trois chopines d'eau, faites-y
fondre à froid cinq quarterons de fucre,
mettez-y un demi-feptier d'eau de fleurs
d'oranges, qu'il faut filtrer après que
votre fucre fera bien fondu; enfuite vous
y ajouterez une pinte de bon efprit de vin
le meilleur que l'on peut avoir; vous la
mettrez après dans des bouteilles, vous
en pourrez boire quinze jours après;
mais plus elle eft vieille, meilleure elle
eft.

Ratafiat de Citrons.

Pour faire trois pintes de ratafiat de citrons, prenez deux pintes & chopine d'eau-de-vie, mettez-y infuſer pendant quinze jours les zeſts d'une douzaine de citrons, il n'en faut prendre que le jaune & ne point anticiper ſur le blanc; enſuite vous ferez clarifier deux livres de ſucre que vous mettrez dans l'eau-de-vie, & le laiſſerez encore infuſer huit jours avec les citrons, & paſſerez votre ratafiat à la chauſſe pour le mettre dans des bouteilles bien bouchées; ce ratafiat eſt meilleur quand il eſt gardé un an ou deux que dans le commencement. Celui de Bigarades ſe fait de même.

Cornichons façon d'Hollande.

Il faut prendre des cornichons les plus verds que vous pourrez trouver, les bien ranger dans un pot de terre, & mettre au fond du pot une poignée de thim bien ficelé, & parmi vos cornichons mettez-y du poivre d'Eſpagne que vous trouverez chez les Arboriſtes, il n'en faut prendre que le plus verd; mettez auſſi deſſus les cornichons un gros paquet d'eſtragon bien ficelé ; il faut avoir du vinaigre le moins couvert que vous pourrez trouver, faites-le bouillir dans un chaudron avec le fel que vous y devez mettre, & le jettez tout bouillant dans votre pot, vous couvrez auffi-tôt le pot avec du linge pour empêcher que la fumée ne s'évapore, vous aurez foin de faire bouillir ce vinaigre une fois par jour, pendant cinq ou fix jours, & le remettrez en l'ôtant du feu dans le pot que vous couvrirez promptement. Si vous avez la commodité de les faire cueillir dans un tems qui ne foit point humide, ils feront d'un plus beau verd. Si vous les trouvez trop forts de vinaigre, vous pouvez mettre une pinte d'eau fur trois pintes de vinaigre.

Cornichons de bled de Turquie.

Il faut prendre du bled de Turquie pendant qu'il eft verd, & encore en moële ; faites-le cuire à moitié dans de l'eau ; après l'avoir rafraichi dans une autre eau, vous le mettrez égouter & confire de la même façon que les cornichons précedens, ils vous ferviront aux mêmes ufages.

DE LA DISTILATION.

NOus avons plusieurs façons de distiler, comme au bain-marie, au
sable, à la cendre, & à la lampe, avec
des alambics de verre. Ces différentes
façons sont mises en usage pour toutes
les distilations qui se font avec de l'eau-
de-vie, il n'en est pas de même pour
celles qui se font à l'eau, parce qu'elles demandent un plus grand feu,
& ne se peuvent point faire autrement,
qu'en mettant votre alambic sur un fourneau, vous lui donniez la chaleur qu'il
faut pour faire bouillir également la
composition qui est dans l'alambic. Lorsque vous voulez distiler, vous mettez
votre composition dans un alambic; il
ne faut l'emplir qu'aux deux tiers; c'est-
à-dire, que si votre alambic tient six
pintes, vous n'en mettrez que quatre;
parce que si vous en mettiez davantage, le tout sortiroit au premier feu; ensuite vous couvrez l'alambic de son chapiteau; bouchez-en tout le tour avec
une pâte faite avec de l'eau & de la farine; colez sur cette pâte plusieurs morceaux de papier.

Pour diftiler au bain-marie ; fi votre
alambic n'a point de cuvette à bain-marie, vous le mettez dans un chaudron
plein d'eau, que vous placez fur un fourneau, & le faites aller à grand feu, jufqu'à ce que ce qui eft dans l'alambic commence à bouillir; alors vous diminuerez la
chaleur du bain-marie, afin qu'il bouille
doucement ; vous aurez foin d'avoir
de l'eau bouillante pour augmenter celle
du bain-marie à mefure qu'elle diminue.
Lorfque la liqueur qui eft dans l'alambic
commence à bouillir, vous en laiffez
tomber le flegme, qui eft d'environ plein
une cuilliere à bouche, avant que d'y
mettre la bouteille qui doit recevoir la
liqueur ; bouchez ce qui refte de vuide
au goulot de la bouteille ou récipient,
avec du papier que vous colez autour,
pour empêcher la liqueur de perdre fon
efprit ; vous aurez foin auffi-tôt que la
compofition qui eft dans l'alambic commence à bouillir, de mettre de tems
en tems de l'eau fraîche dans le réfrige-
rant ou cuvette qui environne le chapiteau, pour que votre efprit ne fente
point le feu ; vous connoîtrez que votre liqueur fera diftilée, lorfqu'elle commencera à blanchir en tombant dans le
récipient ou bouteille, il faut l'ôter

prumptement ; c'eft une attention qu'il faut avoir pour que le marc de votre diftilation n'altere point la bonté de votre liqueur.

En général, fur toutes fortes de diftilations, vous ne pouvez en tirer de bon qu'environ la moitié ; c'eft-à-dire, que fur quatre pintes, vous n'en retirez au plus que deux.

La façon de diftiler à la cendre & au fable, eft fort peu mife en ufage ; elle n'eft point fi bonne que celle au bain-marie; elle fe fait de même, à cette différence qu'à la place d'eau que vous mettez dans un chaudron, vous mettez votre alambic dans un chaudron de fonte, & l'entourez de cendre ou de fable ; faites deffous un feu moderé ; parce que le fable ou la cendre étant une fois échauffée, il faut moins de feu pour le bain - marie.

Les Dames qui veulent s'amufer à la diftilation, la peuvent faire dans leur chambre, fans aucun embarras, par le moyen des alambics de verre, qui fe font chauffer avec la lumiere d'une lampe faite exprès ; il y en a depuis un demi-feptier jufqu'à fix pintes ; vous mettez votre compofition dans l'alambic de verre, & le couvrez de fon chapiteau ;

bouchez-

bouchez-en tout le tour, comme au précedent ; enfuite vous mettez l'alambic fur la lampe, que vous laiffez brûler jufqu'à ce que votre diftilation foit faite.

Comme il y a peu d'alambics de verre qui foient faits avec une cuvette qui environne le chapiteau, ce qui fait que l'on ne peut point y mettre de l'eau fraîche ; pour fuppléer à ce défaut, vous y mettez à mefure qu'il en eft befoin un linge mouillé avec de l'eau fraîche.

DE LA LAVANDE.

OBSERVATION.

LA Lavande fleurit ordinairement en Juin & Juillet. Cette plante croît d'elle-même dans des collines pierreufes & féches, expofées au Soleil, particulierement dans le Languedoc ; on en feme auffi prefque dans tous les jardins ; fon odeur quoique forte eft très-agréable, & donne une bonne odeur dans les habits & au linge ; l'eau diftilée des fleurs eft odoriférante, & fert contre l'épilepfie, l'apopléxie, la léthargie, en l'appliquant aux temples & au front ; elle eft encore employée à plufieurs autres usages qui font affez connus. Pour faire l'eau de lavande, vous en prenez une livre de la fleur égrainée, que vous mettez dans une cruche, avec trois chopines d'eau-de-vie, bouchez bien la cruche, & la mettez au Soleil pendant un mois ou fix femaines ; après vous la paferez au clair, pour la mettre dans des bouteilles. Si vous voulez qu'elle foit d'un clair fin & plus forte, vous la ferez diftiler, comme il fera expliqué ci-après.

Eau-de-Vie de Lavande diftillée.

Empliffez une cruche de fleurs de Lavande, enfuite vous y mettez autant d'eau-de-vie avec les fleurs qu'il en peut tenir dans la cruche, bouchez-la bien pour les laiffer infufer environ quinze jours ; lorfque les fleurs & l'eau-de-vie feront bien infufées enfemble, vous mettrez le tout dans un alambic pour faire diftiler au bain-marie, comme il a été dit dans l'article ci-devant.

Effence de Lavande.

Pour faire l'effence de Lavande, vous mettez dans une cruche bien bouchée autant de fleurs de lavande qu'il en peut tenir avec de l'eau, laiffez-les infufer trois

ou quatre jours , enfuite vous mettez le
tout dans un alambic pour le faire diſtiler ſur un moyen feu ; ſur les premieres
bouteilles que vous tirerez, il ſe forme
une huile ſur l'eau que vous enlevez
avec une petite éponge bien propre ;
preſſez enſuite votre éponge dans un
vaſe de verre , vous continuez de cette
façon juſqu'à ce que vous voyez qu'il
n'y ait plus d'eſſence ; vous pouvez encore retirer cette eſſence en mettant le
pouce ſur le goulot de la bouteille , &
la renverſer ſens deſſus deſſous , l'huile
ou l'eſſence remonte ſur l'eau; vous lâ-
chez doucement le pouce pour en laiſſer
ſortir l'eau , & l'eſſence reſtera ſeule
dans la bouteille, vous la mettrez enſuite
dans des petites bouteilles que vous aurez ſoin de bien boucher. Pour s'en ſervir, toutes ſortes d'eſſences ſe doivent
mêler avec de l'eſprit de vin , & du
meilleur , autrement elle reſteroit en
huile ; l'eau que vous en avez tirée par
la diſtilation, vous la mettez dans des
bouteilles , ayez ſoin de les bien boucher , elle ſe conſerve deux ou trois
ans; il en eſt même qui la préferent pour
ſe laver à celle qui eſt tirée à l'eau-de-
vie , parce qu'elle eſt plus douce ſur la
peau.

X x ij

Essence de toutes sortes de Fleurs & Herbes aromatiques.

Prenez la fleur ou herbe aromatique dont vous voudrez tirer des essences, vous la mettez dans une cruche avec de l'eau pour la laisser infuser trois ou quatre jours, ensuite vous la mettez dans un alambic, comme il a été dit pour l'essence de lavande, vous observerez la même chose, elles se font toutes de la même façon.

Differentes Fleurs distillées à l'eau-de-vie.

Pour distiler toutes sortes de fleurs avec l'eau-de-vie, il faut observer ce qui a été dit pour l'eau-de-vie de Lavande distilée, elles se font toutes de la même façon.

Esprit de vin simple & double.

Suivant la grandeur de votre alambic, vous y mettrez de l'eau-de-vie, si elle tient six pintes, il n'en faut mettre que quatre, faites-la distiler au bain-marie comme il a été dit à l'article de la Distilation ; si votre eau-de-vie est bonne, les quatre pintes vous doivent rendre près de deux pintes d'esprit de vin ordinaire. Mais si vous le voulez plus fort,

ce que l'on appelle esprit de vin double, vous le remettez une seconde fois
dans l'alambic pour le faire encore diftiler ; de deux pintes que vous aviez, il
se réduira à une pinte ou cinq demi-
septiers.

F I N.

De l'Imprimerie de PAULUS-DU-MESNIL.

TABLE

TABLE
DES MATIERES
POUR LE TRAVAIL.

DES MATIERES.

TABLE

                                               Gelée

DES MATIERES.

Yy

DE L'ETE'.   89

DES MATIERES.

TABLE

DES MATIERES.

Y y iij

TABLE

DES MATIERES.

TABLE

DES MATIERES.

DES MATIERES.

TABLE

DES MATIERES.

DES MATIERES.

DES MATIERES.

Z z

TABLE

DES MATIERES.

Z z ij

www.ingramcontent.com/pod-product-compliance
Lightning Source LLC
Chambersburg PA
CBHW031733210326
41599CB00018B/2564

TABLE DES MATIERES.

Fin de la Table.

TABLE

DES MATIERES.